高等院校计算机应用系列教材

微机与单片机原理及应用

林丽群　廖一鹏　主　编
赵铁松　高跃明　副主编

清华大学出版社
北　京

内 容 简 介

本书详细介绍了与 MCS-51 单片机兼容的 80C51 单片机原理、接口及应用技术。本书主要内容包括微型计算机的组成与结构，80C51 单片机的硬件结构、指令系统、中断系统、定时器及应用、串行口通信及串行通信技术、单片机最小系统及片外扩展、汇编语言程序设计和 80C51 程序设计等。

本书可作为各类工科院校工业自动化、智能仪器仪表、计算机、电子技术、自动控制、电气工程、机电一体化等专业单片机课程的教材，也可供从事单片机应用设计的工程技术人员参考。

本书配套的电子课件、实例源代码和习题答案可以到 http://www.tupwk.com.cn/downpage 网站下载，也可以扫描前言中的二维码获取。

图书在版编目(CIP)数据

微机与单片机原理及应用 / 林丽群，廖一鹏主编. —北京：清华大学出版社, 2023.12
高等院校计算机应用系列教材
ISBN 978-7-302-64870-3

I. ①微… II. ①林… ②廖… III. ①微控制器—高等学校—教材 IV. ①TP368.1

中国国家版本馆 CIP 数据核字(2023)第 215138 号

责任编辑：胡辰浩
封面设计：高娟妮
版式设计：孔祥峰
责任校对：成凤进
责任印制：曹婉颖

出版发行：清华大学出版社
网　　址：https://www.tup.com.cn，https://www.wqxuetang.com
地　　址：北京清华大学学研大厦 A 座　　**邮　　编：**100084
社 总 机：010-83470000　　**邮　　购：**010-62786544
投稿与读者服务：010-62776969，c-service@tup.tsinghua.edu.cn
质 量 反 馈：010-62772015，zhiliang@tup.tsinghua.edu.cn
印 装 者：北京同文印刷有限责任公司
经　　销：全国新华书店
开　　本：185mm×260mm　　**印　　张：**13.25　　**字　　数：**339 千字
版　　次：2023 年 12 月第 1 版　　**印　　次：**2023 年 12 月第 1 次印刷
定　　价：69.00 元

产品编号：103214-01

前　言

单片机自20世纪70年代问世以来，对人类社会产生了巨大的影响。尤其是美国Intel公司生产的MCS-51系列单片机，由于其具有集成度高、功能性强、可靠性高、系统结构简单、价格低廉、易使用等优点，在工业控制、智能仪器仪表、办公室自动化和家用电器等诸多领域得到广泛的应用。

本书从“微机原理”与“单片机原理”两门课程的共性出发，结合当前高校微处理器教学趋势和学生的学习兴趣及掌握的难易程度，将这两门课程的教学内容进行合并，形成了一门课程。本课程的改革目标是在压缩“微机原理与接口”和“单片机原理与应用”原有的授课时数下，改革课程知识结构，目的是加深学生对当代单片微型计算机的基本结构和原理的理解；增强学生自学其他单片微型计算机(包括高档单片机)的能力；培养学生对经典51系列单片机的实际应用技能，以夯实学生在嵌入式技术方面的实际基础知识，拓宽其专业技能，满足现阶段创新人才和创业型人才培养的要求。

本书的主要特点如下。

(1) 注重原理与应用相结合，软硬件不脱节，在介绍各种外围电路及硬件接口设计的同时，对相应的51单片机编程设计也做了详细介绍，并给出实例。

(2) 突出了选取内容的实用性、典型性。书中所介绍的各种设计方案，均为实用的典型方案，并提供了相应的编程实例，有利于学生提高设计工作的效率。

(3) 为便于学生自学，本书力求文字精练，通俗易懂，深入浅出。书中各章末均有习题，供学生巩固、消化、理解课堂所学内容之用。

在本书的编写过程中参考了相关文献，在此向这些文献的作者深表感谢。由于作者水平有限，书中难免有不足之处，恳请专家和广大读者批评指正。我们的电话是010-62796045，邮箱是992116@qq.com。

本书配套的电子课件、实例源代码和习题答案可以到http://www.tupwk.com.cn/downpage网站下载，也可以扫描下方的二维码获取。

编者

2023年9月

目 录

第1章 绪论……1
1.1 电子计算机的发展……1
1.2 微型计算机的发展……2
1.3 单片机及其发展……3
1.3.1 什么是单片机……3
1.3.2 单片机的发展历史……4
1.3.3 单片机的特点……5
1.3.4 单片机的应用……5
1.3.5 单片机的发展趋势……6
1.3.6 MCS-51系列与AT89S5x系列单片机……7
1.3.7 STC系列单片机……9
1.4 嵌入式处理器的发展……10
1.4.1 数字信号处理器(DSP)……11
1.4.2 嵌入式微处理器……11
习题……12
第2章 微型计算机组成与结构……13
2.1 计算机硬件……13
2.2 计算机软件……15
2.2.1 软件的组成与分类……15
2.2.2 计算机语言……16
2.2.3 指令集结构……17
2.3 计算机系统的体系结构……19
2.4 计算机系统的层次结构……21
2.5 计算机的基本工作原理……23
2.5.1 存储程序工作原理……23
2.5.2 计算机的工作过程……23
2.6 计算机的性能指标……25
2.7 计算机系统的分类……27
2.8 通用微处理器……29
2.8.1 微处理器简介……29
2.8.2 微型计算机系统……29
2.8.3 通用微处理器的基本结构……31
2.9 总线分类与特性……37
习题……39
第3章 80C51单片机内部结构及指令系统……40
3.1 80C51单片机的内部结构……40
3.2 80C51单片机的引脚信号……43
3.3 80C51单片机的存储器配置……45
3.3.1 程序存储器地址空间……46
3.3.2 数据存储器地址空间……47
3.4 时钟电路及80C51 CPU时序……53
3.5 复位操作……58
3.6 80C51单片机的低功耗工作方式……60
3.7 指令系统与汇编语言……62
3.7.1 概述……62
3.7.2 汇编语言与机器语言……63
3.8 微处理器常见的寻址方式……64
3.8.1 操作数寻址方式……64
3.8.2 程序转移地址的寻址方式……65
3.9 80C51单片机指令系统……66
3.9.1 指令分类……66
3.9.2 指令格式……66
3.9.3 指令系统中使用的符号……67
3.9.4 寻址方式和寻址空间……68
3.9.5 数据传送类指令……69
3.9.6 算术运算类指令……73
3.9.7 逻辑运算类指令……77

3.9.8 控制转移类指令……80
3.9.9 布尔(位)操作类指令……84
习题……87

第4章 80C51单片机外设功能及应用……88
4.1 I/O接口概述……88
4.1.1 I/O接口的主要功能……88
4.1.2 I/O接口电路的基本模型……89
4.1.3 I/O端口的编址……90
4.1.4 I/O地址的译码方法……92
4.1.5 80C51的并行I/O接口……92
4.1.6 I/O接口扩展方法……100
4.2 CPU异常与中断……111
4.2.1 概述……111
4.2.2 CPU异常……112
4.2.3 异常向量与中断向量……114
4.2.4 异常处理的优先顺序与嵌套……115
4.2.5 中断程序设计原则……116
4.2.6 80C51中断系统……117
4.3 定时器/计数器……121
4.3.1 概述……121
4.3.2 定时器/计数器T0、T1……121
4.3.3 定时器/计数器T2……127
4.3.4 看门狗……131
4.3.5 定时器/计数器的编程和使用……132
4.4 串行接口……138
4.4.1 概述……138
4.4.2 串行工作原理……138
4.4.3 串行口的编程和应用……146
习题……152

第5章 80C51单片机的程序设计……154
5.1 概述……154
5.2 程序设计及程序结构……155
5.3 汇编语言及其程序设计……158
5.3.1 汇编语言中的伪指令……158
5.3.2 汇编语言程序设计……160
5.4 C语言及其程序设计……175
5.4.1 Keil C 语言……175
5.4.2 C语言与汇编语言的混合编程……182
5.4.3 80C51功能单元的C语言编程……186
习题……190

参考文献……191

附录A 80C51指令……192

附录B 8086指令……198

ꕥ 第1章 ꕥ

绪　　论

电子计算机的出现和发展是20世纪最重要的科技成果之一，尤其是70年代微处理器出现以来，以微处理器为核心的微型计算机以不可阻挡的势头迅猛发展，并得到日益普及和广泛应用，使计算机深入社会的每一个角落，让人类社会的生产、生活方式发生了重大变革。电子计算机成为信息时代的主要标志。广义地讲，计算机的贡献就是帮助人们进行信息处理。随着人类社会的高度发展，电子计算机技术的不断更新，各种信息处理应用领域的多样需求，促使计算机领域发展出各种庞大和复杂的分支。本书将要讲授的微型计算机(简称微机)和单片微型计算机(简称单片机)，就是电子计算机向微型化方向发展的一个非常重要的分支。

1.1 电子计算机的发展

首台真正意义的电子计算机的产生，始于美国为解决复杂的弹道计算问题。1946年2月，由美国宾夕法尼亚大学莫尔学院的物理学博士莫克利和电气工程师埃克特领导的研制小组，研制成功了世界上第一台数字式电子计算机ENIAC，现代计算机历史由此开始。这台计算机使用了约18 000个电子管、1 500个继电器、每小时的耗电量约为150kW • h，占地面积167m^2，重量约30t，计算速度为5 000次/s，采用字长10位的十进制计算方式，编程通过接插件进行。

1944年，著名的数学家冯 • 诺依曼参加了为改进ENIAC而举行的一系列专家会议，研究了新型计算机的系统结构。在由他执笔的报告中，提出了采用二进制、存储程序，并在程序控制下自动执行的思想。按照这一思想，新机器由运算器、控制器、存储器、输入设备、输出设备五部分构成，这种模式的计算机称为冯 • 诺依曼机。1949年，英国剑桥大学的威尔克斯等人在EDSAC机上实现了这种模式。时至今日，电子计算机的发展已经经历了五代，虽然在技术上不断发展和完善，但基于冯 • 诺依曼机的基本结构仍然未有大的变化。

第一代(1946—1957年)：以电子管为逻辑部件，以阴极射线管、磁心和磁鼓等为存储器。软件上采用机器语言，后期采用汇编语言。

第二代(1958—1965年)：以晶体管为逻辑部件，内存用磁心、外存用磁盘。软件上广泛采用高级语言，并出现了早期的操作系统。

第三代(1966—1979年)：以中小规模集成电路为主要部件，内存用磁心、半导体，外存用磁盘。软件上广泛使用操作系统，产生了分时、实时操作系统和计算机网络。

第四代(1980—1993年)：以大规模、超大规模集成电路为主要部件，以半导体存储器和磁盘为内、外存储器。在软件方法上产生了结构化程序设计和面向对象程序设计的思想。

第五代(1994 年至今)：以超大规模集成电路为主要部件，以半导体存储器和磁盘为内、外存储器。在软件方法上，占支配地位的语言变为 C++、Java、HTML 和 XML。此外，基于统一建模语言(UML)的图形设计语言开始出现。

1.2 微型计算机的发展

第四代电子计算机的一个重要分支是以大规模、超大规模集成电路为基础发展起来的以微处理器为核心的微型计算机。

计算机内部对数据进行处理并对处理过程进行控制的部件(即冯·诺依曼机结构中的运算器和控制器)，称为中央处理器(CPU)。伴随着大规模集成电路制造技术的迅速发展，芯片集成密度越来越高，CPU 可以集成在一个半导体芯片上，这种具有中央处理器功能的大规模集成电路器件，被统称为微处理器(MPU)。

微型计算机是微电子学飞速发展的产物。可以说微处理器的问世是一次伟大的工业革命，从 1971 年至今，微处理器的发展日新月异，令人难以置信。可以说，人类的其他发明都没有微处理器发展得如此神速，影响这么深远。微型计算机大致已经历了以下几个阶段。

第一阶段是 1971—1973 年，微处理器有 4004、4040、8008。1971 年，Intel 公司推出了世界上第一款微处理器 Intel 4004，研制出 MCS-4 微型计算机。Intel 4004 是第一个可用于微型计算机的 4 位微处理器，它集成了 2300 只晶体管。随后 Intel 公司又推出了以微处理器 8008 为核心的 MCS-8 微型计算机。

第二阶段是 1974—1977 年，微型计算机的发展和改进阶段。微处理器有 8080、8085、M6800、Z80。初期产品有 Intel 公司的以 8080 为核心的 MCS-80 型 8 位机。Intel 8080 很快作为代替电子逻辑电路的器件被广泛应用于各种电子设备中，成为早期嵌入式系统的核心部件。

由于微处理器可用来完成很多以前需要用较大设备完成的计算任务，价格又便宜，于是各半导体公司开始竞相生产微处理器芯片。Zilog 公司生产了 Intel 8080 的增强型 Z80，Motorola 公司生产了 M6800，Intel 公司于 1976 年又生产了增强型 Intel 8085，但这些芯片并没有改变 Intel 8080 的基本特点，都属于第二代 8 位微处理器。它们均采用 NMOS 工艺，集成度约 9 000 只晶体管，平均指令执行时间为 1~2μs，采用汇编语言、BASIC、FORTRAN 编程，使用单用户操作系统。

第三阶段是 1978—1983 年，16 位微型计算机的发展阶段。微处理器有 8086、8088、80186、80286、M68000、Z8000。微型计算机代表产品是 IBM-PC(MPU 为 8086)。1978 年，Intel 公司生产的 Intel 8086 是第一个 16 位的微处理器，很快 Zilog 和 Motorola 公司也宣布计划生产 16 位微处理器 Z8000 和 M68000。这就是第三代微处理器的起点。

Intel 8086 微处理器最高主频为 10 MHz，16 位字长，内存寻址能力为 1 MB。同时 Intel 公司还生产出与之相配套的数学协处理器 i8087，这两种芯片使用相互兼容的指令集，此外 i8087 指令集中还增加了一些专门用于对数、指数和三角函数等数学运算的指令。人们将这些指令集统称为 x86 指令集。虽然以后 Intel 公司又陆续生产出更先进和速度更快的新型微处理器，但都兼容原来的 x86 指令集，而且 Intel 公司在后续微处理器的命名上沿用了 80x86 序列，直到后来因商标注册问题，才放弃了继续用阿拉伯数字，而改用 Pentium(奔腾)命名。

1981 年，美国 IBM 公司将 8088 芯片用于其研制的个人计算机(PC)中，从而开创了全新的微机时代，个人计算机的概念开始在全世界范围内发展起来。

该阶段的顶峰产品是 1984 年 Apple 公司的 Macintosh(MPU 为 M68000)和 1986 年 IBM 公司的 PC/AT286(MPU 为 80286)微型计算机。

第四阶段是 1984—2003 年，为 32 位微型计算机的发展阶段。微处理器相继推出 80386、80486。386、486 微型计算机是初期产品。1985 年 10 月 17 日，Intel 公司划时代的产品——80386DX 正式发布，其内部包含 27.5 万个晶体管，时钟频率为 12.5MHz，后逐步提高到 20MHz、25MHz、33MHz，乃至 40MHz。80386DX 的内部和外部数据总线是 32 位，地址总线也是 32 位，可以寻址到 4GB 内存，并可以管理 64TB 的虚拟存储空间。1993 年，Intel 公司推出了 Pentium 微处理器，它具有 64 位的内部数据通道，之后几年 Intel 公司相继推出了 Pentium MMX、Pentium II、Pentium III 等一系列微处理器，以及面向低端市场的 Celeron 系列微处理器等。另一方面异军突起的 AMD 公司，也在与 Intel 公司持续的竞争中相继推出了 K5、K6、K7(Athlon)等系列微处理器，并且率先达到 1GHz 主频。

现阶段是从 2003 年开始的 64 位、多核微型计算机的发展阶段。2003 年 4 月，AMD 公司发布了 AMD 64 位处理器 Opteron；9 月，AMD Athlon 64 处理器(K8)问世，宣告了 64 位个人计算机时代的到来。Athlon 64 拥有当时先进的技术，集成内存控制器，使用 Hyper Transport 总线技术，从而提高了效能。

在 2005 年，Intel 和 AMD 先后发布了自己的双核处理器——Pentium D 和 Athlon 64 X2，宣告微处理器双核时代的来临。并且随着双核处理器逐渐地推广，开始向多核发展，2006 年，Intel 首颗 4 核处理器 Core 2 Extreme QX 6700 正式发布，将处理器的性能推向了一个新的高度。

这些高性能的微处理器被广泛应用于各种领域，如大中型计算机、通用个人计算机、测控领域专用计算机和普通嵌入式系统，因此上述的单片 CPU 又称为通用微处理器。

1.3 单片机及其发展

单片机自 20 世纪 70 年代问世以来，已广泛应用在工业自动化、自动控制与检测、智能仪器仪表、机电一体化设备、汽车电子、家用电器等各个方面。

1.3.1 什么是单片机

单片机就是在一片半导体硅片上，集成了中央处理单元(CPU)、存储器(RAM/ROM)、并行 I/O、串行 I/O、定时器/计数器、中断系统、系统时钟电路及系统总线，用于测控领域的单片微型计算机。

由于单片机在使用时，通常处于测控系统的核心地位并嵌入其中，因而国际上通常把单片机称为嵌入式微处理器(Embedded Micro Controller Unit，EMCU)或微处理器(Micro Controller Unit，MCU)。而在我国，大部分工程技术人员则习惯使用“单片机”这一名称。

单片机的问世，是计算机技术发展史上的一个重要里程碑，它标志着计算机正式形成了通用计算机和嵌入式计算机两大分支。单片机芯片体积小、成本低，可广泛地嵌入工业控制单元、机器人、智能仪器仪表、武器系统、家用电器、办公自动化设备、金融电子系统、汽车电子系统、玩具、个人信息终端以及通信产品中。

单片机按照其用途可分为通用型和专用型两大类。

(1) 通用型单片机将其内部可开发的资源(如存储器、I/O 等各种片内外围功能部件等)全部提供给用户。用户可根据实际需要，设计一个以通用单片机芯片为核心，再配以外围接口电路及其他外围设备(简称外设)，并编写相应的程序来控制功能，以满足各种不同测控系统的功能需求。我们通常所说的和本书所介绍的单片机都是指通用型单片机。

(2) 专用型单片机是专门针对某些产品的特定用途制作的，如各种家用电器中的控制器等。由于是用于特定用途，单片机芯片制造商常与产品厂家合作，设计和生产“专用”的单片机芯片。

在设计中，已经对专用型单片机的系统结构最简化、可靠性和成本的最佳化等方面都做了全面综合考虑，所以专用型单片机具有十分明显的综合优势。但是，无论专用型单片机在用途上有多么“专”，其基本结构和工作原理都是以通用型单片机为基础的。

1.3.2　单片机的发展历史

单片机根据其基本操作处理的二进制位数，主要分为 8 位单片机、16 位单片机和 32 位单片机。

单片机的发展历史可大致分为 4 个阶段。

第一阶段(1974—1976 年)：单片机初级阶段。因工艺限制，单片机采用双片的形式，而且功能比较简单。1974 年 12 月，仙童公司推出了 8 位的 F8 单片机，实际上只包括了 8 位 CPU、64B RAM 和 2 个并行口。

第二阶段(1976—1978 年)：低性能单片机阶段。1976 年 Intel 公司推出的 MCS-48 单片机(8 位)，极大地促进了单片机的变革和发展。1977 年 GI 公司推出了 PIC1650，但这个阶段的单片机仍然处于低性能阶段。

第三阶段(1978—1983 年)：高性能单片机阶段。高性能单片机使应用跃上了一个新的台阶。这个阶段推出的单片机普遍带有串行 I/O 口、多级中断系统、16 位定时器/计数器，片内 ROM、RAM 容量加大，且寻址范围达 64KB，有的片内还带有 A/D 转换器。由于这类单片机性价比高，因而得到了广泛应用。其典型代表产品为 Intel 公司的 MCS-51 系列、Motorola 公司的 6801 单片机。此后，各公司与 MCS-51 系列兼容的 8 位单片机得到迅速发展，新机型不断涌现。

第四阶段(1983 年至今)：8 位单片机巩固发展及 16 位/32 位单片机推出阶段。20 世纪 90 年代是单片机制造业大发展时期，这个时期的 Motorola、Intel、微芯科技公司、ATMEL、德州仪器(TI)、三菱、日立、飞利浦、LG 等公司也开发了一大批性能优越的单片机，它们极大地推动了单片机的推广与应用。近年来，新型的高集成度的单片机不断涌现，出现了单片机产品百花齐放的局面。目前，不仅 8 位单片机得到广泛应用，16 位、32 位单片机也得到了广大用户的青睐。

1.3.3 单片机的特点

单片机是集成电路技术与微型计算机技术高速发展的产物。单片机体积小、价格低、应用方便、稳定可靠，因此单片机的发展与普及给工业自动化等领域带来了一场重大革命和技术进步。由于单片机很容易嵌入系统之中，因而便于实现各种方式的检测或控制，这是一般微型计算机根本做不到的。单片机只要在其外部适当增加一些必要的外部扩展电路，就可以灵活地构成各种应用系统，如工业自动控制系统、自动检测监视系统、数据采集系统等。

为什么单片机应用如此广泛？其主要原因如下。

(1) 简单方便，易于掌握和普及。由于单片机技术是较容易掌握的普及技术，单片机应用系统设计、组装、调试已经是一件容易的事情，广大工程技术人员通过学习可很快地掌握其应用设计与调试技术。

(2) 功能齐全，应用可靠，抗干扰能力强。

(3) 发展迅速，前景广阔。在短短几十年的时间里，单片机就经过了4位机、8位机、16位机、32位机等几大发展阶段。尤其是形式多样、集成度高、功能日臻完备的单片机不断问世，更使得单片机在工业控制及自动化领域获得了长足发展和大量应用。近几年，单片机内部结构越来越完美，配套的片内外围功能部件越来越完善，一个芯片就是一个应用系统，为应用系统向更高层次和更大规模的发展奠定了坚实基础。

(4) 嵌入容易，用途广泛。单片机体积小、性价比高、灵活性强等特点在嵌入式微控制系统中具有十分重要的地位。在单片机问世前，人们要想制作一套测控系统，往往采用大量的模拟电路、数字电路、分立器件来完成，它不但系统体积庞大，且因为线路复杂，连接点太多，极易出现故障。单片机问世后，电路组成和控制方式都发生了很大变化。在单片机应用系统中，各种测控功能的实现绝大部分都已经由单片机的程序来完成，其他电子线路则由片内的外围功能部件来替代。

1.3.4 单片机的应用

单片机具有软硬件结合、体积小，很容易嵌入各种应用系统中的优点。因此，以单片机为核心的嵌入式控制系统在以下各个领域中得到了广泛的应用。

1. 工业控制与检测

在工业领域，单片机的主要应用有工业过程控制、智能控制、设备控制、数据采集和传输、测试测量、监控等。在工业自动化领域，机电一体化技术将发挥越来越重要的作用。在集机械、微电子和计算机技术于一体的综合技术(如机器人技术)中，单片机扮演着非常重要的角色。

2. 智能仪器仪表

目前用户对仪器仪表的自动化和智能化要求越来越高。在智能仪器仪表中使用单片机不但有助于提高仪器仪表的精度和准确度，简化结构、减小体积且易于携带和使用，而且能够加速仪器仪表向数字化、智能化、多功能化方向发展。

3. 消费类电子产品

单片机在家用电器(如，洗衣机、电冰箱、微波炉、空调、电风扇、电视机、加湿机、消毒柜等)中的应用已经非常普及。在这些消费类电子产品中嵌入单片机后，其功能与性能都大大提高，并实现了智能化、最优化控制。

4. 通信设备

在调制解调器、各类手机、传真机、程控电话交换机、信息网络以及各种通信设备中，单片机也已经得到了广泛应用。

5. 武器装备

在现代化的武器装备中，如飞机、军舰、坦克、导弹、鱼雷制导、智能武器装备、航天飞机导航系统等，都有单片机的嵌入。

6. 各种终端及计算机外部设备

计算机网络终端设备(如银行终端)和计算机外部设备(如打印机、硬盘驱动器、传真机、复印机等)中都使用了单片机作为控制器。

7. 汽车电子设备

单片机已经广泛地应用在各种汽车电子设备中，如汽车安全系统、汽车信息系统、智能自动驾驶系统、汽车卫星导航系统、汽车紧急请求服务系统、汽车防撞监控系统、汽车自动诊断系统以及汽车黑匣子等。

8. 分布式多机系统

在比较复杂的多节点测控系统中，常采用分布式多机系统。分布式多机系统一般由若干台功能各异的单片机组成，各自完成特定的任务，它们通过串行通信相互联系，协调工作。在这种系统中，单片机往往作为一个终端机，安装在系统的某些节点上，对现场信息进行实时的测量和控制。

综上所述，从工业自动化、自动控制、智能仪器仪表、消费类电子产品等方面，到国防尖端技术领域，单片机都发挥着十分重要的作用。

1.3.5 单片机的发展趋势

单片机将向大容量、高性能、外围电路内装化等方面发展。

1. CPU 的改进

(1) 增加数据总线的宽度。例如，各种 16 位单片机和 32 位单片机，其数据处理能力要优于 8 位单片机。另外，8 位单片机内部采用 16 位数据总线，其数据处理能力明显优于一般 8 位单片机。

(2) 采用双 CPU 结构，以提高数据处理能力。

2. 存储器的发展

(1) 片内程序存储器普遍采用闪烁(Flash)存储器。闪烁存储器能在+5V 下读写，既可以实现静态 RAM 的读写操作，又可以保证在掉电时数据不会丢失。单片机可不用扩展外部程序存储器，这大大简化了系统的硬件结构。有的单片机片内程序存储器容量最大达 128KB，甚至更多。

(2) 加大片内数据存储器存储容量，如 8 位单片机 PIC18F452 片内集成了 4KB 的 RAM，以满足动态数据存储的需要。

3. 片内 I/O 的改进

(1) 增加并行口的驱动能力，以减少外部驱动芯片。有的单片机可以直接输出大电流和高电压，以便能直接驱动 LED 和 VFD (荧光显示器)。

(2) 有些单片机设置了一些特殊的串行 I/O 功能，为构成分布式、网络化系统提供了条件。

(3) 引入了数字交叉开关，改变了以往片内外设与外部 I/O 引脚的固定对应关系。交叉开关是一个大的数字开关网络，可通过编程设置交叉开关控制寄存器，将片内的计数器/定时器、串行口、中断系统、A/D 转换器等片内外设灵活配置在端口 I/O 引脚，允许用户根据自己的特定应用，将内部外设资源分配给端口 I/O 引脚。

4. 低功耗

目前单片机产品均为 CMOS 化芯片，具有功耗小的优点。这类单片机普遍配置有等待状态、睡眠状态、关闭状态等工作方式。在这些状态下，低电压工作的单片机消耗的电流仅在 μA 或 nA 量级，非常适合电池供电的便携式、手持式的仪器仪表以及其他消费类电子产品。

5. 外围电路内装化

随着集成电路技术及工艺的不断发展，把所需的众多外围电路全部装入单片机内，即系统的单片化是目前单片机发展趋势之一，一个芯片就是一个“测控”系统。

6. 编程及仿真的简单化

目前大多数的单片机都支持程序的在线编程，也称在系统可编程(In System Programming，ISP)，编程时只需一条与 PC 相连的 ISP 下载线 (多为 USB 口或串口)，就可以把仿真调试通过的程序代码从 PC 在线写入单片机的 Flash 存储器内，省去了编程器。某些机型还支持在应用可编程(In Application Programming，IAP)，可在线升级或销毁单片机的应用程序，省去了仿真器。

综上所述，单片机正在向多功能、高性能、高速度、低电压、低功耗、低价格、外围电路内装化以及片内程序存储器、数据存储器容量不断增大的方向发展。

1.3.6 MCS-51 系列与 AT89S5x 系列单片机

20 世纪 80 年代以来，单片机的发展非常迅速，其中 Intel 公司的 MCS-51 系列单片机是一款设计成功、易于掌握并在世界范围得到广泛应用的机型。

1. MCS-51 系列单片机

MCS 是 Intel 公司生产的单片机的系列符号，MCS-51 系列单片机是 Intel 公司在 MCS-48 系列单片机的基础上，于 20 世纪 80 年代初发展起来的，是最早进入我国并在我国得到广泛应用的机型。

MCS-51 的基本型产品主要包括 8031、8051、8751 (对应的低功耗型 80C31、80C51、87C51)，增强型产品主要包括 8032、8052 和 8752。

1) 基本型

基本型的典型产品有 8031、8051、8751。8031 内部包括 1 个 8 位 CPU、128B RAM、21 个特殊功能寄存器(SFR)、4 个 8 位并行 I/O 口、1 个全双工串行口、2 个 16 位定时器/计数器、5 个中断源，但片内无程序存储器，因此需外部扩展程序存储器芯片。

8051 是在 8031 的基础上，片内又集成有 4KB ROM 作为程序存储器。所以，8051 是一个程序不超过 4KB 的小系统。ROM 内的程序是芯片厂商制作芯片时为用户烧制的，主要用在程序已定且批量大的单片机产品中。

8751 与 8051 相比，片内集成的 4KB 的 EPROM 取代了 8051 的 4KB ROM，从而构成了一个程序不大于 4KB 的小系统。用户可以将程序固化在 EPROM 中，EPROM 中的内容可反复擦写、修改。8031 外部扩展一片 4KB 的 EPROM 就相当于一片 8751。

2) 增强型

Intel 公司在 MCS-51 系列基本型产品基础上，又推出了增强型系列产品，即 52 子系列，其典型产品为 8032、8052 和 8752。它们的内部 RAM 增至了 256B，8052/8752 的片内程序存储器扩展到 8KB，16 位定时器/计数器增至 3 个，共有 6 个中断源。表 1-1 列出了基本型和增强型的 MCS-51 系列单片机片内的基本硬件资源。

表 1-1　MCS-51 系列单片机的片内硬件资源

型号		片内程序存储器	片内数据存储器/B	I/O 口/位	定时器/计数器/个	中断源个数/个
基本型	8031	无	128	32	2	5
	8051	4KB ROM	128	32	2	5
	8751	4KB EPROM	128	32	2	5
增强型	8032	无	256	32	3	6
	8052	8KB ROM	256	32	3	6
	8752	8KB EPROM	256	32	3	6

2. 8051 内核单片机与 AT89S5x 系列单片机

MCS-51 系列单片机的代表产品为 8051，目前世界上其他公司推出的兼容扩展型单片机都是在 8051 内核的基础上进行了功能的增减。20 世纪 80 年代中期以后，Intel 公司已把精力集中在高档 CPU 芯片的研发上，逐渐淡出单片机的开发和生产。MCS-51 单片机由于其设计上的成功以及较高的市场占有率，得到了世界众多公司的青睐。Intel 公司以专利转让或技术交换的形式把 8051 的内核技术转让给了许多芯片生产厂家，如 ATMEL、Philips、ANALOG、LG、ADI、Maxim、DEVICES、DALLAS 等。这些厂家生产的兼容机型均采用 8051 的内核结构，指令系统相同，且采用 CMOS 工艺；有的公司还在 8051 内核的基础上又增加了一些片内外设模块，使其集成度更高，功能和市场竞争力更强。人们常用 8051 (或 80C51，“C”表示采用 CMOS 工艺)来称呼所有具有 8051 内核且使用 8051 指令系统的单片机，人们习惯把这些兼容扩展型的衍生品统称为 8051 单片机。

在众多的兼容扩展型的衍生机型中，美国 ATMEL 公司的 AT89 系列，尤其是该系列中的 AT89C5x/AT89S5x 子系列单片机在世界 8 位单片机市场中占有较大的份额。

ATMEL 公司是美国 20 世纪 80 年代中期成立并发展起来的半导体公司。该公司于 1994 年以 EPROM 技术与 Intel 公司的 80C51 内核的使用权进行了交换。ATMEL 公司的技术优势是其 Flash 存储器技术，它将 Flash 技术与 80C51 内核相结合，形成了片内带有 Flash 存储器的 AT89C5x/AT89S5x 系列单片机。AT89C5x/AT89S5x 系列单片机与 MCS-51 系列单片机在原有功能、引脚以及指令系统方面完全兼容，系列中的某些品种又增加一些新的功能，如看门狗定时器 WDT、ISP 及 SPI 串行接口等，片内 Flash 存储器可直接在线重复编程。此外，AT89C5x/AT89S5x 还支持两种节电工作方式，非常适用于电池供电或其他低功耗场合。

AT89S51 片内 4KB Flash 存储器可在线编程或使用编程器重复编程，且价格较低，因此 AT89S5x 单片机是目前 8051 单片机的典型芯片之一。AT89S5x 的“S”档系列是 ATMEL 公司继 AT89C5x 系列之后推出的新机型，“S”表示含有串行下载的 Flash 存储器，代表产品为 AT89S51 和 AT89S52。AT89C51 单片机已不再生产，可用 AT89S51 直接代替。与 AT89C5x 系列相比，AT89S5x 系列的时钟频率以及运算速度都有了较大的提高。例如，AT89C51 工作频率的上限为 24MHz，而 AT89S51 则为 33MHz。AT89S51 片内集成有双数据指针 DPTR、看门狗定时器，具有低功耗空闲工作方式和掉电工作方式，另外还增加了 5 个特殊功能寄存器。

AT89S51 片内有 4KB 的 Flash 存储器、128B 的 RAM、5 个中断源，以及 2 个定时器/计数器。而 AT89S52 片内有 8KB 的 Flash 存储器、256B 的 RAM、6 个中断源和 3 个定时器(比 AT89S51 多出的 1 个定时器，具有捕捉功能)。

尽管 AT89S5x 系列有多种机型，但是掌握好基本型 AT89S51 是十分重要的，因为它是各种 8051 内核的单片机的基础，最具代表性，同时也是各种 8051 内核的增强扩展型等衍生品种的基础。

除了 8 位单片机得到广泛应用外，一些厂家的 16 位单片机也得到了用户的青睐，如美国 TI(Texas Instruments)公司的 16 位的 MSP430 系列、Microchip 公司的 PIC24xx 系列单片机。这些单片机本身都带有 A/D 转换器，增加了各种串行口和各种数字控制部件，一个芯片就构成了一个测控系统，使用非常方便。除了 16 位单片机外，各公司还推出了 32 位单片机。尽管如此，8 位单片机的应用还是非常普及的，这是因为目前在大多数应用场合中，8 位单片机的性能能够满足大部分实际需求，且 8 位单片机的性价比也较高。

1.3.7 STC 系列单片机

除了 AT89S5x 系列单片机，世界各半导体器件厂家也推出了 8051 内核、集成度高、功能强的增强扩展型单片机，并得到了广泛应用。

STC 系列单片机是我国具有独立自主知识产权的产品，其功能与抗干扰性强的增强型 8051 单片机一样。STC 系列单片机中有多种子系列、几百个品种，以满足不同应用的需要。其中的 STC12C5410/STC12C2052 系列的主要性能及特点如下。

(1) 高速：普通的 8051 单片机是每个机器周期为 12 个时钟，而 STC 单片机可以是每个机器周期 1 个时钟，指令执行速度大大提高，速度是普通的 8051 速度的 9~13 倍。

(2) 宽工作电压：5.5~3.8V，2.4~3.8V(STC12LB5410AD 系列)。

(3) 12KB/10KB/8KB/6KB/4KB 片内 Flash 程序存储器，擦写次数为 10 万次以上。

(4) 512B 片内的 RAM 数据存储器。

(5) 在系统可编程(ISP) /在应用可编程(IAP)，无需编程器/仿真器，可远程升级。

(6) 8 通道的 10 位 ADC，4 路 PWM 输出。

(7) 4 通道捕捉/比较单元，也可用来再实现 4 个定时器或 4 个外部中断(支持上升沿/下降沿中断)。

(8) 2 个硬件 16 位定时器，兼容普通 8051 的定时器。4 路可编程计数/定时器阵列(PCA)，还可再实现 4 个定时器。

(9) 硬件看门狗(WDT)。

(10) 高速 SPI 串口。

(11) 全双工异步串行口(UART)，兼容普通 8051 的串口。

(12) 通用 I/O 口(27/23/15 个)中的每个 I/O 口驱动能力均可达到 20mA，但整个芯片最大不可超过 55mA。

(13) 超强抗干扰能力与高可靠性:

- 高抗静电;
- 通过 2kV/4kV 快速脉冲干扰测试(EFT 测试);
- 宽电压，不怕电源抖动;
- 宽温度范围：−40℃~+85℃;
- I/O 口经过特殊处理;
- 片内的电源供电系统、时钟电路、复位电路、看门狗电路均经过特殊处理。

(14) 采取降低单片机时钟对外部电磁辐射的措施：如选每个机器周期为 6 个时钟，外部时钟频率可降一半。

(15) 超低功耗设计如下。

- 掉电模式：典型功耗<0.1μA。
- 空闲模式：典型功耗为 2mA。
- 正常工作模式：典型功耗为 4~7mA。
- 掉电模式可由外部中断唤醒，适用于电池供电系统，如水表、气表、便携设备等。

STC 单片机可直接替换 ATMEL、Philips、Wimbond (华邦)等公司的 8051 机型。

由上述可知，STC 单片机是一款高性能、高可靠性的机型，尤其是其较高的抗干扰特性，用户应给予足够的重视。

1.4 嵌入式处理器的发展

在第一款微处理器诞生之后，微型计算机的技术发展就进入了两大分支：通用计算机系统和嵌入式计算机系统。通用计算机系统用于高速数值的计算和海量数据的处理；嵌入式计算机系统(简称嵌入式系统)则面向工控领域，嵌入各种控制应用系统、各类电子系统和电子产品中。

早期的嵌入式计算机系统由单板机构成，使用了通用微处理器。但应用对象对低功耗、小体积、高可靠性的苛刻要求，使它很快让位给了单片微型计算机(简称单片机)，即嵌入式处理器。嵌入式处理器早期的低端产品是8位单片机，其代表是MCS-51单片机。随着微电子技术的发展，嵌入式处理器和通用微处理器一样，得到了飞速发展，CPU主频从12MHz发展到400MHz，字长从8位发展到32位。以各类嵌入式处理器为核心的嵌入式系统的应用，已经成为当今电子信息技术应用的一大热点。现代的制造工业、过程控制、通信、仪器、汽车、船舶、航空航天、军事装备和消费类产品等方面均是嵌入式处理器的应用领域，并且在应用数量上远远超过了各种通用微处理器。具有不同体系结构的嵌入式处理器是嵌入式系统的核心部件。除了单片机，还有数字信号处理器(DSP)以及嵌入式微处理器。

1.4.1 数字信号处理器(DSP)

数字信号处理器(Digital Signal Processor，DSP)是非常擅长高速实现各种数字信号处理运算(如数字滤波、快速傅里叶变换即FFT、频谱分析等)的嵌入式处理器。由于DSP的硬件结构和指令进行了特殊设计，因而其能够高速完成各种数字信号处理算法。

1981年，美国TI (Texas Instruments)公司研制出了著名的TMS320系列的首片低成本、高性能的DSP芯片——TMS320C10，它使DSP技术向前跨出了意义重大的一步。

20世纪90年代，由于无线通信、各种网络通信、多媒体技术的普及和应用，以及高清晰度数字电视的研究，极大地刺激了DSP的推广应用，DSP大量进入嵌入式领域。推动DSP快速发展的是嵌入式系统的智能化，如各种带有智能逻辑的消费类产品、生物信息识别终端、实时语音压缩解压系统、数字图像处理等。这类智能化算法一般运算量都较大，特别是向量运算、指针线性寻址等，而这些正是DSP的长处所在。但在一些实时性要求很高的场合，单片DSP的处理能力还是不能满足要求。因此，各大公司又研制出多总线、多流水线和并行处理的包含多个DSP的芯片，从而大大提高了系统的性能。

DSP所具有的实现高速运算的硬件结构与指令系统以及多总线结构，尤其是DSP处理数字信号处理算法的复杂度和庞大的数据处理流量，这些都是单片机不可企及的。

DSP的主要厂商有美国TI、ADI、Motorola、Zilog等公司，TI公司位居榜首，占全球DSP市场约60%。DSP代表性的产品是TI公司的TMS320系列，其中包括用于控制领域的2000系列，用于移动通信的5000系列以及应用在网络、多媒体和图像处理领域的6000系列等。

今天，随着全球信息化和Internet的普及、多媒体技术的广泛应用，以及尖端技术向民用领域的迅速转移，DSP也大范围地进入消费类电子产品领域。DSP的不断更新换代，性能指标不断提高，价格不断下降，已成为新兴科技，如通信、多媒体系统、消费电子、医用电子等飞速发展的主要推动力。据国际著名市场调查研究公司Forward Concepts发布的一份统计和预测报告显示，目前世界DSP产品市场每年正以30%的增幅增长，它是目前最有发展和应用前景的嵌入式处理器之一。

1.4.2 嵌入式微处理器

嵌入式微处理器(Embedded Micro Processor Unit，EMPU)的基础是通用计算机中的CPU，虽然在功能上它和标准微处理器基本是一样的，但由于它只保留和嵌入式应用有关的功能，因此可大幅度减小系统体积和功耗，同时在工作温度、抗电磁干扰、可靠性等方面都做了各种增强处理。

嵌入式微处理器中比较有代表性的产品为ARM系列，主要有5个产品系列：ARM7、ARM9、ARM9E、ARM10和SecurCore。

以ARM7为例，它的地址线为32条。所扩展的存储器空间要比单片机存储器空间大得多，可配置实时多任务操作系统(Real Time multi-tasking Operation System，RTOS)，它是嵌入式应用软件的基础和开发平台。

常用的RTOS为μLinux(数百KB)、Vxworks (数MB)和μC/OS-II。由于嵌入式实时多任务操作系统具有高度灵活性，可很容易地对它进行定制或适当开发，即对它进行“裁剪”“移植”和“编写”，从而可以设计出用户所需的程序，满足实际应用需要。

由于嵌入式微处理器能运行实时多任务操作系统，能够处理复杂的系统管理任务。因此，在移动计算平台、媒体手机、工业控制和商业领域(如智能工控设备、ATM等)，以及电子商务平台、信息家电(机顶盒、数字电视)等方面，甚至军事上的应用，它都具有巨大的吸引力。以嵌入式微处理器为核心的嵌入式系统的应用，已经成为继单片机、DSP之后的电子信息技术应用的又一大热点。

习题

1. 除了单片机这一名称，单片机还可称为什么？
2. 单片机与普通微型计算机的不同之处是什么？
3. 单片机内部数据用二进制形式表示的原因是什么？
4. 微型计算机、微处理器、CPU、单片机、嵌入式处理器，它们之间有何区别？
5. 什么是“嵌入式系统”？系统中嵌入了单片机作为控制器，是否可称为“嵌入式系统”？
6. 嵌入式处理器家族中的单片机、DSP、嵌入式微处理器各有何特点？它们的应用领域有何不同？

第2章

微型计算机组成与结构

微型计算机的知识体系非常广泛，本章将概括性地介绍计算机硬件结构及组成、计算机软件组成分类及计算机语言、指令集结构、计算机体系结构、工作原理以及性能指标等；中央处理器(CPU)的基本概念、通用微处理器的基本结构和工作原理，使读者初步理解和掌握微型计算机的组成与结构的相关知识。

2.1 计算机硬件

计算机的功能从根本上说就是能够接收信息，根据事先编好的程序对信息进行处理，并给出处理的结果。信息是复杂的，从而带来计算机科学的复杂性。但不论多么复杂，都是靠计算机的基本部件协作完成的，这些部件有运算器、控制器、存储器、输入设备和输出设备。

计算机的基本结构如图 2-1 所示。运算器与控制器合称为中央处理器(Central Processing Unit，CPU)，它是计算机硬件系统的控制核心。在由超大规模集成电路构成的微型计算机中，CPU 被集成在一块芯片上，称为微处理器(Micro Processing Unit，MPU)。中央处理器和主存储器合称为主机。辅助存储器和输入、输出设备统称为外部设备或外围设备。各部件间流动着信息流和控制流，图中实箭头表示信息流，虚箭头表示控制流。

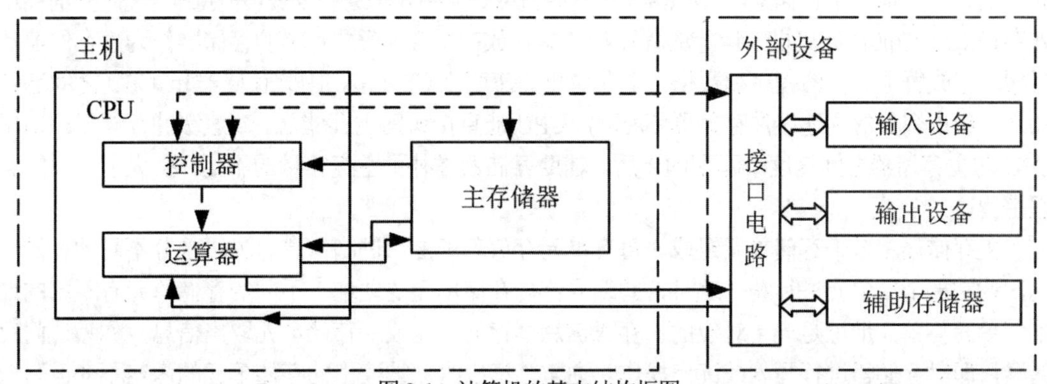

图 2-1 计算机的基本结构框图

计算机的主机中流动着两类信息流：指令流和数据流。由主存储器流向控制器的信息流称为指令流；由主存储器流向运算器或由运算器流向主存储器的信息流称为数据流。控制器依据指令发出控制信号，即控制流，控制整机工作来处理信息。

1. 运算器

运算器(Arithmetic Unit)是一种执行部件，主要任务是完成信息的加工处理，实际上就是执行算术运算和逻辑运算。它主要由算术逻辑单元(Arithmetic Logical Unit，ALU)和一系列寄存器组成。

ALU 是完成算术逻辑运算的部件，它的核心是加法器。算术运算是按照算术规则进行的运算，如加、减、乘、除等；逻辑运算一般指非算术性质的运算，如比较、移位、与、或、非和异或等。在计算机中，一些复杂的运算往往被分解成一系列算术运算和逻辑运算来完成。

运算器中的寄存器用于存放参加运算的操作数、运算的中间结果和最终结果。寄存器的存取速度比存储器的存取速度快得多。

2. 控制器

控制器(Control Unit)是对输入的指令进行分析，并统一控制计算机的各个部件完成一定任务的部件。

控制器一般由指令寄存器、状态寄存器、指令译码器、时序电路和控制电路组成。计算机的工作方式是执行程序，程序就是为完成某一任务所编制的特定指令序列，各种指令操作按一定的时间关系有序安排。控制器产生各种最基本的不可再分的微操作的命令信号，即微命令，以指挥计算机有条不紊地工作。当计算机执行程序时，控制器首先从指令指针寄存器中取得指令的地址，并将下一条指令的地址存入指令寄存器中，然后从存储器中取出指令，由指令译码器对指令进行译码后产生控制信号，实际上就是若干表示“1”和“0”的高低电位的组合，用以驱动相应的硬件完成指令操作。简言之，控制器就是指挥计算机各部件工作的元件，其基本任务就是根据输入指令的需要，综合有关的逻辑条件与时间条件，产生相应的微命令。

3. 存储器

存储器(Memory/Storage)是用来存放程序和数据的部件，它是计算机中各种信息的存储和交流中心。程序是计算机操作的依据，数据是计算机操作的对象。计算机的存储器体系通常包括高速缓冲存储器、主存储器(内存储器，简称主存或内存)和辅助存储器(外存储器，简称辅存或外存)三级。当前在计算机上运行的程序和数据存放在主存储器中；辅助存储器作为主存储器的后援，存放暂不运行的程序和数据。主存储器的速度比 CPU 慢，因此存储器和 CPU 之间通常加入一级小容量的高速缓冲存储器(Cache)。CPU 能直接访问主存储器。高速缓冲存储器解决了 CPU 与主存储器之间速度不匹配的矛盾。辅助存储器弥补了主存容量的不足，扩大了用户的编程空间。

主存储器由若干存储单元组成，每个单元存放若干位二进制信息。为了区分不同的存储单元，通常把全部单元进行统一编号，此编号称为存储单元的地址。不同的存储单元有不同的地址，单元与单元地址是一一对应的。存入信息至存储单元或从存储单元取出信息，称为访问存储器，即对存储器进行写入或读出操作。通常，读出时，被读出的存储单元的内容不变；写入时，被写入的存储单元原有内容被破坏而代之以新写入的内容。

4. 输入设备

输入设备(Input Equipment)是用户给主机提供信息(即原始数据和处理这些数据的程序)的装置。现在的计算机能够接收各种各样的数据，既可以是数值型的数据，也可以是各种非数值型的数据，如图形、图像、声音等，这些数据都可以通过不同类型的输入设备输入计算机中，即输入设备具有信息转换和数据传送功能，也就是将它们转换为计算机所能识别的二进制代码，并传送给计算机的能力。

常用的输入设备有键盘、鼠标、语音识别器、轨迹球、游戏杆、扫描仪等。

5. 输出设备

输出设备(Output Equipment)是接收计算机处理结果的装置。该装置能将二进制代码转换为用户所能识别的信息形式，如图形、图像和声音等。

常用的输出设备有显示器、打印机、绘图仪和语音输出装置等。

特殊的输入/输出设备还有很多，如辅助存储器，用于存储程序和数据，从功能上看是存储系统的一部分，可是从与主机的连接方式和信息交换方式来看，辅助存储器可被视为输入/输出设备。另外，随着计算机网络的迅速发展，数据通信设备和终端已成为计算机输入/输出设备中重要而特殊的一类，如传真机、调制解调器等。计算机应用系统中连接的一些专用装置，也广义地归类于输入/输出设备，如自动控制、检测系统中使用的与计算机相关的仪器和装置等。

输入/输出设备多是电子和机电混合的装置，与运算器、存储器等电子部件相比，速度较慢。输入/输出设备与主机需要通过接口电路连接。

6. 总线

图 2-1 中，各部件之间的联系纽带就是总线。系统总线是一组传递信息的公共导线，它可以是电缆，也可以是印制电路板上的连线，用来连接多个部件，并为之提供信息交换通路。

总线的特点是具有共享性和分时性。共享性是指连接在总线上的部件都可通过总线传递信息，多个部件可以同时从总线接收相同的信息，这可以被视为广播式。分时性是指任意时刻只能有一个设备向总线发送信息，这当然也成了系统瓶颈。

根据传送信息的内容与作用不同，系统总线分为地址总线(AB)、数据总线(DB)、控制总线(CB)三类。地址总线用于传送地址信息，地址线的根数决定了寻址存储器的范围；数据总线用来传送数据信息，数据线的根数决定了一次能够传送数据的位数；控制总线用来传送控制信号、时序信号和状态信息等。

2.2 计算机软件

2.2.1 软件的组成与分类

计算机中的程序、数据和文档称为计算机软件。计算机软件一般分为系统软件和应用软件两类，如图 2-2 所示。

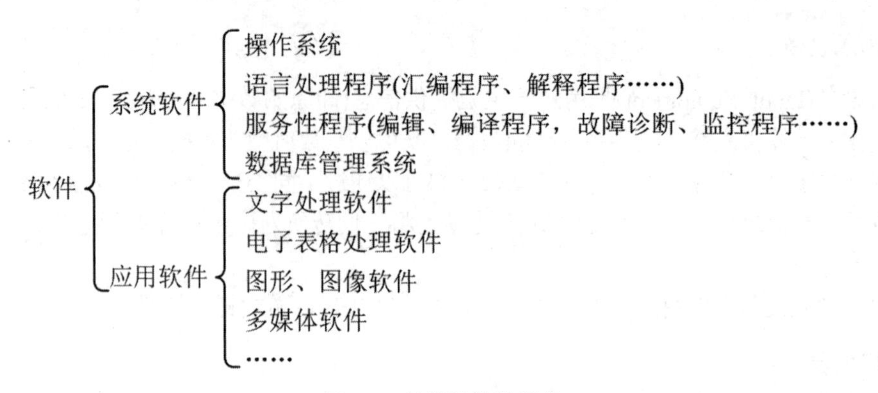

图 2-2 计算机软件组成

系统软件是方便用户使用计算机，发挥计算机效率、功能的基础软件。它负责计算机系统的调度管理，提供程序的运行环境和开发环境，并且向用户提供各种服务。

应用软件是用各种程序设计语言编写出来的具有特定功能的程序。

2.2.2 计算机语言

计算机的功能是强大的，但它又是“没有智慧的”，说它强大，是因为计算机能够帮助人们完成人类完不成的事务，说它是“没有智慧的”，则是因为计算机是没有“主观能动性”的，计算机所进行的各种行为都是人根据具体问题，用计算机能够“明白”的语言，把按照一定方法组织和处理表示不同信息的不同数据的完整描述输入计算机，而计算机任何时刻都能够“忠诚”地执行这样的描述，这个过程实际上就是编程。这里计算机能够“明白”的语言就是计算机语言。计算机语言包括机器语言、汇编语言和高级语言。

1. 机器语言

机器语言是计算机硬件能够直接识别和执行的以二进制代码表示的机器指令。在早期的计算机中，人们用机器语言来编写程序。用机器语言编写程序时，必须知道所使用计算机的指令格式，编排好存放每条指令的地址，以区分执行程序的先后次序及各指令之间的跳转关系。所以机器语言是面向机器的，每一种机器语言编写的程序只适用于某种特定类型的计算机。由于计算机能直接识别和执行机器语言程序，故机器语言程序又称为目标程序。显然，机器语言程序执行起来是最快的。

用机器语言编写程序既烦琐，又容易出错，还要求程序编写者深入理解计算机硬件结构。因此，在计算机发展过程中，逐渐出现了汇编语言和各种高级的程序设计语言，以帮助人们更有效、更方便地编写程序。

2. 汇编语言

汇编语言是一种与计算机机器语言相当接近的符号语言。它采用助记符来表示机器指令的操作码。采用符号地址指示程序存放在存储器中的位置及跳转关系，并增加一些控制程序和便于表示数据及其存放的命令，以方便人们编写程序。汇编语言与机器语言一样，也是一种面向机器的语言。

用汇编语言编写的程序称为汇编语言源程序。计算机不能直接识别和执行汇编语言源程序，需要通过称为汇编程序的一种语言处理程序加以处理。得到机器指令形式的目标程序，计算机才能识别和执行。将汇编语言源程序处理为机器语言的目标程序的过程，称为“汇编”；反之，将机器语言的目标程序转换为汇编语言源程序的过程，称为“反汇编”。也可将一种计算机的汇编语言源程序汇编成另一种计算机的机器语言的目标程序，这个过程称为“交叉汇编”。

汇编语言与硬件关系密切，用它编写的程序紧凑，占用主存小，速度快，适合于编写直接访问系统硬件的系统程序或设备控制软件。

3. 高级语言

高级语言克服了机器语言和汇编语言依赖于具体计算机的缺陷，使计算机语言成为描述各种问题求解过程的算法语言，并从过程化语言发展为现代广泛应用的面向对象的语言。用某种高级语言编写的程序称为高级语言源程序，如 C++语言源程序、Pascal 语言源程序等。

计算机不能直接执行高级语言源程序，源程序在输入计算机后，通过“翻译程序”翻译成机器语言形式，计算机才能识别和执行。这种“翻译”通常有两种方式，即编译方式和解释方式。编译方式是指利用事先编好的一个称为编译程序的机器语言程序，作为系统软件存放在计算机内，当用户将用高级语言编写的源程序输入计算机后，编译程序便把源程序翻译成用机器语言表示的与之等价的目标程序，然后计算机再执行该目标程序，以完成源程序要处理的运算，并取得结果。解释方式是指源程序进入计算机后，由一个称为解释程序的处理程序边扫描边解释，逐句输入逐句翻译，计算机再逐句执行，并不产生目标程序。例如，C、Pascal、FORTRAN、COBOL 等高级语言按编译方式执行；BASIC 语言则以解释方式执行为主。

高级语言不涉及机器的硬件结构，表达方式比较接近自然语言，描述问题的能力强，通用性强，编写程序容易，适合于编写与硬件没有直接关系的应用软件。

在现代程序设计中，采用在高级语言中提供与汇编语言之间的调用接口的方法，很好地利用了高级语言和汇编语言各自的优点，摒弃了两者的不足。用汇编语言编写的程序作为高级语言的一个外部过程或函数，汇编源程序和高级语言源程序分别通过汇编、编译成目标文件后，利用连接程序把它们连接成可执行文件即可执行。

2.2.3　指令集结构

为提高计算机系统的性价比，设计指令集结构时有两种不同的优化策略。计算机系统设计师把指令集分成两大类，即复杂指令集计算机(Complex Instruction Set Computer，CISC)和精简指令集计算机(Reduced Instruction Set Computer，RISC)。

1. CISC 的设计思想及特点

随着半导体技术和微电子技术的发展，硬件成本降低，越来越多的高级复杂指令被添加到指令系统中。但由于当时的存储器速度慢并且容量小，为减少对存储器的存取操作，减小软件开发难度，设计人员将复杂指令功能通过微程序实现，再将微程序固化或硬化后交给硬件实现，这就是 CISC 系统的设计思路。

由于计算机设计师们不断地把新功能，如新的寻址模式和指令类型等添加到计算机系统中，而这些新功能又常常需要通过新的指令来使用，使计算机的指令越来越复杂，就形成了所谓的 CISC。由于当时计算机内存价格昂贵并且读取时间长，紧凑的指令码得到了广泛的应用。

CISC 的思想是让每一条指令完成尽可能多的任务，其结果导致了 CISC 的多种操作数寻址模式，例如 MC68020 机有 25 种寻址模式。更重要的是，在 CISC 设计中，每条指令所带的操作数数目及其存放的地点都是任意的。这种设计的结果是指令长短不一，指令执行时间也相差悬殊。

2. RISC 的设计思想及特点

到了 20 世纪 70 年代后期，日趋庞杂的指令集越来越无法适应优化编译和超大规模集成电路技术的发展，而同时存储器的成本却在不断降低。美国加州大学伯克利分校的研究结果表明，如果一个指令集有 200~300 条甚至更多的、功能多样的指令不仅不易实现，而且还有可能降低系统性能和效率，原因如下。

(1) 许多复杂指令很少被使用，据统计，只有 20%的简单指令使用频率较高，占运行时间的 80%；而其余 80%的复杂指令只在 20%的运行时间内使用到。

(2) 由于需要译码较多的指令，且通常这些指令具有不定长格式和复杂的数据类型，控制器硬件变得非常复杂，不但占用大量芯片面积，而且容易出错，给超大规模集成电路设计造成很大困难。

(3) 许多指令操作繁杂，执行速度慢，使整个程序的执行时间增加。

(4) 指令规整性不好，采用非流水线技术提高性能。

为了克服 CISC 的上述缺点，RISC 的设计思想就是尽量降低计算机指令的数量及复杂性。同时，RISC 的设计还充分利用了高速缓存、提前读取、流水线操作和超标量运算等手段。当然，不是每一台 RISC 都利用了上述所有计算机提速手段。

随着存储器价格的下降和 CPU 制造技术的提高，RISC 结构开始被广泛采用。一般来说，利用包括对简单数据进行传输和运算以及转移控制操作在内的十余条指令，就可以实现现代计算机执行的所有处理操作，更复杂的功能可以由这些简单指令组合完成。RISC 克服了 CISC 的缺点，简化了指令系统，使更多的处理器可以用于实现流水线操作和高速缓存，有效地提高了计算机的性能。正因为指令简单，RISC 的性能就更依赖于编译程序的有效性，如果没有一个很好的编译程序，RISC 结构的潜在优势就无法发挥。

RISC 的设计应当遵循以下 5 个原则。

(1) 指令条数少，格式简单，易于译码。

(2) 提供足够的寄存器，只允许读取和存储指令访问内存。

(3) 指令由硬件直接执行，在单个周期内完成。

(4) 充分利用流水线。

(5) 强调优化编译器的作用。

RISC 处理器有较多约束。它的指令不能随心所欲，RISC 的设计是力求得到一个最小化的指令集，能满足所有计算就行(例如 32 条指令)。它并不是用单条指令来计算任意复杂的函数，而是每条指令只执行一个基本计算。为了达到可能的最高速度，RISC 设计限制指令为固定长度。RISC 处理器的设计使得能在一个时钟周期内执行一条命令。RISC 与 CISC 的主要特征对比如表 2-1 所示。

表 2-1　RISC 与 CISC 的主要特征对比

比较内容	CISC	RISC
指令系统	复杂，庞大	简单，精简
指令数目	一般大于 200	一般小于 100
指令格式	一般大于 4	一般小于 4
寻址方式	一般大于 4	一般小于 4
指令字长	不固定	等长
可访存指令	不加限制	只有读取/存储指令
各种指令使用频率	相差很大	相差不大
各种指令执行时间	相差很大	绝大多数在一个周期内完成
优化编译实现	很难	较容易
程序源代码长度	较短	较长
控制器实现方式	绝大多数为微程序控制	绝大多数为硬布线控制
软件系统开发时间	较短	较长

通常，对于一个处理器，如果它的指令系统包含了执行复杂计算且要求长时间执行的指令，将其归类于 CISC；如果它的指令系统包含了很少数目的指令且每条指令都能在一个时钟周期里执行，将其归类于 RISC。

2.3 计算机系统的体系结构

计算机系统的体系结构可分为冯•诺依曼结构(也称为普林斯顿结构)和哈佛结构。

1. 冯•诺依曼结构

被称为“电子计算机之父”的是数学家冯•诺依曼，而不是首台电子计算机 ENIAC 的两位实际研制者，这是因为冯•诺依曼提出了现代计算机的体系结构。

冯•诺依曼结构的特点如下。

- 使用单一处理部件来完成计算、存储及通信功能；
- 线性组织的定长存储单元(地址)；
- 存储空间的单元(地址)是直接寻址的；
- 使用低级机器语言，其指令完成基本操作码的简单操作；
- 对计算进行集中的顺序控制(程序存储)；
- 首次提出“地址”和“程序存储”的概念。

冯•诺依曼计算机系统模型如图 2-3 所示。冯•诺依曼型计算机以存储程序原理为基础，指令与数据混合存储，程序执行时，CPU 在程序计数器的指引下，线性顺序地读取下一条指令和数据，以运算器为中心，这就注定了其本质特点是线性或串行性，表现在两个方面：指令执行的串行性和存储器读取的串行性。早期的微处理器大多采用冯•诺依曼结构，典型代表就是 Intel 公司的 80x86 微处理器。

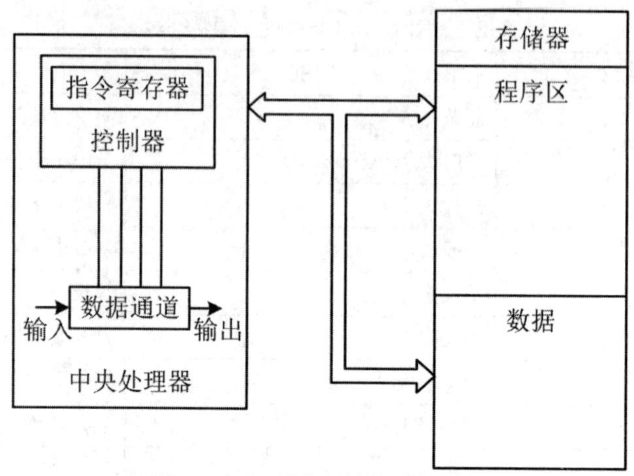

图 2-3　冯•诺依曼结构系统模型

计算机将程序和数据两者都存放在存储器中，操作数的寻址暴露了冯•诺依曼体系结构的主要弱点：存储器访问成为瓶颈。也就是说，因为指令存放在存储器中，所以对于每条指令，处理器至少必须进行一次存储器访问。如果一个或多个操作数指定的数据项在存储器中，那么处理器就要多次访问存储器来读取或存放数值。为了优化性能，避免瓶颈，操作数应当从寄存器取得，而不是从存储器取得。

2. 哈佛结构

冯•诺依曼计算机系统结构瓶颈的本质之一是串行性，改善的方法是使用并行技术，在指令运算处理及数据存储上都巧妙地运用并行技术，比如已普遍采用的哈佛(Harvard)结构，如图 2-4 所示。

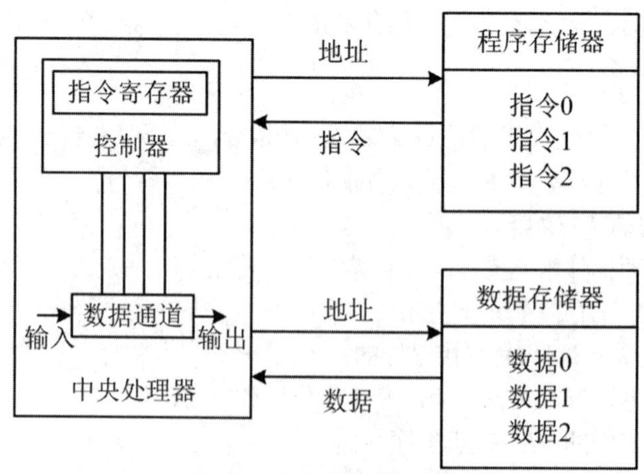

图 2-4　哈佛结构系统模型

哈佛结构的特点如下：

- 程序存储器与数据存储器分开；
- 提供了较大的存储器带宽；
- 适合于数字信号处理；
- 大多数 DSP 都是增强型哈佛结构。

使用哈佛结构的微处理器/微控制器有很多，包括后面章节介绍的 80C51 系列单片机，还有 Motorola 公司的 MC68 系列、Zilog 公司的 Z8 系列、Microchip 公司的 PIC 系列芯片、ATMEL 公司的 AVR 系列和 ARM 公司的 ARM9、ARM10 和 ARM11。

2.4 计算机系统的层次结构

计算机系统以硬件为基础，通过配置各种软件，形成一个有机组合的系统。使用计算机解决问题的方法从控制流程的角度可分为三种。

(1) 全硬件的方法，即使用组合、时序逻辑设计方法，设计硬件逻辑电路，实现控制流程。

(2) 软、硬件相结合的方法，即部分流程由硬件逻辑实现，另一部分由微程序实现。

(3) 全软件的方法，即采用某种计算机语言，按流程算法编制程序，实现控制流程。

究竟采用什么方法，取决于设计人员的知识、开发成本、速度、可靠性、存储容量等多种因素。计算机能提供这么多解决问题的方法，与计算机自身不同层面上的功能是分不开的。采用一种层次结构的观点分析计算机，便于选择某一层次分析计算机的组成、性能和工作原理。计算机系统按功能划分的层次结构如图 2-5 所示。

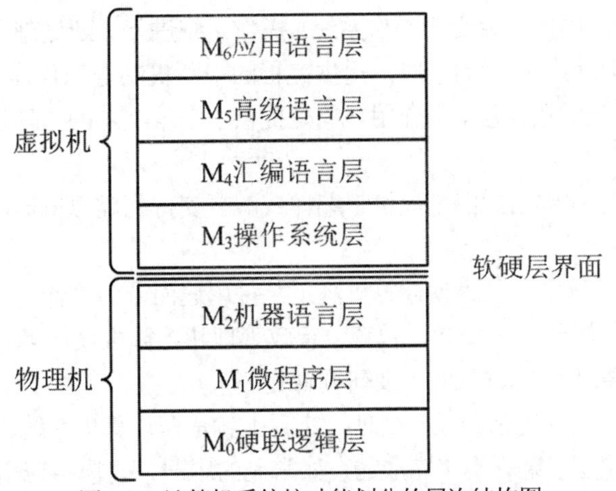

图 2-5　计算机系统按功能划分的层次结构图

一台实际的计算机在没有加载任何软件之前就是一台最基本的物理机，物理机按照功能实现划分成不可再分的三个实际机器层次：M_0 是由电子线路组成的机器实体，这里称其为硬联逻辑层，M_1 是支持和执行微指令的微程序层，M_2 是机器语言层。计算机设计者关心实际机器层的组成。面向实际机器层，用户只有编制二进制代码程序，才能使之工作。在这三个层次上解决实际问题都属于硬件层面。

M_3~M_6 为虚拟机器层。虚拟机只对“观察者”存在，它的功能体现在广义的计算机语言上(即把计算机上安装的所有不同层面上的软件都看成计算机语言)，虚拟机除应用自身层次上的语言外，还对紧邻的较低层次提供自身语言的翻译手段。从某一层次的观察者来看，只能是通过该层次的语言来了解和使用计算机，至于对实际问题在较低层次上的具体解决和实现是不必关心的。即虚拟机是提供了软件支持的计算机。为使用户能够高效、方便地使用计算机，通常面向用户的是一台虚拟机器。

M_3是操作系统层。操作系统是计算机软件中的核心程序，用来管理和控制计算机系统中的硬件和软件资源，并为用户和其他软件提供服务。操作系统控制应用程序执行，并作为计算机用户与计算机硬件间的接口。操作系统与计算机硬件有着固有的联系：在设计操作系统时，必须充分考虑硬件的特性；在设计硬件时，也要认识到硬件必须为操作系统提供足够的支持。

操作系统主要有如下功能。

(1) 处理器管理功能，即为一个或多个用户合理、有效地分配CPU。

(2) 存储管理功能，即合理组织和分配存储空间(包括主存和辅存)。

(3) 数据管理功能，即合理组织信息在辅助存储器上的存储和检索。

(4) 设备管理功能，即合理组织和使用I/O设备。

(5) 作业管理功能，即合理组织和调度作业的运行。

(6) 系统的安全和保护功能，即为保护系统正常运行，减少和避免由各种操作错误及设备故障引起的问题所采取的防范措施。

操作系统的工作方式是：计算机在开机的瞬间，固化在ROM BIOS(在计算机主板上)中的引导程序将操作系统内核程序装入主存，然后操作系统运行它的第一个初始化进程，初始化整个系统，随后准备处理用户的各种请求和系统中的事件。现代操作系统是事件(中断、用户请求等)驱动的，如果没有进程执行、用户响应和I/O设备需要服务，操作系统将静止地等待。当中断发生时，硬件将CPU的控制权交给操作系统，操作系统进行中断处理，完成后又静止等待下一个事件。中断是激活操作系统的手段，提供完善的中断机制是现代计算机必备的。

M_4是中间语言或汇编语言层。面向用户的是提供了汇编支持的虚拟机器，用户可以使用汇编语言编写程序。

M_5是高级语言层。面向用户的是提供了编译或解释支持的虚拟机器，用户可以使用高级语言编写程序。

M_6是应用语言层。这一层是为使计算机满足某种用途而专门设计的，是各种面向问题的应用语言。可以设计专门用于人工智能、教育、行政管理和计算机设计等方面的虚拟机器，这些虚拟机器也是当代计算机应用领域的重要研究课题。

计算机解决问题，展开复杂的任务处理，实际上就是在计算机系统的层次结构上按照从较高层次到较低层次的层层“翻译”来完成的，如常见的用户→建模→应用程序→高级语言→汇编、编译或解释语言→操作系统→机器语言→微程序→硬联逻辑。

计算机系统的层次结构的概念是在计算机发展过程中逐渐形成的，分层方式不是唯一的。不同计算机系统之间的层次结构的划分与实现方法是有差别的，一般来说，相邻层的语法结构的差别不大，这有利于编译或解释，但最终必须处理为能在实际机器上直接执行的机器语言程序。在以上所述的分层方式中，计算机系统的软、硬件界面定在M_2与M_3之间。但是，随着大规模集成电路技术的发展，计算机软、硬件界面已经变得模糊。任何操作可以用软件完成，也可以用硬件完成；任何指令的执行可以用硬件完成，也可以用软件完成。

计算机系统构成多层次结构，使得各层次面向不同的人员。作为学习计算机原理与应用的人员，面向用户的是虚拟层。

2.5 计算机的基本工作原理

2.5.1　存储程序工作原理

存储程序工作原理是冯 • 诺依曼在 1945 年领导设计 EDVAC 计算机的过程中提出的。实际上就是计算机执行程序的方式，采用这种方式，要事先编制程序，并将程序(包含指令和数据)存入主存储器中，计算机在运行程序时，要能自动、连续地从主存储器中依次取出指令并执行。

存储程序是计算机能高速自动运行的基础，其工作方式可称为指令流驱动方式。即按照指令的执行序列，依次读取指令；根据指令所含的控制信息，调用数据进行处理。存储程序工作原理奠定了现代计算机的基本结构思想，到目前为止，绝大多数计算机仍沿用这一结构，称为冯 • 诺依曼结构。

冯 • 诺依曼结构从本质上讲是采取串行顺序处理的工作机制，即使有关数据已经准备好，也必须逐条执行指令序列。而提高计算机性能的根本方向之一是并行处理。长久以来，人们一直在谋求突破冯 • 诺依曼结构的束缚，这主要表现在以下两个方面。

(1) 在冯 • 诺依曼结构范畴内，对传统冯 • 诺依曼机进行改造。例如，采用多个处理部件，形成流水处理，依靠时间上的重叠提高处理效率；组成阵列机结构，形成单指令流多数据流，提高处理速度。这些改造已比较成熟，成为标准的计算机结构。比较活跃的研究是用多个冯 • 诺依曼机组成多机系统，支持并行算法结构。

(2) 从根本上改变冯 • 诺依曼机的控制流驱动方式。例如，采用数据流驱动工作方式的数据流计算机，只要数据已经准备好，有关指令就可并行执行。这是真正非冯 • 诺依曼的计算机，它为并行处理开辟了新的前景。但由于控制的复杂性，仍处于实验探索之中。

2.5.2　计算机的工作过程

1. 微型计算机的工作实质

计算机之所以能在没有人直接干预的情况下，自动完成各种信息处理任务，是因为人们事先为它编制了各种工作程序，然后加载到计算机的存储器中，当给机器加电并启动后，计算机便会自动按照程序的要求进行工作。

1) 程序存储

程序是由一条条指令组合而成的，而指令在计算机中被翻译(汇编)成计算机能识别的机器语言。程序存储把执行一项信息处理任务的程序代码，以字节为单位，按顺序存放在存储器的一段连续的存储区域内。

2) 程序控制

程序控制指当计算机工作时，CPU 中的控制器按照程序排列顺序(程序计数器，也称为指令指针)，到存放程序代码的内存区域中读取指令代码，在 CPU 中完成对代码的分析，然后由 CPU 的控制器根据对指令代码的分析结果，实时地向各个部件发出完成该指令功能的所有控制信号。CPU 中的控制器读出一条代码后，其指令指针会自动递增，指向下一条指令的存放地址。

简单地讲，计算机的工作过程就是执行程序的过程，描述为取指令(代码)→分析指令(译码)→执行指令的不断循环过程。由于取指令时指令指针的变化都是自然递增的，因此大部分情况下程序是顺序执行。只有某条指令的执行让指令指针的内容不再顺序变化，那么程序的执行路径才发生变化，这就是计算机的基本工作原理。

2. 微型计算机工作过程

为了进一步了解计算机的工作过程，以下通过一个简单的微机程序，来说明计算机如何具体计算 5+6=？的。虽然这是一个相当简单的加法运算，但必须以计算机能够理解的语言告诉它如何一步一步地去做，直到每个细节都详尽无误，计算机才能正确地理解与执行，否则微机拒绝执行，或者执行后“暴走”乃至死机。这种计算机能理解的语言即是计算机程序。为此，在启动计算机让它进行计算之前，必须完成如下工作。

(1) 用助记符号指令编写程序(汇编语言)。

(2) 用汇编软件将汇编程序翻译(汇编)成计算机能识别的机器语言指令。

(3) 将数据和程序通过输入设备送入存储器中存放(存储程序)。

5+6=?的汇编程序如表 2-2 所示。整个程序一共 3 条指令，5 字节，存放在 00H 开始的 5 单元中。指令是计算机规定执行操作的类型和操作数的基本命令。指令由 1 字节或者多字节组成，其中包括操作码字段、一个或多个有关操作数地址的字段，以及一些表征机器状态的状态字和特征码。有的指令也直接包含操作数本身。

表 2-2　5+6=？的计算机汇编程序

地址	汇编语言	机器语言	说明
	ORG　0000H		伪指令
0000H	MOV　A，05H	10110000	操作码
0001H		00000101	操作数
0002H	ADD　A，06H	00000100	操作码
0003H		00000110	操作数
0004H	HLT	11110100	操作码

计算机执行某个程序是从把该程序的第一条指令地址送到程序计数器(PC)开始。因此，开始执行这个程序前，先把程序中第一条指令的地址送到程序计数器(PC)中。

1) 取指令

(1) 控制器将程序计数器(PC)的内容(00H)送至地址寄存器 AR，记为 PC→AR。

(2) 程序计数器(PC)的内容自动加 1 变为 01H，为取下一条指令作准备，记为 PC+1→PC。

(3) 地址寄存器 AR 将 00H 通过地址总线送至存储器地址译码器译码。选中 00H 号单元，记为 AR→M。

(4) CPU 发出“读”控制命令。

(5) 存储器收到“读”命令后，将选中的 00H 号存储单元的内容，亦即指令机器码 B0H 送到数据总线(DB)，记为(B0H)→DB。

(6) 经数据总线(DB)，将读出的 B0H 送至数据寄存器(DR)，记为 DB→DR。

(7) 数据寄存器(DR)将其内容送至指令寄存器(IR)，再由指令译码器(ID)译码，然后经控制信号产生器发生一系列控制信号，也叫作操作信号，记为 DR→IR，IR→ID，ID→PLA。

经过这几个步骤后，CPU“识别”出这个操作码就是 MOV A，05H 指令，于是控制器发出执行这条指令的各种控制命令。这就完成了一条指令的取指阶段。

2) 执行指令

对于 RISC 指令集的指令来说，取一次指令即可读出一条完整的指令，但是，对于 CISC 指令集的指令来说，则不尽然。对于 CISC 指令集简单的一字节指令，经过取指令阶段后就可以具体执行指令。但是类似实例的这条指令是不止一个字节的机器码，因此在取出指令的第一字节之后，控制器将根据译码的结果，再去取出其余的指令字节，然后再决定如何执行这条指令。

在取指令阶段，经过对操作码 B0H 译码后，CPU 就“知道”这是一条把 01H 单元的内容送入累加器 A 的指令。所以执行第一条指令，就是把指令第二字节的内容当作数据(称为立即数)，取出来后送至累加器 A。

(1) 将程序计数器的内容 01H 送至地址寄存器(AR)，记为 PC→AR。

(2) 将程序计数器的内容自动加 1 变为 02H，为取下一条指令做准备，记为 PC+1→PC。

(3) 地址寄存器(AR)将 01H 通过地址总线送至存储器，并选中 01H 单元，记为 AR→M。

(4) CPU 发“读”命令。

(5) 选中的 01H 存储单元的内容 05H 送至数据总线(DB)上，记为(01H)→DB。

(6) 通过数据总线，把读出的内容 05H 送至数据寄存器(DR)，记为 DB→DR。

(7) 因为经过译码已经知道读出的是立即数，并要求将它送至累加器 A，故数据寄存器(DR)通过内部总线将 05H 送至累加卷 A，记为 DR→A。

执行完第一条指令后，计算机又要重新取指令。由于这时 PC 的内容变为 02H，因此将顺序取第 2 条指令，读出指令后再执行。由于第 2 条指令是 2 字节指令，取出第 2 条指令后，PC 的内容变为 4。执行完第 2 条指令后，又将根据当前的 PC 值取指。由此可见，程序的执行路径是由不断变化的 PC 内容指引的。

2.6 计算机的性能指标

对于不同用途的计算机，其对不同部件的性能指标要求有所不同。例如，仅从速度上看，对于用作科学计算为主的计算机，其对主机的运算速度要求很高；对于用作大型数据库处理为主的计算机，其对主机的内存容量、存取速度和外存储器的读/写速度要求较高；对于用作网络传输的计算机，则要求有很高的 I/O 速度，因此应当有高速的 I/O 总线和相应的 I/O 接口。

1. 运算速度

计算机的运算速度是指计算机每秒钟执行的指令数。通常以 MIPS 和 MFLOPS 为计量单位来衡量运算速度。

MIPS 表示每秒百万次指令。对于给定的程序，MIPS 可定义为

$$\text{MIPS} = \text{IN}/(\text{TE}\times 10^6)$$

式中，IN 表示指令条数，TE 表示程序的执行时间(s)。

MFLOPS 表示每秒百万次浮点运算。对于给定的程序，MFLOPS 可定义为

$$MFLOPS = IFN/(TE\times10^6)$$

式中，IFN 表示浮点运算指令的条数。

MIPS 只适用于衡量标量计算机的性能，MFLOPS 则比较适用于衡量向量计算机的性能。

影响运算速度的主要因素如下。

(1) 主频，也就是 CPU 的时钟频率或工作频率。例如，我们常说的 P4 1.8 GHz，这个 1.8 GHz 就是 CPU 的主频。一般说来，一条指令执行所占用的时钟周期数不会因为主频不同而不同，所以主频越高，单位时间所执行的指令数量就会越多，计算机的运算速度自然就越快了。

(2) 外频，是 CPU 与外界(存储器、I/O 设备)交换数据的频率(系统时钟)。这个因素对计算机的速度影响还是容易理解的，它就像是一个瓶颈，瓶子的“肚子”再大(主频再高)，瓶颈小(外频低)，整个系统的速度也提不起来。主频与外频具有倍频关系，即

$$主频=外频\times倍频$$

(3) 存储器存取速度。内存储器完成一次读(取)或写(存)操作所需的时间称为存储器的存取时间或者访问时间。而连续两次读(或写)所需的最短时间称为存储周期。对于半导体存储器来说，存取周期为几十到几百 ns(10^{-9} s)。由于访存操作在计算机的工作过程中是必不可少的，因此，存储器存取速度这个因素对计算机速度的影响就非常显著了。

(4) I/O 的速度。主机 I/O 的速度取决于 I/O 总线的设计。这对于慢速设备(如键盘、打印机)关系不大，但对于高速设备则效果十分明显。

影响计算机运算速度的因素还有很多，比如，硬盘存储数据块的分散程度、存储器的容量、计算机组成器件的兼容性等。了解到这些因素，就可以采取多种办法来提高计算机的运算速度。

2. 字长

一般说来，计算机 CPU 在同一时刻处理的一组二进制数称为一个计算机的“字”，而这组二进制数的位数就是“字长”。能处理字长为 8 位数据的 CPU 通常称为 8 位的 CPU。同理，32 位的 CPU 能在单位时间内处理字长为 32 位的二进制数。

字节和字长的区别：由于常用的英文字符用 8 位二进制数就可以表示，因此通常将 8 位称为 1 字节。字长的长度是不固定的，对于不同的 CPU，字长也不一样。8 位的 CPU 一次只能处理 1 字节，而 32 位的 CPU 一次就能处理 4 字节，字长为 64 位的 CPU 一次可以处理 8 字节。当前的计算机都已达到 64 位字长了。

很明显，字长意味着计算精度和速度。当然字长位数越多，硬件成本也越高，因为它决定着寄存器、运算部件、数据总线等的位数(它们的位数相同，都是字长)。

3. 数据通路宽度

数据通路宽度是指数据总线一次所能并行传送的位数。它影响信息的传送能力，从而影响计算机的有效处理速度。CPU 内部的数据通路宽度一般等于基本字长，而外部的数据通路宽度取决于系统总线的宽度。有些 CPU 的内、外数据通路宽度相等，如 Intel 80386DX，内、外都是 32 位，称为 32 位机；有些 CPU 的外部数据通路宽度小于内部，如 Intel 80386SX，内部 32 位、外部 16 位，称为准 32 位机；也有些 CPU 的外部数据通路宽度大于内部，如 Pentium，内

部 32 位、外部 64 位，仍称为 32 位机。

4. 主存容量

主存容量是一个主存储器所能存储的全部信息量。按字节编址的计算机，通常以字节数表示主存容量。例如，1GB(B 指字节 Byte，lKB = 1 024 B，1MB = 1 024 KB，1GB = 1 024 MB)的内存容量就是从 0 到 1GB−1 编址的 1 GB 字节。

计算机处理能力的大小在很大程度上取决于主存容量的大小。主存容量大就可以运行比较复杂的程序，并可存入大量信息，可以利用更完善的软件支撑环境。

2.7 计算机系统的分类

计算机系统的分类方法一般有如下几种。

1. 按用途(应用特点)分类

计算机系统按其用途可分为通用计算机和专用计算机。

(1) 通用计算机可以应用于各种领域。它通常配备一定的外设及多种系统软件，如操作系统、数据库管理系统及各种工具软件。通用计算机的特点是通用性强，功能全。

(2) 专用计算机是针对某一特定应用领域或者面向某种算法的计算机，如工业过程控制计算机、用于处理卫星图像的大型并行处理机等。专用计算机的结构较简单，可靠性较高。

2. 按规模(性能)分类

计算机系统按规模可分为巨型机、大型机、中型机、小型机、微型机等几种类型。事实上，由于计算机科学技术的飞速发展，规模的概念是在不断变化的，昔日的大型机的性能往往已经赶不上现代的微型机了。

(1) 巨型机也称为超级计算机，它是一个国家计算机技术水平的重要标志。巨型机采用大规模的并行处理结构，CPU 由上百个、上千个甚至上万个处理器组成，运算速度极快，存储容量极大，具有很强的数值计算和信息处理能力，主要应用于尖端科学和军事技术等领域。

图 2-6 是 IBM“Roadrunner”巨型机，它是全球首台突破每秒 1 000 万亿次浮点运算的超级计算机。该计算机于 2008 年 6 月完成部署，占地 6 000 平方英尺，相当于 3/4 个足球场大小，总重超过 500 000 磅，布线总长达到 57 km，功率为 3.9 MW，成本是 1.33 亿美元。如果全世界 60 亿人每天 24 小时、每周 7 天，各用一台手持计算器执行浮点运算，那么需要 46 年时间才能完成“Roadrunner”一天的工作量。“Roadrunner”主要用于分析美国军方的机密数据，如核武器及其他军事战略数据等，并模仿核战争对人类生存环境的破坏情况，得出相应分析结论。

我国在巨型机发展方面起步较晚，但进步很快，2009 年 5 月落户上海的曙光 5000A 的最高的浮点运算处理能力达 230 万亿次每秒，其计算速度在世界通用计算机领域曾位居第六，具有节能和低成本的优势。

图 2-6　IBM 超级计算机“Roadrunner”

(2) 大型机是所在时代计算机科技水平的一个衡量尺度。大型机通常由 4 个、8 个、16 个、32 个或更多处理器组成，运算速度快，存储容量大，且通用性强。大型机主要应用于集中存储、管理和处理大量的信息，为企业或政府服务。集中式信息处理是以主机系统加终端为代表，采用分时处理，几百个甚至上千个用户在终端上操作，就像自己拥有一台计算机一样。随着计算机网络的发展，大型机作为网络服务器为企业或政府提供了一个安全、有效的平台，它的高可靠性、安全性、高吞吐能力、高可扩展性、防病毒及防黑客能力体现了绝对优势。大型机一般每秒执行数百万到数亿条指令，有较多的外设和通信接口，有很强的 I/O 处理能力和丰富的系统软件及应用软件。

(3) 中型机一般为通用计算机，其性能和价格介于小型机和大型机之间。

(4) 小型机是性能较好、价格便宜、应用领域十分广泛的计算机。一般速度为每秒执行几十万到几百万条指令，配有一定数量的外设与通信接口。支持多种高级语言和汇编语言，有功能较强的操作系统。

(5) 微型机属于第四代电子计算机产品，是集成电路技术不断发展、芯片集成度不断提高的产物。从工作原理上来说，微型机与巨型机、大型机、中型机、小型机并没有本质上的区别。所不同的是微型机采用了集成度较高的器件，使得其在结构上具有独特的特点，即将组成计算机硬件系统的两大核心部件——运算器和控制器集成在一块芯片上，组成一个不可分割的部件——微处理器，因此带来微型机体积小、重量轻、价格低、可靠性高、结构灵活、应用面广、功能强、性能优越等一系列特点。

自 20 世纪 70 年代初出现第一片微处理器芯片以来，微处理器以惊人的速度发展，几乎每两年集成度提高 1 倍，每 3~5 年更新换代一次。现在的 64 位高性能处理器构成的微型机，其性能水平早已超过昔日的高档小型机甚至大型机。

3. 按使用的方式分类

计算机系统按使用的方式分为工作站和服务器。

(1) 工作站以个人计算环境和分布式网络计算环境为基础，具有良好的性价比。所谓个人计算环境是指为个人使用计算机创造一个尽可能易学易用的工作环境，为面向特定应用领域的人员提供一个具有友好人机界面的高效率工作平台。分布式网络计算环境是指工作站在进行信息处理时，可以通过网络与服务器或其他计算机互通信息、共享资源。工作站具有高速运算功能，适应多媒体的应用功能和知识处理功能。工作站按其用途可分为通用工作站和专用工作站。

工作站的典型产品有 SUN 公司的 SPARC 系列、DEC 公司的 Alpha 系列，以及 HP 公司和 SGI 公司的工作站系列等。

(2) 服务器是网络环境或具有客户—服务器结构的分布式计算环境中，为客户机的请求提供服务的结点计算机。客户—服务器是实现资源共享的一种结构。客户机是服务器的服务对象。在网络和分布式计算环境中，服务器提供大量公用的服务，如数据库服务、WWW 服务、文件服务、打印服务等。在设计上，服务器具有更好的数据交换性能、极高的可用度、良好的安全性和很强的扩展能力，网络和分布式计算环境中的工作站大多充当信息中心。客户机直接面向用户，通过网络与服务器共同合作完成信息处理任务。服务器可以是专门生产的产品，也可用巨型机、大型机、中型机、小型机作为服务器。

2.8 通用微处理器

2.8.1 微处理器简介

在计算机系统微型化的过程中，人们先是实现了把计算机系统中的中央处理器(CPU)集成在一块芯片上实现了微型化，所谓的微处理器名称就从此而来，此后又很快实现了整个计算机系统的微型单片化，即单片微型计算机，但由于它是 8 位处理器，功能简单、数据处理能力极为有限，故不称其为微处理器，而是被归类为微控制器，人们习惯称它为单片机。随着微处理器设计技术和生产工艺的发展，以及现代社会各个领域对微处理器的需求，已经出现了种类繁多的微处理器和单片机(单片微型计算机)，现在的某些高端 32 位单片机的数据处理能力已经超过了 Intel 的 Pentium III。尽管不同品种的微处理器和单片机在体系结构和组织上存在较大差异，但是，它们基本上都遵循冯•诺依曼体系结构。这一体系结构的计算机都采用存储器程序方法，都是把程序驻存在存储器中。冯•诺依曼机器的硬件由相互作用的几个基本部件构成：处理器、存储器和输入/输出设备。显然，它们的 CPU 拥有相同的基因，只不过单片微型机面向某些特定的应用领域，而单片微处理器则是通用的。本章中的通用微处理器就是指单一芯片内仅含高性能 CPU 的处理器。

2.8.2 微型计算机系统

一台微型计算机的基本结构是以运算器为中心，由运算器、存储器、控制器、输入设备和输出设备组成。微机系统如图 2-7 所示。

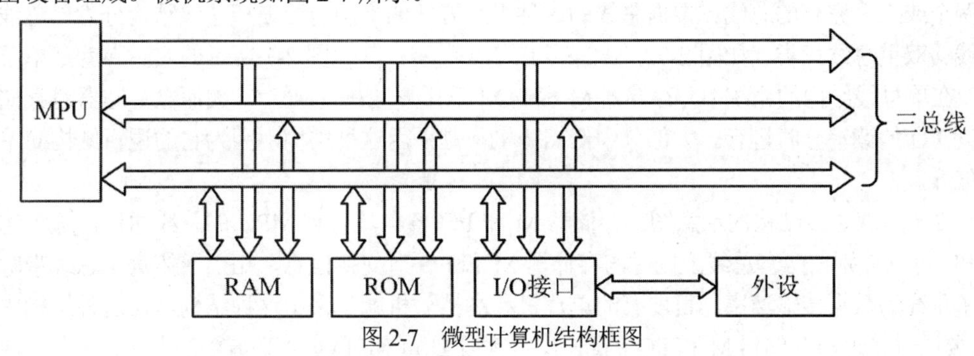

图 2-7　微型计算机结构框图

目前的各种微型计算机系统，无论是简单的单片机、单板机系统，还是较复杂的个人计算机(PC)系统，以至超级微机和巨型机系统，从硬件体系结构来看，采用的基本上是计算机的经典结构——冯•诺依曼结构。这种结构的要点如下。

- 由运算器、控制器、存储器、输入设备和输出设备五大部分组成。
- 数据和程序以二进制代码形式不加区别地存放在存储器中，存放位置由地址指定，地址码也为二进制。
- 控制器是根据存放在存储器中的指令序列即程序来工作的，并由一个程序计数器(即指令地址计数器)指引指令的执行。控制器具有判断和控制能力，能以计算结果为基础，选择不同的动作流程。

由此可见，任何一个微型计算机系统都是由硬件和软件(程序)两大部分组成的。而其中硬件又由微处理器、控制器、存储器、输入设备和输出设备 5 部分组成。图 2-7 给出了具有这种结构特点的微型计算机典型硬件组成框图。图中微处理器 MPU 包含了上述的运算器和控制器；RAM 和 ROM 为存储器(M)；I/O 接口及外设是输入、输出设备的总称。各组成部分之间通过地址总线(AB)、数据总线(DB)、控制总线(CB)联系在一起。

有时也将微型计算机的这种系统结构称为三总线结构，简称总线结构。采用总线结构，可使微型计算机的系统构造比较方便，并且具有更大的灵活性和更好的可扩展性、可维修性。在具有总线结构的电子计算机中，当 CPU 要从某一 I/O 接口或内存单元中输入一个数据时，必须指定目标 I/O 接口或内存单元的地址，并发出一个读选通信号。其中，指定的地址信号通过地址总线(AB)来传送(在计算机中，地址总线的位数 n 决定了 CPU 可以访问的最大目的单元总数：$N = 2^n$)，读选通信号则通过控制总线(CB)(每一根控制线的功能都不同)中的读控制线来传送。在地址信号和控制信号的作用下，目标 I/O 接口或内存单元被选中，把输出数据送到数据总线(DB)上，CPU 在读选通信号结束的那一时刻把数据总线(DB)上的数据读入 CPU 内部。反之，当 CPU 要把一个数据输出到某一 I/O 接口或内存单元时，必须指定目标 I/O 接口或内存单元的地址，并发出一个写选通信号。这过程与读访问过程一样需要传送地址信号，而写选通信号则是通过控制总线(CB)中的写控制线来传送。CPU 输出数据信号到数据总线(DB)上，在地址信号和控制信号作用下，数据总线(DB)上的数据被写入目标 I/O 接口或内存单元中。

三总线结构的总线虽然包含了地址总线(AB)、数据总线(DB)和控制总线(CB)，但组合起来才能成为一个完整的总线。像建筑公路的用地和材料不同，决定了公路最高行车速度和车流量一样，总线的电路结构和半导体材料的不同决定了其传输数据的位数和速度。在电子计算机内部，有时不只存在一个完整的总线，为应对 CPU 内外模块对数据位数和速度的不同要求，可能会有两个或三个完整的总线。根据总线的这种组织方法的不同，习惯把总线结构分为单总线、双总线、双重总线三类，如图 2-7、图 2-8、图 2-9 所示。其中图 2-7 所示的实际上就是单总线结构。在单总线结构的系统中，存储器 M 和 I/O 使用同一条信息通道，因而微处理器对存储器 M 和对 I/O 的读写分时进行。大部分中低档微机都是采用这种结构，因为它的逻辑结构简单，成本低廉。

图 2-8 是双总线结构的示意图。存储器 M 和 I/O 各自具有到 MPU 的总线通路，这种结构的 MPU 可以分别在两套总线上同时与存储器 M 和 I/O 口交换信息，相当于拓宽了总线带宽，提高了总线的数据传输速率。目前有的单片机和高档微机就是采用这种结构。在这种结构中，MPU 要同时管理与存储器 M 和 I/O 的通信，这势必加重 MPU 在管理方面的负担。为此，现在

通常采用专门的 I/O 处理芯片(即所谓智能 I/O 接口)来执行 I/O 管理任务，以减轻 MPU 的负担。

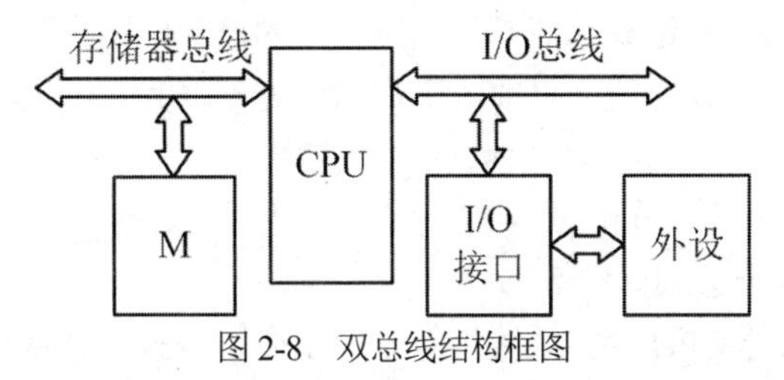

图 2-8　双总线结构框图

图 2-9 所示的是双重总线结构。在这种结构中，MPU 通常通过局部总线访问局部存储器和局部 I/O，这时的工作方式与单总线情况是一样的。当某微处理器需要对全局存储器和全局 I/O 访问时，必须由总线控制逻辑统一安排才能进行，这时该微处理器就是系统的主控设备。要使图中的 DMA 控制器成为系统的主控设备，全局 I/O 和全局存储器之间可通过系统总线进行 DMA 操作。与此同时，微处理器可以通过局部总线对局部存储器或局部 I/O 进行访问。显然，这种结构可以实现双重总线的并行工作，使等效总线带宽增加，系统数据处理和数据传输效率的提高更明显。目前各种高档微型计算机和工作站基本上都是采用这种双重总线结构。

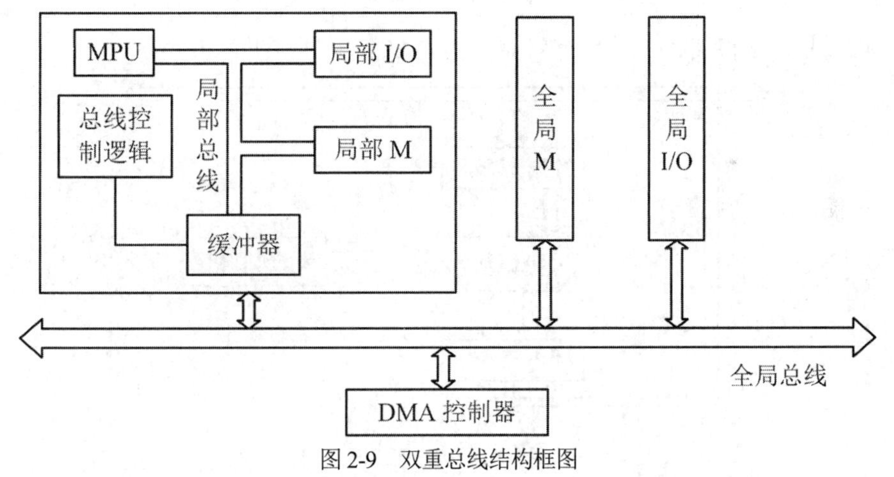

图 2-9　双重总线结构框图

2.8.3　通用微处理器的基本结构

目前市场上有各种各样的微处理器。一般来说，其内部基本结构大都由算术逻辑单元、寄存器阵列、控制单元、总线和总线缓冲器 4 部分组成。高性能微处理器内部还有指令预取部件、地址形成部件、指令译码部件和存储器管理部件等。

1. 算术逻辑单元(ALU)

在 CPU 中，算术逻辑单元(Arithmetic Logic Unit，ALU)是对二进制进行算术运算和逻辑运算的部件。一般数学问题的求解经过计算方法的处理，可以分成算术运算和逻辑运算。

在算术运算中由于带符号数采用补码表示，减法运算可以转换为加法运算，乘除法可通过多次重复的加减和移位来实现，而只要具备“或”“非”或者“与”“非”“异或”等功能的部件就能实现各种复杂的逻辑运算，因而从原理上讲，在不涉及数据信息如何表示的情况下，计算机只要具备加法、“与”“非”“或”等运算功能，再加上移位操作功能，就能实现各种算术运算和逻辑运算。这样既简化了算术逻辑单元结构，使用上也更灵活。

微型计算机中的一些基本运算功能都是通过相应的硬件电路实现的，使用时只需一条指令就可完成相应的某一基本运算功能。目前大多数的微处理器其算术逻辑运算的实现途径大致可归纳如下。

(1) 硬件实现的基本运算功能：加、减、求补、逻辑非、逻辑与、逻辑或、逻辑异或、移位，以及 BCD 码运算的十进制调整等。

(2) 乘除运算：在 8 位 CPU 中，乘除运算一般由微指令或软件编程实现，即用加、减、移位功能组合完成。在 16 位以上的 CPU 中专门设有乘、除指令，即乘、除也是由硬件完成的。

(3) 浮点运算：在 8 位或 16 位 CPU 中，通常数都采用定点数表示，浮点数可以看成是由两个定点数组成，所以浮点运算是用软件实现的。如果浮点运算量很大，可以另行配备硬件浮点运算部件和浮点微处理器，而高性能的 CPU 的浮点处理器就与微处理器做在一个芯片中，并设置有相应的浮点运算指令，可执行 32 位和 64 位浮点加、减、乘和除运算，这就使得浮点运算也用硬件来完成，因而大大提高了浮点运算的速度。

随着大规模集成电路技术和微处理器的发展，人们对 ALU 增加了一些电路功能，使其不仅能完成一般的算术、逻辑运算，甚至传统上使用软件实现的算法也可由硬件完成，从而得到“快速”的效果，这将使 ALU 的功能不断扩展。ALU 原理如图 2-10 所示。

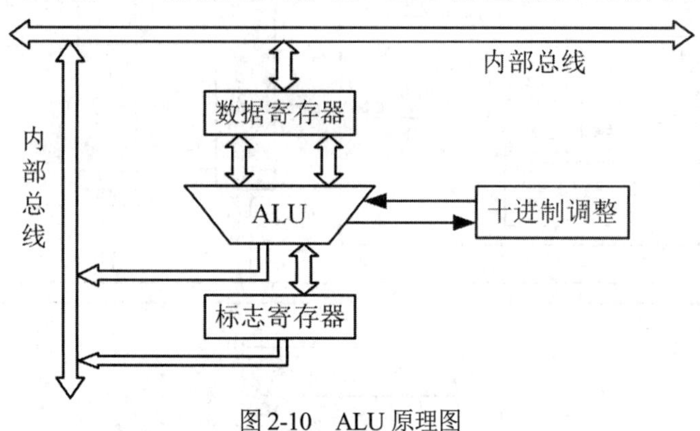

图 2-10　ALU 原理图

ALU 实际上是一个以加法器为核心的算术逻辑部件，它作为加法器既能按照二进制法则进行加法运算，又能通过二进制补码方法，把减法变为加法进行运算，还能用移位操作实现乘除运算。与 ALU 直接相关的部件还包括数据寄存器、标志寄存器(Flag Register，FR)与十进制调整等部件。执行运算时，数据通过内部总线进入数据寄存器，由数据寄存器将参加运算的数据及标志寄存器的 CF(Carry Flag)输入 ALU，运算结果送往数据总线或数据寄存器，同时将运算结果的状态送往标志寄存器(FR)保存，以作为条件转移指令的转移条件。

2. 控制与定时部件——控制器

控制器是发布操作命令的机构，是微型计算机的指挥中心。计算机程序和原始数据的输入、CPU 内部的信息处理、处理结果的输出、外设与主机之间的信息交换等，都在控制器的控制下实现。因为计算机是按照存储程序和程序控制的原理工作的，程序本身由一系列指令组成，每条指令又由操作码和操作数(数据或地址码)组成，所以计算机执行程序时，控制器的任务就是逐条地取出指令、分析指令、执行指令。

为了完成上述功能，控制器至少必须具有指令部件、时序部件和微操作控制电路。控制器的一般组成如图 2-11 所示。下面就各部件分别进行说明。

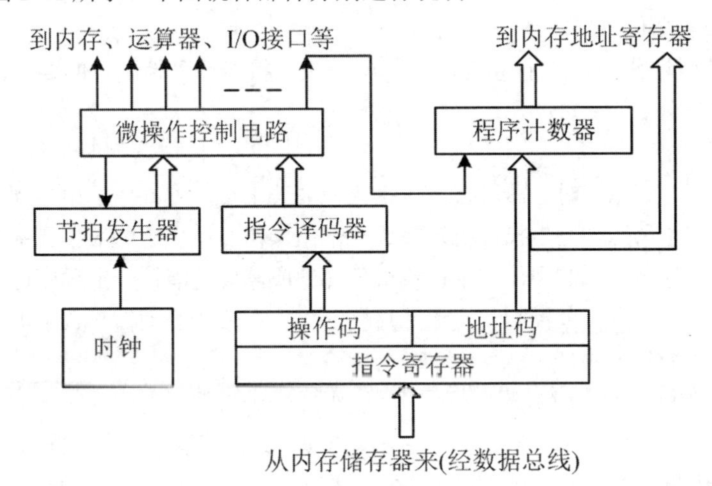

图 2-11　控制器的一般组成

1) 指令部件

指令部件一般包括程序计数器、指令寄存器和指令译码器。

(1) 程序计数器(Program Counter，PC)

程序是指令的有序集合。计算机运行时，通常按顺序执行存放在存储器中的程序。先由 PC 指出要执行指令的首地址，每当该指令取出后，PC 的内容就自动增加，指向按顺序排列的下一条指令的首地址。在正常情况下，CPU 总是按顺序逐条执行指令。若遇到转移指令(JMP)、调用子程序指令(CALLl)或返回指令(RET)，或者是响应中断转去执行中断服务程序时，就会把下一指令的首地址直接置入 PC 中。

(2) 指令寄存器(Instruction Register，IR)

指令寄存器用来存放当前要执行的指令内容，它包括操作码和操作数两部分。操作码将指令内容送往指令译码器。操作数如果是地址码，则送至操作数地址形成电路；如果是数据，则直接送至 ALU 参与计算。

(3) 指令译码器(Instruction Decoder，ID)

指令译码器是分析指令的部件。操作码经过译码后产生相应操作的控制电位。例如，8 位操作码经指令译码器译码后，可以译出 256 种操作控制状态，其中每一种控制电位对应一种特定的操作。相应的 16 位操作码经指令译码器译码后，可译出 65536 种操作控制状态。

2) 时序部件

计算机的工作是周期性的，是经过取指令、分析指令、执行指令、再取指令等操作。这一系列操作的顺序都需要精确的定时。时序部件就是用来产生计算机各部件所需的定时信号的部件。它由时钟系统(包括脉冲源、启/停逻辑)、时钟脉冲分配器等部件组成。

(1) 时钟系统脉冲源

脉冲源用来产生具有一定频率和宽度的脉冲信号(称为主脉冲)。微型计算机系统中一般都是使用外接的石英晶体振荡器，因为它的频率稳定度高。计算机的电源一旦通电，脉冲源立即以给定的频率重复发出矩形脉冲。两个相邻脉冲前沿的时间间隔为一个时钟周期或 T 状态，它是 CPU 操作的最小时间单位。通常，不同 CPU 的主频也不一样，微型计算机的主频一般为几兆赫到上千兆赫。

(2) 时钟启/停逻辑

时钟启/停逻辑用作控制启/停主脉冲信号的开关，按指令和控制台的要求，可准确地开启或关闭时钟脉冲序列。

(3) 脉冲分配器

计算机在执行一条指令时，总是把一条指令分成若干个基本动作，由控制器产生一系列节拍和脉冲，每个节拍和脉冲信号指挥机器完成一个微操作。产生这些节拍和脉冲的部件称为脉冲分配器或节拍发生器。它们用作产生计算机各部分所需要的能按一定顺序逐个出现的节拍电位或节拍脉冲的定时信号，以控制和协调计算机各部分有节奏的动作。数字电路中的环形计数器常用来组成节拍脉冲发生器。

CPU 中，通常由 3~5 个时钟周期(即 T 状态)组成一个机器周期或总线周期(Machine Cycle / Bus Cycle)，又称 M 周期。它用来完成一些基本操作，如存储器读、存储器写、I/O 读和 I/O 写等。在每个 M 周期的第一个 T 状态即 T_1 时，CPU 输出一个同步信号，表明一个 M 周期开始工作。一条指令通常需要 1~5 个机器周期，根据指令功能而定。一条指令的取出和执行所需的时间称为指令周期(Instruction Cycle)。图 2-12 为指令周期、机器周期/总线周期与时钟周期之间的关系示意图。

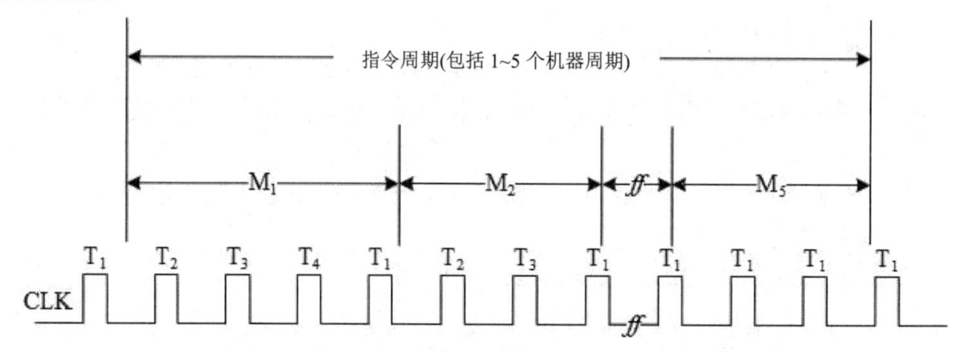

图 2-12　指令周期、机器周期/总线周期与时钟周期之间的关系

3) 微操作控制部件

微操作控制部件的主要功能是：根据指令产生计算机各部件所需要的控制信号。这些控制信号是由指令译码器的输出电位、节拍发生器产生的节拍电位、节拍脉冲以及外部的状态信号等进行组合而产生的。它按一定的时间顺序，发出一系列微操作控制信号，来完成指令所规定的全部操作。微操作控制部件可采用组合逻辑控制、微程序控制及可编程逻辑阵列控制的方式来实现。

(1) 组合逻辑控制

如前所述，计算机的工作过程是执行指令序列的过程。每条指令又可分解为若干微操作，因而又是执行微操作序列的过程。

计算机中信息的传送，是通过打开和关闭某些控制门实现的。这些“门”的“打开” 或“关闭”，是受微操作控制信号控制的。微操作控制信号采用组合逻辑设计方法实现时，称为组合逻辑控制。所谓组合逻辑设计，简单地说，就是以逻辑代数为工具，对实现每条指令所需的各种控制操作加以分析、归纳、化简，最后组合成一些简单的逻辑表达式，根据这些表达式组成逻辑电路，以实现对机器的控制。用组合逻辑电路构成的控制器控制速度快，因此在高速计算机中采用这种方式较多。但这种电路不便于设计，不便于检查，一旦设计定型后，要想改动(如修改、更换指令)就比较困难。

(2) 微程序控制(存储逻辑控制)

微程序控制方式是利用程序存储控制的原理，采用微程序完成机器指令系统中每一条指令功能的控制方法。即先把每条指令都看成由若干条微指令组成的微程序，将这些微程序存放在只读存储器(ROM，又称控制存储器)中。计算机工作时，逐条地取出微指令，执行一段微程序，便实现了这条机器指令的控制功能，这就是微程序控制的基本含义。采用微程序控制方式不仅便于设计，还便于检查、修改和更换指令，其不足之处在于速度较慢。

(3) 可编程逻辑阵列(Programmable Logic Array，PLA)控制

PLA 是一种通过程序设计来实现特定逻辑功能的组合逻辑结构，它兼有上面两种控制方法的优点。

3. 内部总线与总线缓冲器

总线是计算机传送信息的一组通信导线，它将各个部件连接成一个整体。在微处理器内部各单元之间传送信息的总线称为内部总线。在微处理器与外围部件之间传送信息的总线称为外部总线(又分系统总线和 I/O 总线)。

总线在工作过程中，总是要求挂(并接)在总线上但不参与交换数据的部件在电气连接上与总线脱开，从而使这些部件对总线上其他部件的工作不产生影响。为了达到这一要求，可以在器件内部设置三态缓冲器。数据通过三态缓冲器再送入总线，当三态缓冲器处于低阻状态(输出端为高电平或低电平状态)时，器件挂在总线上；当三态缓冲器处于高阻状态(开路状态、浮空状态)时，器件与总线在逻辑上脱开(物理上仍是连接在一起的)。

若部件只需向总线发送信息，可采用单向三态缓冲器；若部件既需向总线发送数据，又需要从总线上接收数据，则可采用双向三态缓冲器。因为数据在 CPU 与存储器或 CPU 与 I/O 接口之间的传送是双向的，因此数据总线为双向总线。通常在 CPU 内部数据总线与外部数据总线之间都有数据总线缓冲器/锁存器，用来隔离 CPU 内部数据总线和外部数据总线。输出时，内部数据总线内容先被送到一个锁存器，再送至数据总线的输出缓冲器口；输入时，数据从外部数据总线传送到内部数据总线。同样，地址总线也是三态的，不过它是单向输出线。CPU 内部有一个地址总线缓冲器，它用来连接内部地址总线与外部地址总线。当有地址信号发送时，地址缓冲器与外部地址总线连接；当 CPU 不发送地址信号时，地址缓冲器与外部地址总线脱开。

采用总线结构可以减少信息传输线的数目，提高系统的可靠性，增加系统的灵活性，便于实现系统标准化。

4. 寄存器阵列

微处理器内部都有一个临时存放数据和地址的寄存器阵列，这个寄存器阵列由于 CPU 的不同而不同，有的 CPU 内部寄存器多一些，有的少一些，但不管数目多少其功能都相似。微处理器内部各寄存器大致可以分为：存放待处理数据的寄存器、存放地址码的寄存器、存放控制信息的寄存器、在数据传送过程中起缓冲作用的寄存器。

1) 存放待处理数据的寄存器

这类寄存器主要包括累加器和通用寄存器，但现在的许多嵌入式处理器的 CPU 内部，其累加器和其他通用寄存器的功能已经合并在一起，两者没有区别，故统称为通用寄存器。

(1) 累加器

一般 CPU 中至少要有一个累加器，数据运算加工处理大部分要使用累加器。为了提高处理数据的效率，有些 CPU 设置了两个以上的累加器。除了一个主累加器外，其他几个通用寄存器也可作累加器使用。

(2) 通用寄存器

通用寄存器是在数据处理过程中可以被指定为各种不同用途的一组寄存器。为了快速处理数据，在 CPU 内通常设置通用寄存器组，用来临时存放数据和地址。由于 CPU 可以直接处理这些数据和地址，因此减少了访问存储器的次数，从而提高了运算速度。

2) 存放地址码的寄存器

存放地址码的寄存器主要有程序计数器和堆栈指针。

(1) 程序计数器(Program Counter，PC)

程序计数器用来存放现行指令(即将读入的指令)的地址，是一个专用寄存器。每当取出现行指令后，PC 就自动加 1(除转移指令外)，指向下一指令的地址。如果指令是多字节的，则每取 1 字节，PC 就增加 1，取出一指令的所有字节之后，PC 仍指向下一条指令的地址。一般指令是按顺序执行的，故 PC 可用来控制程序执行的顺序。仅当遇到转移或调用指令时，PC 内容才被所指定的地址取代，从而改变指令执行的顺序，实现程序的转移。

(2) 堆栈指针(Stack Pointer，SP)

堆栈指针(SP)是一个专用寄存器，它用来指示内存(RAM)中堆栈栈顶的地址。每次压入或弹出一个数据时，SP 的值被自动修改，以便保证始终指向栈顶。关于堆栈的概念及有关操作将在后面章节加以介绍。

3) 存放控制信息的寄存器

存放控制信息的寄存器主要有指令寄存器和标志寄存器。

(1) 指令寄存器(Instruction Register，IR)

在 CPU 中，指令寄存器专用于存放指令的代码，一直保存到指令译码器译码完成为止。这个寄存器对用户来说是不可见的，即不可由指令来访问。

(2) 标志寄存器(Flag Register，FR)

标志寄存器用来保存 ALU 操作结果的条件标志，它可以用专门的指令来测试，判断程序是否转移。大多数算术、逻辑操作都会影响一到几个标志位，每个标志都可视为一个触发器。其置位和复位由最后执行的算术逻辑运算的结果决定。标志寄存器一般由 8 位、16 位或 32 位触发器组成。通常状态标志有以下几个：

- 符号(S：Sign)标志位
- 零(Z：Zero)标志位
- 辅助进位(AC：Auxiliaty Carry 或 H：Half Carry)标志位
- 奇偶校验(P：Parity/Even)标志位
- 进位(C 或 CY：Carry)标志位
- 溢出(O 或 V：Overflow)标志位

此外，有些 CPU 中还有加/减(N)标志位、中断(I)标志位、方向(D)标志位等。上述标志位的含义将在后面章节中详细介绍。标志寄存器的内容除了可由专门指令来检测外，还可以通过指令来设置。

4) 在数据传送过程中起缓冲作用的寄存器

在数据传送过程中起缓冲作用的寄存器主要指数据总线缓冲器和地址总线缓冲器。这类寄存器对用户来说有些是不可见的，即不可由指令来访问。

(1) 数据总线缓冲器(Data Bus Buffer，DBUF)

数据总线缓冲器是在 CPU 内部数据总线和外部数据总线之间起缓冲作用的三态双向缓冲器。CPU 送出的数据，先保存在 DBUF 中，待外部数据总线允许传送时，再把数据送至外部数据总线上；或者当外部数据总线向 CPU 送入数据时，先把数据送入 DBUF 中，待 CPU 内部接收该数据的寄存器准备好时，或内部数据总线允许传送时，再把数据送至相应的寄存器，这是为了避免总线冲突而采取的措施。

(2) 地址总线缓冲器(Address Bus Buffer，ABUF)

地址总线缓冲器是具有三态控制的单向缓冲器，在 CPU 内部地址总线与外部地址总线之间起缓冲作用。

2.9 总线分类与特性

总线是构成计算机系统的互连机构，是多个系统功能部件之间进行数据传送的公共通道，并在争用资源的基础上进行工作。

总线具有物理特性、功能特性、电气特性、机械特性，因此必须标准化。微型计算机系统的标准总线从 ISA 总线(16 位、带宽 8 MB/s)发展到 EISA 总线(32 位，带宽 33. 3 MB/s)和 VESA 总线(32 位，带宽 132 MB/s)，又进一步发展到 PCI 总线(64 位，带宽 264 MB/s)。衡量总线性能的重要指标是总线带宽，它定义为总线本身所能达到的最高传输速率。

1. 总线的分类

一个单处理器系统中的总线，大致分为三类：内部总线、系统总线和 I/O 总线，如图 2-13 所示。

(1) 内部总线：微处理器内部连接各寄存器及运算部件之间的总线。内部总线分为单总线、双总线和多总线结构。微处理器内部究竟采用哪一种总线结构，主要从集成电路的制造工艺和器件的工作速度来考虑。微处理器内部各部件如累加器、算术逻辑单元、各寄存器与标志寄存器都挂在内部总线上。寄存器将数据加到 ALU 的输入端或 ALU 将运算结果送回到寄存器，都是通过这一总线进行的。由于在同一时刻单一数据总线上只能传送一个操作数，因此当利用 ALU 进行加法运算时输入 ALU 的两个操作数和 ALU 的运算结果不能同时出现在数据总线上，而必须按一定顺序分时进行处理，这样就降低了操作速度。单总线结构工作速度较慢，但它节省了芯片面积且价格低廉。

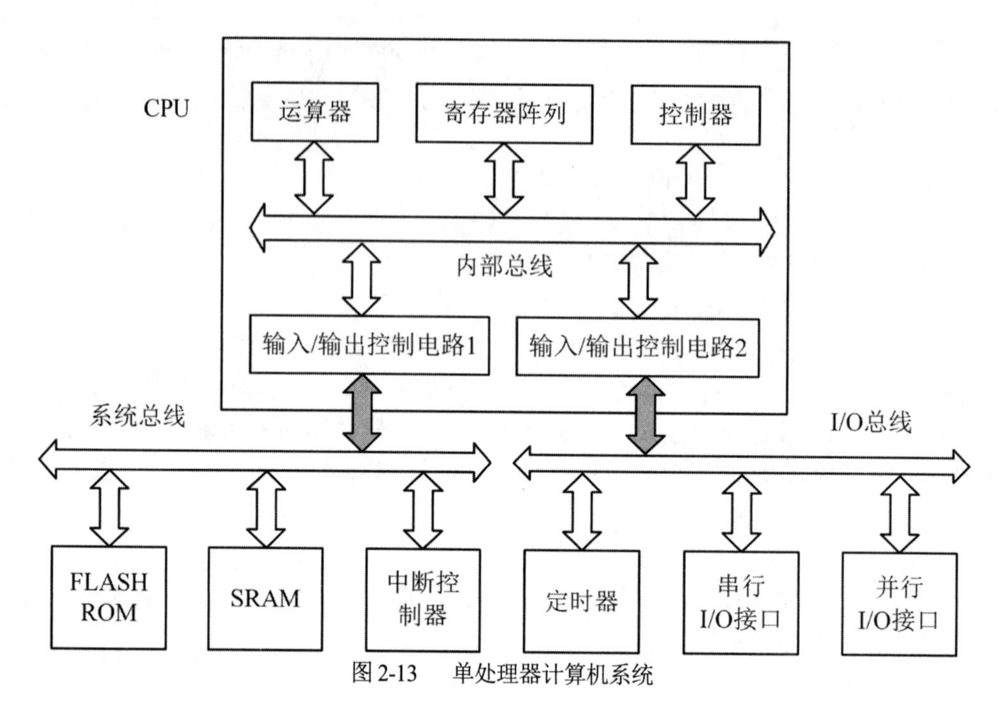

图 2-13　单处理器计算机系统

为了提高器件的工作速度，可采用双总线或多总线结构。双总线结构把内部总线分为输入总线与输出总线，通过内部输入总线将数据从各个寄存器送到 ALU，而 ALU 的输出则通过内部输出总线送至各寄存器的输入端。这样可以提高 CPU 的工作速度，但占用的芯片面积较多。

(2) 系统总线与 I/O 总线：微处理器同其他高速功能部件，如存储器、通道等互相连接的总线称为系统总线；与中、低速 I/O 设备之间互相连接的总线称为 I/O 总线。通常这两类总线又分为地址总线、数据总线和控制总线，即所谓的三总线结构。

系统总线与 I/O 总线的结构与单总线结构相似，总线上的数据只能分时进行传递，因而系统的工作速度受到一定的限制。当系统运行时各个部件均挂在总线上，但这些部件的工作情况并不完全一样，有的部件作为信号源向总线发送信息，有的部件可作为接收器件从总线接收信息。数据或信息代码是用电位的高低来表示的，在某一时刻若有几个部件同时向总线发送数据，则总线上的情况就成为不确定的了，这就是所谓的总线冲突，此时电路可能被烧毁。

由于这个原因，在同一时刻只能允许一个部件向总线发送数据。对于数据的接收就没有上述限制，可以是一个部件，也可以是两个或多个部件同时接收数据。

2. 总线的特性

总线具有以下特性。

(1) 物理特性：指总线的物理连接方式，包括总线的根数，总线的插头、插座的形状，引脚线的排列方式等。

(2) 功能特性：指总线中每一根引线的功能。

(3) 电气特性：定义每一根线上信号的传递方向及有效电平范围。送入的信号叫输入信号(IN)，从处理器发出的信号叫输出信号(OUT)。

(4) 时间特性：定义了每根线在什么时间有效。这一特性规定了总线上各信号有效的时序关系，这样才能正确无误地使用。

即使是相同的指令系统或相同的功能，不同厂家生产的各功能部件在实现方法上可能各不相同，但各厂家生产的相同功能部件却可以互换使用，其原因在于它们都遵守了相同的系统总线的要求，即得益于系统总线的标准化。

习题

一、填空题

1. 计算机的主机中流动着两类信息流：________和________。由主存储器流向控制器的信息流称为________，由主存储器流向运算器或由运算器流向主存储器的信息流称为______，控制器依据指令发出控制信号，控制整机工作来处理信息。

2. 计算机硬件由 5 个基本部分组成，包括________、________、________、________和________。

3. 信息存入存储器的操作称为________操作，从存储器中取出信息的操作称为________操作，这两种操作统称为________。

二、简答题

1. 计算机系统总线可分为哪几类？它们的作用分别是什么？
2. 指令和数据以什么方式存储在内存中，计算机能够区分它们是指令还是数据吗？
3. 计算机系统的指令集结构有几类，各有什么特点？
4. 在程序执行过程中，程序计数器(PC)起什么作用？
5. 总线大致分为哪几类？三总线结构的总线在信息传输过程中是如何起作用的？
6. 地址总线传送的信号有什么作用？它要通过什么器件起到作用？

꧁ 第3章 ꧂

80C51单片机内部结构及指令系统

本章将通过对8位单片机80C51的硬件结构和性能的讲述，使读者初步理解和掌握嵌入式处理器应用的相关知识；通过介绍80C51的指令系统，使读者初步理解和掌握指令的用处和用法，引导读者逐步领会和掌握汇编语言的编程方法。

3.1 80C51单片机的内部结构

1. 基本组成

80C51单片机的基本组成结构框图如图3-1所示。

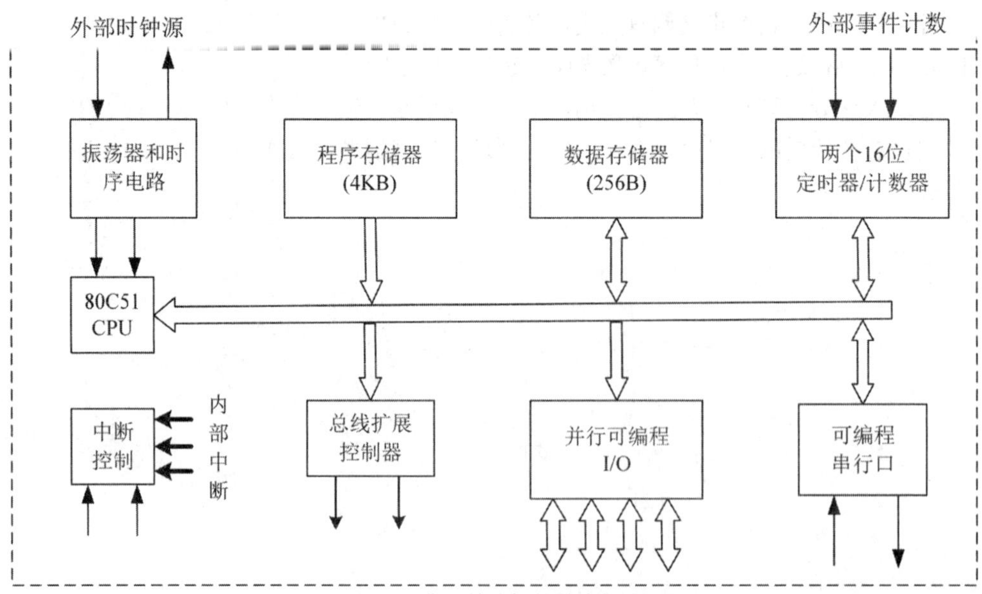

图3-1 典型单片机的基本组成

在一小块芯片上，集成了一个微型计算机的各个组成部分，80C51芯片内部包括以下部分。

- 一个8位的微处理器(CPU)。
- 片内256B的数据存储器(RAM/SFR)，用以存放可以读/写的数据，如运算的中间结果、最终结果和要输出的数据。
- 片内4KB程序存储器(ROM)，用以存放程序、一些固定数据和表格。

- 4 个 8 位并行 I/O 端口 P0～P3，每个端口既可以作为输入，也可以作为输出，而且还具有其他复用功能。
- 两个 16 位定时器/计数器，每个定时器/计数器都可以设置成计数方式，用以对外部事件进行计数，也可以设置成定时方式。
- 具有 5 个中断源、两个中断优先级的中断控制系统。
- 一个全双工 UART 的串行 I/O 口，用以实现单片机之间或单片机与 PC 之间的串行通信。
- 片内振荡器和时钟产生电路，但石英晶体和微调电容需要外接，最高允许振荡频率为 24MHz。
- 具有两种低功耗工作方式：待机(休眠)方式和掉电方式。

以上各个部分通过片内 8 位数据总线相连接。另外，80C51 是用静态逻辑来设计的，其工作频率可以下降到 0 Hz。80C51 不失为一种低功耗、高性能，且价格合理的 8 位单片机，可方便地应用在各种控制领域。

2. 芯片内部结构

80C51 芯片的内部结构如图 3-2 所示。

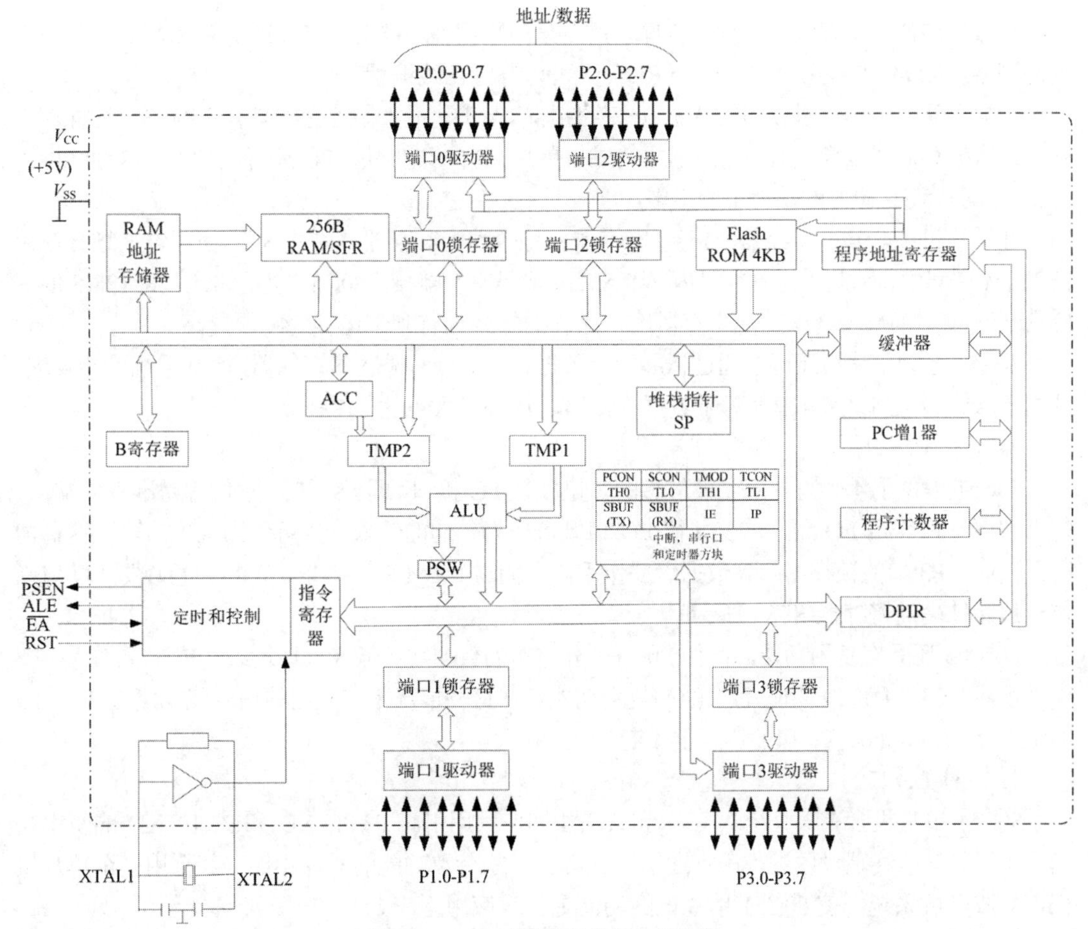

图 3-2 80C51 单片机芯片内部结构

1) 中央处理器

80C51 中央处理器(CPU)的基本结构和通用微处理器大体相同，但更为简洁，它的内核是 8 位 CPU，整体设计突出“面向控制”的处理功能。其运算器包括一个可进行 8 位算术运算和逻辑运算的 ALU、两个 8 位的暂存器(TMP1 和 TMP2)、一个 8 位的累加器 ACC、一个寄存器 B 和程序状态寄存器 PSW 等。另外，80C51 片内还有一个布尔处理器(1 位 CPU)，它以 PSW 中的进位标志位 CY 作为累加器(在布尔处理器指令中以 C 代替 CY)，专门用于处理位操作。如可执行置位、位清零、位取反、位判断转移，以及能使累加器 C 与其他可寻址位之间的“与”或“非”的逻辑运算。控制器包括程序计数器(PC)、指令寄存器(IR)、指令译码器(ID)、振荡器及定时时序电路。

所以，它具有较强的位处理和逻辑运算能力，擅长控制处理，但数据处理能力较弱，只能进行简单的 8 位数的加减乘除法运算，而且执行周期长，例如乘除法运算需要 4 个机器周期。

2) 存储器

80C51 单片机的存储器结构采用哈佛结构，这种结构将程序存储器和数据存储器分开，分别寻址，从而加快数据的计算和传输速度。80C51 在芯片内部集成有程序存储器和数据存储器，它们的地址空间是互相独立的、分开管理的。

程序存储器用于存放永久性的程序，所以采用只读性质的 EPROM 或 E^2PROM。某些同系列的型号，如 89C51 还采用了 Flash ROM，可以进行在线编程。

数据存储器采用可以读写的随机存取存储器(RAM)，最大寻址空间只有 256KB。这样，小容量的数据存储器以高速 RAM 的形式集成在单片机内，以加快 CPU 运行的速度。这种结构的 RAM 还可以使存储器的功耗下降很多。

在单片机中，常把寄存器(如工作寄存器、特殊功能寄存器、堆栈区等)在逻辑上划分在片内 RAM 空间中，因此可将单片机内部 RAM 看成是寄存器堆。80C51 也是如此，高 128(80H～FFH)的地址空间属于特殊功能寄存器区，这样的结构也有利于运行速度的提高。

80C51 系列单片机还可以通过扩展片外数据存储器或片外程序存储器，达到系统设计要求。片内外合计最大可达 64KB，对于数据存储器，片外最大可达 64KB。

3) 并行 I/O 口

80C51 提供了 4 个与外部交换信息的 8 位并行 I/O 接口，即 P0～P3。它们都是准双向端口，每个端口各有 8 条 I/O 线，这些并行 I/O 口既可作为普通的输入，也可作为输出口。在这种情况下，P0～P3 口的锁存器起到数据缓冲作用，它们与 RAM 统一编址，所以，可以把 I/O 口当作一般特殊功能寄存器(SFR)来寻址。

P0～P3 还具有复用功能，例如 P0 口可分时作为数据线 / 低 8 位地址线，P2 口可作为高 8 位地址线，P3 口和 P1 口也有其他的复用功能。在这种情况下，复用的信号线均绕过 P0～P3 的锁存器，因此 P0～P3 口的锁存器不起作用。

4) 串行 I/O 口

80C51 单片机含有一个全双工串行口(UART)，利用引脚 P3.0(RXD)和 P3.1(TXD)的复用功能，实现与某些终端设备进行串行通信，或者和一些特殊功能的器件相连，甚至用多个单片机相连构成多机系统，使 80C51 单片机的功能更强、应用更广。

5) 定时器/计数器

80C51 单片机提供了 2 个 16 位的定时器/计数器 T0 和 T1，并具有 4 种工作模式，可以实现精确的定时，或者对外部事件进行计数。其中，T1 还可以作为串行 I/O 口的波特率发生器。

6) 中断控制器

80C51 可以对 5 类中断源提供服务，它们分别是外部中断 0、定时器/计数器 0、外部中断 1、定时器/计数器 1、串行中断。中断控制器可以进行中断使能和优先级管理，并提供中断服务。5 个中断源都有独立的中断入口地址，这样的结构可以提高中断的响应速度，简化中断程序的编程。

3.2 80C51 单片机的引脚信号

1. 引脚功能

80C51 有 40 引脚双列直插(DIP)和 44 引脚(QFP)封装形式。80C51/80C52 的封装如图 3 3 所示。各引脚的功能介绍如下。

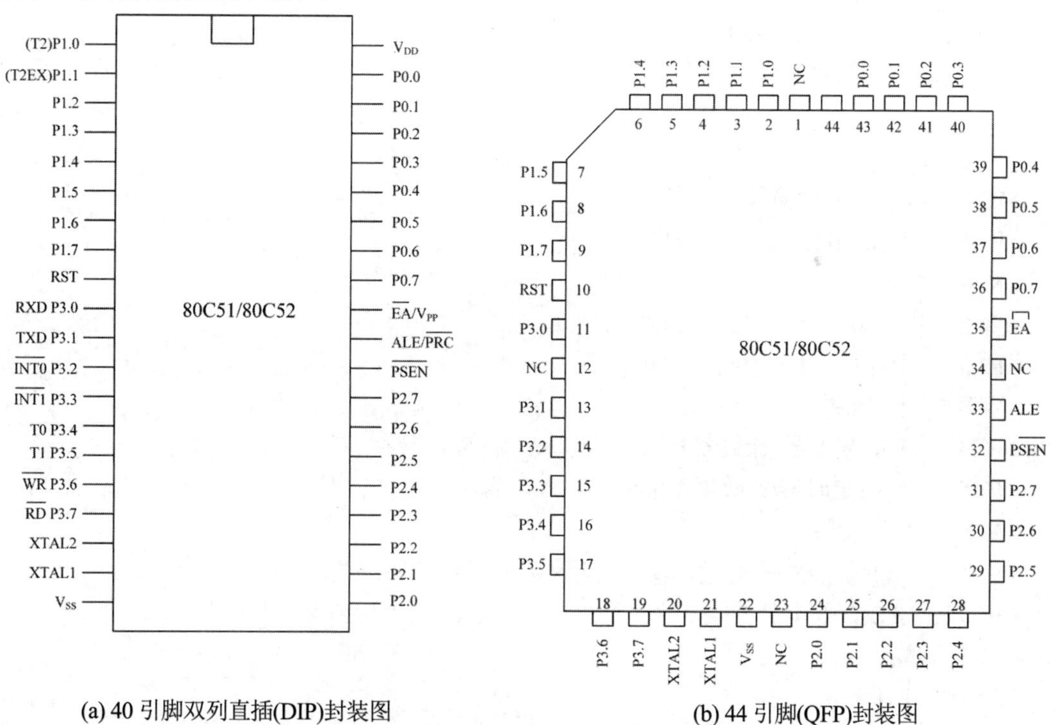

(a) 40 引脚双列直插(DIP)封装图　　(b) 44 引脚(QFP)封装图

图 3-3　80C51 的封装图

1) 电源和晶振

V_{DD}：运行和程序校验时加+ 5 V。

V_{SS}：接地。

XTAL1：输入振荡器的反相放大器。

XTAL2：反相放大器的输出，输入内部时钟发生器。

当用外部振荡器时，XTAL1 接收外振荡器信号，XTAL2 悬空。

2) I/O 口

80C51 具有 4 个 I/O 口，32 根 I/O 口线。

(1) P0——8 位，漏极开路的双向 I/O 口。

当使用片外存储器(ROM 或 RAM)时，作为地址和数据总线分时复用，在程序校验期间输出指令字节(需加外部上拉电阻)。P0 口(作为总线时)能驱动 8 个 LSTTL 负载。

(2) P1——8 位，准双向 I/O 口，具有内部上拉电阻。

在编程/校验期间，用作输入低位字节地址。P1 口可以驱动 4 个 LSTTL 负载。

对于 80C52：

P1.0——T2，是定时器的计数端且为输入；

P1.1——T2EX，是定时器的外部输入端。

读两个特殊引脚的输出锁存器前，应由程序置 1。

(3) P2——8 位，准双向 I/O 口，具有内部上拉电阻。

当使用片外存储器(ROM 或 RAM)时，输出高 8 位地址。在编程/校验期间，接收高位字节地址。P2 口可以驱动 4 个 LSTTL 负载。

(4) P3——8 位，准双向 I/O 口，具有内部上拉电阻。

P3 还提供各种替代功能。在提供这些功能时，其输出锁存器应由程序置 1。P3 口可以驱动 4 个 LSTTL 负载。

串行口：

P3.0——RXD(串行输入口)，输入。

P3.1——TXD(串行输出口)，输出。

中断：

P3.2——$\overline{\text{INT0}}$，外部中断 0，输入。

P3.3——$\overline{\text{INT1}}$，外部中断 1，输入。

定时器/计数器：

P3.4——T0，定时器/计数器 0 的外部输入，输入。

P3.5——T1，定时器/计数器 1 的外部输入，输入。

数据存储器选通：

P3.6——$\overline{\text{WR}}$，低电平有效，输出，片外数据存储器写选通。

P3.7——$\overline{\text{RD}}$，低电平有效，输出，片外数据存储器读选通。

3) 控制线

控制线共有 4 根。

(1) 输入控制线如下。

RST：复位输入信号，高电平有效。在振荡器工作时，在 RST 上作用两个机器周期以上的高电平，将器件复位。

$\overline{\text{EA}}/V_{PP}$：片外程序存储器访问允许信号，低电平有效。在编程时，其上施加 21 V 或 12 V 的编程电压。

(2) 输入、输出控制线如下。

ALE/$\overline{\text{PROG}}$：地址锁存允许信号，输出。用作片外存储器访问时，低字节地址锁存。ALE 以 1/6 的振荡频率稳定速率输出，可用作对外输出的时钟或用于定时。在 EPROM 编程期间，作为输入。输入编程脉冲 PROG。ALE 可以驱动 8 个 LSTTL 负载。

(3) 输出控制线如下。

$\overline{\text{PSEN}}$：片外程序存储器选通信号，低电平有效。在从片外程序存储器取指期间，在每个机器周期中，当$\overline{\text{PSEN}}$有效时，程序存储器的内容被送上 P0 口(数据总线)。可以驱动 8 个 LSTTL 负载。

3.3 80C51 单片机的存储器配置

如上面提到的 80C51 系列单片机采用的是哈佛结构，即将程序存储器和数据存储器分开，程序存储器和数据存储器各有自己的寻址方式、寻址空间和控制系统。

80C51 的存储器在物理结构上分为程序存储器空间和数据存储器空间，共有 4 个存储空间：片内程序存储器和片外程序存储器空间，以及片内数据存储器和片外数据存储器空间。但从用户使用的角度看，80C51 存储器地址空间分为以下 3 类。

- 片内、片外统一编址 0000H ~ FFFFH 的 64 KB 程序存储器地址空间(用 16 位地址)。
- 64KB 的片外数据存储器地址空间，地址也从 0000H ~ FFFFH(用 16 位地址)编址。
- 256B 的片内数据存储器地址空间(用 8 位地址)。

80C51 存储器空间配置如图 3-4 所示。

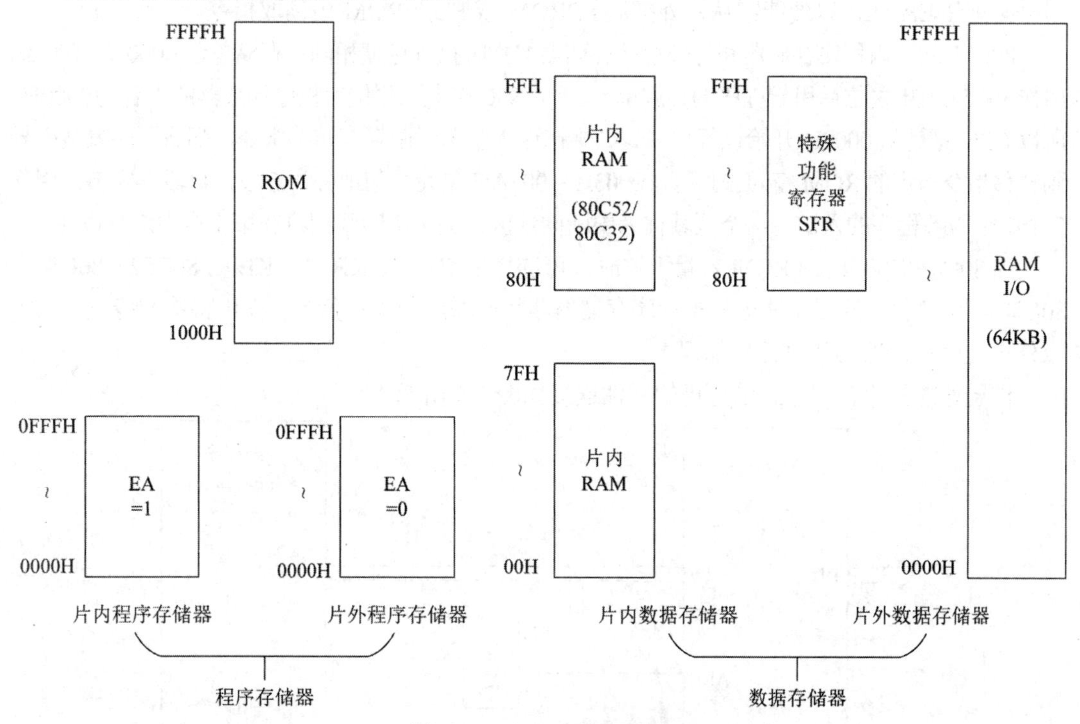

图 3-4　80C51 存储器配置

上述 3 个存储空间地址是重叠的，如何区别这 3 个不同的逻辑空间呢？80C51 的指令系统设计了不同的数据传送指令符号：CPU 用 MOVC 指令访问片内、片外 ROM，用 MOVX 指令访问片外 RAM，用 MOV 指令访问片内 RAM。

图 3-3 中所示的引脚信号 $\overline{\text{PSEN}}$ 若有效，可读出片外 ROM 中的指令。引脚信号 $\overline{\text{RD}}$ 和 $\overline{\text{WR}}$ 有效时，可读/写片外 RAM 或片外 I/O 接口。

3.3.1 程序存储器地址空间

80C51 存储器地址空间分为程序存储器(64 KB ROM)和数据存储器(64 KB RAM)。程序存储器用于存放编好的程序和表格常数。程序存储器通过 16 位程序计数器寻址，寻址能力为 64 KB。这使得指令能在 64KB 地址空间内任意跳转，但不能使程序从程序存储器空间转移到数据存储器空间。

80C51 片内 ROM 的容量为 4 KB，地址为 0000H ~0FFFH；片外最多可扩至 64 KB ROM，地址为 1000H ~ FFFFH，片内外统一编址。

当引脚 $\overline{\text{EA}}$ 接高电平时，80C51 的程序计数器(PC)在 0000H ~ 0FFFH 范围内(即前 4 KB 地址)执行片内 ROM 中的程序；当指令地址超过 0FFFH 后，就自动转向片外 ROM 中去取指令。

例如，在带有 4KB 片内 ROM 的 80C51 中，如果把引脚连到 V_{CC}，当地址为 0000H ~ 0FFFH 时，访问内部 ROM；当地址为 1000H ~ FFFFH 时，访问片外程序存储器。当引脚 $\overline{\text{EA}}$ 接低电平(接地)时，80C51 片内 ROM 不起作用，CPU 只能从片外 ROM 中取指令，地址可以从 0000H 开始编址。这种接法特别适用于采用 8031 单片机的场合。由于 8031 片内不带 ROM，因此使用时必须使 $\overline{\text{EA}}$ =0，以便能够从片外扩展 EPROM 或 Flash ROM 中读取指令。

80C51 从片内程序存储器和片外程序存储器取指时执行速度相同。存储单元 0000H ~ 0002H 用作 80C51 上电复位后引导程序的存放单元。因为 80C51 上电复位后程序计数器的内容为 0000H，所以 CPU 总是从 0000H 开始执行程序。如果在这 3 个单元中存有转移指令，那么程序就被引导到转移指令指定的 ROM 空间去执行。0003H ~ 002AH 单元均匀地分为 5 段，每段 8 字节，用作 5 个中断服务程序的入口。这个区域称为中断向量区，关于中断我们将在第 4 章中进行讲述。

当 80C51 片内 4 KB ROM 容量不够时，可选择 8 KB、16 KB、32 KB 的 80C52、80C54、80C58 等单片机。应尽量避免外扩程序存储器芯片而增加硬件的负担。在极特殊的情况下，才应外扩程序存储器芯片执行外部程序。

扩展外部程序存储器时单片机的硬件连接如图 3-5 所示。

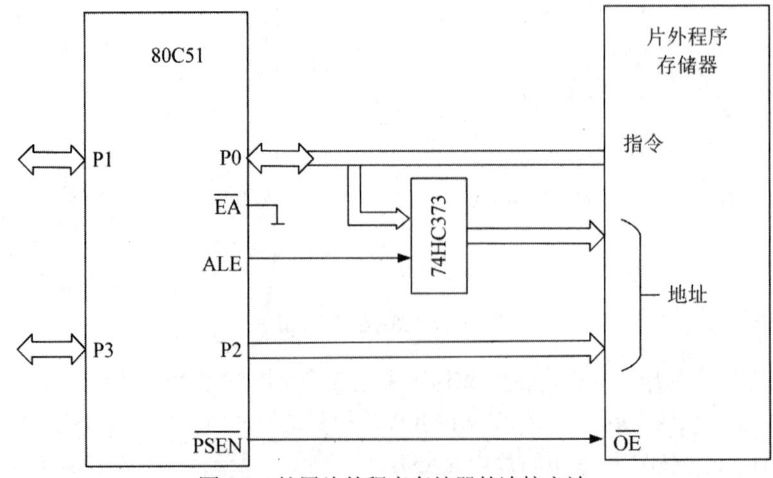

图 3-5　扩展片外程序存储器的连接方法

注意，在访问片外程序存储器时，16 条 I/O 线(P0 和 P2)作为总线使用。P0 端口作为地址/数据总线使用。它先输出 16 位地址的低 8 位 PCL，然后进入悬浮状态，等待程序存储器送出的指令字节。

当有效地址 PCL 出现在 P0 总线上时，ALE(允许地址锁存)信号把这个地址锁存到地址锁存器中。同时，P2 端口输出地址的高 8 位 $\overline{\text{PCH}}$；然后 PSEN 选通外部程序存储器，使指令送到 P0 总线上，由 CPU 读入。

3.3.2　数据存储器地址空间

数据存储器 RAM 用于存放运算的中间结果、数据暂存和缓冲、标志位等。数据存储器空间也分成片内和片外两大部分，即片内 RAM 和片外 RAM。80C51 片外数据存储器空间为 64 KB，地址从 0000H～FFFFH；片内存储器空间为 256 字节，地址从 0000H～00FFH。

1. 片外 RAM

如图 3-4 所示，片外数据存储器与片内数据存储器空间的低地址部分(0000H~00FFH)是重叠的，如何区别片内、片外 RAM 空间呢？80C51 有 MOV 和 MOVX 两种指令，用以区分片内、片外 RAM 空间。片内 RAM 使用 MOV 指令，片外 64KB RAM 空间专门为 MOVX 指令(使引脚 $\overline{\text{RD}}$ 或 $\overline{\text{WR}}$ 信号有效)所用。

80C51 单片机片内 RAM 只有 128B，80C52 也只有 256B。若需要扩展片外 RAM，则可外接 2 KB/8 KB/32 KB 的静态 RAM 芯片 6116/6264/62256。

图 3-6 是扩展 2 KB 片外 RAM 时的硬件连接图。在这种情况下，CPU 执行片内 ROM 中的指令($\overline{\text{EA}}$ 接 V_{CC})。P0 口用作 RAM 的地址/数据总线，P2 口中的 3 位也作为 RAM 的页地址。访问片外 RAM 期间，CPU 根据需要发送 $\overline{\text{RD}}$ 和 $\overline{\text{WR}}$ 信号。

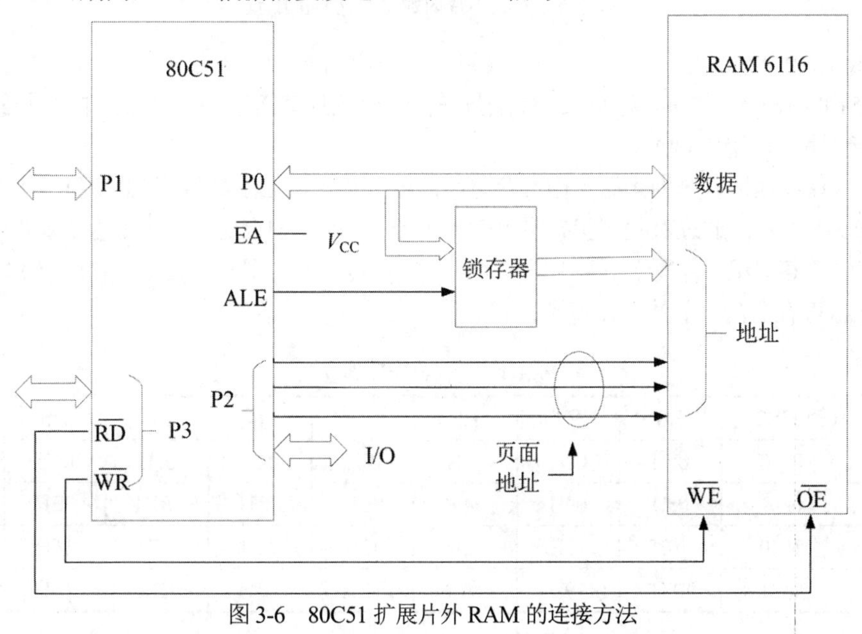

图 3-6　80C51 扩展片外 RAM 的连接方法

外部数据存储器的寻址空间可达 64 KB。片外数据存储器的地址可以是 8 位或 16 位。使用

8 位地址时，要连同另外一条或几条 I/O 线作为 RAM 的页地址，如图 3-6 所示。这时 P2 的部分引线可作为通用的 I/O 线。若采用 16 位地址，则由 P2 端口传送高 8 位地址。

2. 片内 RAM

片内数据存储器最大可寻址 256 个单元，它们又分为两部分：低字节(00H~7FH)是真正的 RAM 区；高 128B(80H~FFH)为特殊功能寄存器(SFR)区，如图 3-7 所示。低 128B 和高 128B RAM 中的配置及含义如图 3-8 和图 3-9 所示。

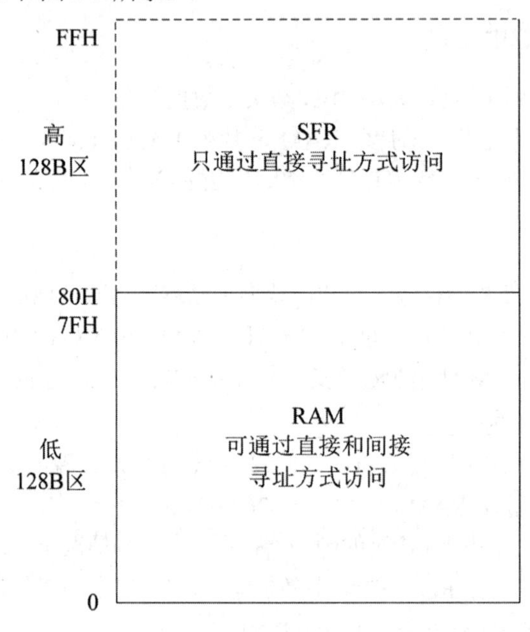

图 3-7　80C51 片内数据存储器的配置

1) 低 128B RAM

80C51 的 32 个工作寄存器与 RAM 安排在同一个队列空间里，统一编址并使用同样的寻址方式(直接寻址和间接寻址)。

00H ~ 1FH 地址安排为 4 组工作寄存器区，每组有 8 个工作寄存器(R0~R7)，共占 32 个单元，如表 3-1 所示。通过对程序状态字 PSW 中 RS1、RS0 的设置，每组寄存器均可选作 CPU 的当前工作寄存器组。若程序中并不需要 4 组，那么其余可用作一般 RAM 单元。CPU 复位后，选中第 0 组寄存器为当前的工作寄存器。

表 3-1　工作寄存器地址表

组	RS1 RS0	R0	R1	R2	R3	R4	R5	R6	R7
0	0 0	00H	01H	02H	03H	04H	05H	06H	07H
1	0 1	08H	09H	0AH	0BH	0CH	0DH	0EH	0FH
2	1 0	10H	11H	12H	13H	14H	15H	16H	17H
3	1 1	18H	19H	1AH	1BH	1CH	1DH	1EH	1FH

工作寄存器区后的 16B 单元(20H~2FH)，可用位寻址方式访问其各位。在 80C51 系列单片

机的指令系统中，还包括许多位操作指令，这些位操作指令可直接对这 128 位寻址。这 128 位的位地址为 00H ~ 7FH，其位地址分布如图 3-8 所示。

低 128B RAM 单元地址范围也是 00H ~7FH，80C51 采用不同寻址方式来加以区分，即访问 128 个位地址用位寻址方式，访问低 128 字节单元用直接寻址和间接寻址，以此来区分开 00H ~ 7FH 是位地址还是字节地址。

这些可寻址位，通过执行指令可直接对某一位操作，如置 1、清零或判 1、判 0 等，可用作软件标志位或用于位(布尔)处理。这种位寻址能力是 80C51 的一个重要特点。

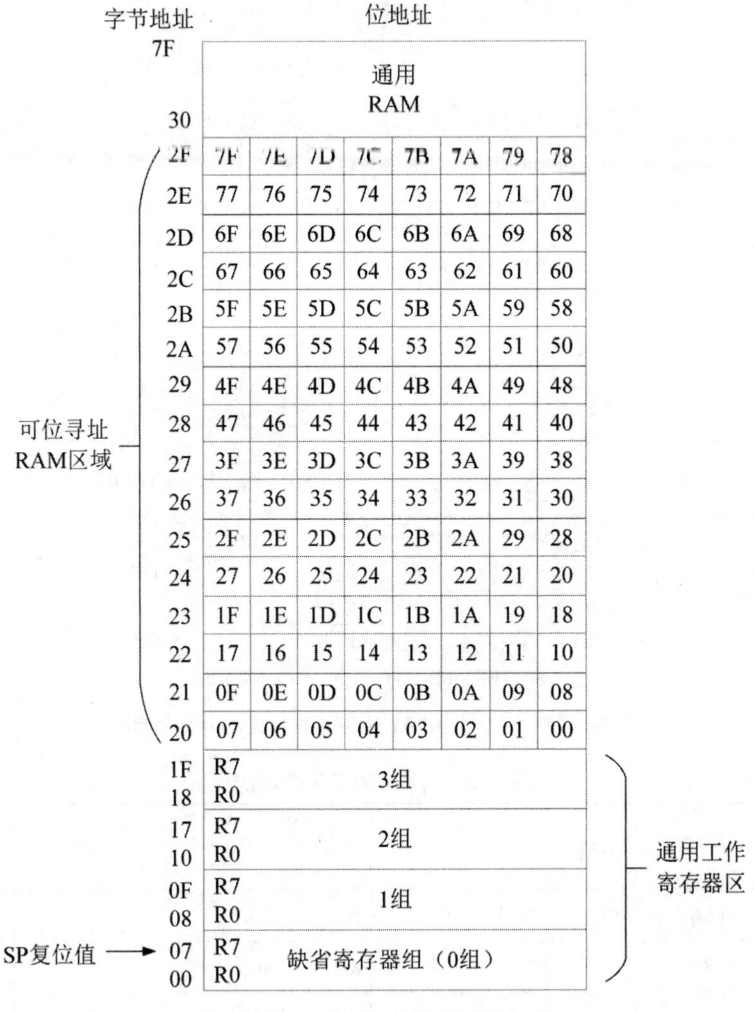

图 3-8 低 128 字节 RAM 区

2) 高 128 字节 RAM——特殊功能寄存器(SFR)

80C51 片内高 128B RAM 中，有 21 个特殊功能寄存器(SFR)，它们离散地分布在 80H~FFH 的 RAM 空间中。访问特殊功能寄存器只允许使用直接寻址方式。

这些特殊功能寄存器如图 3-9 所示。各 SFR 的名称及含义如表 3-2 所示。在这 21 个特殊功能寄存器中，有 11 个具有位寻址能力，它们的字节地址正好能被 8 整除，其地址分布如表 3-2 所示。

字节地址	位地址								
FF									
F0	F7	F6	F5	F4	F3	F2	F1	F0	B
E0	E7	E6	E5	E4	E3	E2	E1	E0	ACC
D0	D7	D6	D5	D4	D3	D2	D1	D0	PSW
B8	-	-	-	BC	BB	BA	B9	B8	IP
B0	B7	B6	B5	B4	B3	B2	B1	B0	P3
A8	AF	-	-	AC	AB	AA	A9	A8	IE
A0	A7	A6	A5	A4	A3	A2	A1	A0	P2
99	不可寻址位								SBUF
98	9F	9E	9D	9C	9B	9A	99	98	SCON
90	97	96	95	94	93	92	91	90	P1
8D	不可寻址位								TH1
8C	不可寻址位								TH0
8B	不可寻址位								TL1
8A	不可寻址位								TL0
89	不可寻址位								TMOD
88	8F	8E	8D	8C	8B	8A	89	88	TCON
87	不可寻址位								PCON
83	不可寻址位								DPH
82	不可寻址位								DPL
81	不可寻址位								SP
80	87	86	85	84	83	82	81	80	P0

图 3-9　高 128 字节 RAM 区(SFR 区特殊功能寄存器区)

表 3-2　特殊功能寄存器地址表

D7	D6	D5	D4	D3	D2	D1	D0	字节地址	SFR	寄存器名
P0.7	P0.6	P0.5	P0.4	P0.3	P0.2	P0.1	P0.0	80	P0*	P0 端口
87	86	85	84	83	82	81	80			
								81	SP	堆栈指针
								82	DPL	数据指针
								83	DPH	
SMOD				GF1	GF0	PD	IDL	87	PCON	电源控制
TF1	TR1	TF0	TR0	IE1	IT1	IE0	IT0	88	TCON*	定时器控制
8F	8E	8D	8C	8B	8A	89	88			

(续表)

D7	D6	D5	D4	D3	D2	D1	D0	字节地址	SFR	寄存器名
GATE	C/T	M1	M0	GATE	C/T	M1	M0	89	TMOD	定时器模式
								8A	TL0	T0 低字节
								8B	TL1	T1 低字节
								8C	TH0	T0 高字节
								8D	TH1	T1 高字节
P1.7	P1.6	P1.5	P1.4	P1.3	P1.2	P1.1	P1.0	90	P1*	P1 端口
97	96	95	94	93	92	91	90			
SM0	SM1	SM2	REN	TB8	RB8	TI	RI	98	SCON*	串行口控制
9F	9E	9D	9C	9B	9A	99	98			
								99	SBUF	串行口数据
P2.7	P2.6	P2.5	P2.4	P2.3	P2.2	P2.1	P2.0	A0	P2*	P2 端口
A7	A6	A5	A4	A3	A2	A1	A0			
EA			ES	ET1	EX1	ET0	EX0	A8	IE*	中断允许
AF			AC	AB	AA	A9	A8			
P3.7	P3.6	P3.5	P3.4	P3.3	P3.2	P3.1	P3.0	B0	P3*	P3 端口
B7	B6	B5	B4	B3	B2	B1	B0			
			PS	PT1	PX1	PT0	PX0	B8	IP*	中断优先权
			BC	BB	BA	B9	B8			
CY	AC	F0	RS1	RS0	OV		P	D0	PSW*	程序状态字
D7	D6	D5	D4	D3	D2	D1	D0			
								E0	ACC	A 累加器
E7	E6	E5	D4	E3	E2	E1	E0			
								F0	B	B 寄存器
F7	F6	F5	F4	F3	F2	F1	F0			

下面介绍部分特殊功能寄存器，其余将在后续章节中讲述。

(1) 累加器 ACC(E0H)。累加器 ACC 是 80C51 最常用的 8 位特殊功能寄存器，许多指令的操作数取自于 ACC，许多运算中间结果也存放于 ACC。在指令系统中用 A 作为累加器 ACC 的助记符。

(2) 寄存器 B(F0H)。在乘、除指令中，用到了 8 位寄存器 B。乘法指令的两个操作数分别取自 A 和 B，运算后，乘积存放于 B 和 A 两个 8 位寄存器中。除法指令中，A 中存放被除数，B 中存放除数，运算后，商存放在 A 中，余数在 B 中。

在其他指令中，B 可作为一般通用寄存器或一个 RAM 单元使用。

(3) 程序状态寄存器 PSW(D0H)。PSW 是一个 8 位特殊功能寄存器，它的各位包含了程序执行后的状态信息，供程序查询或判别之用。各位的含义及其格式如表 3-3 所示。

PSW 除有确定的字节地址(D0H)外，每一位均有位地址，如表 3-3 所示。

表 3-3　PSW(程序状态字)

D7	D6	D5	D4	D3	D2	D1	D0
CY	AC	F0	RS1	RS0	OV		P
进、借位	辅助进位	用户标志	寄存器组选择		溢出	保留	奇/偶位

CY(PSW.7)：进位标志位。在执行加法(或减法)运算指令时，如果运算结果最高位(位 7)向上有进位(或借位)，则 CY 位由硬件自动置 1；如果运算结果最高位无进位(或借位)，则 CY 清 0。CY 也是 80C51 在进行位操作(布尔操作)时的位累加器，在指令中用 C 代替 CY。

AC(PSW.6)：半进位标志位，也称辅助进位标志。当执行加法(或减法)操作时，如果运算结果(和或差)的低半字节(D3 位)向高半字节有半进位(或借位)，则 AC 位将被硬件自动置 1，否则 AC 被自动清 0。

F0(PSW.5)：用户标志位。用户可以根据自己的需要对 F0 位赋予一定的含义，由用户置位或复位，以作为软件标志。

RS0 和 RS1(PSW.3 和 PSW.4)：工作寄存器组选择控制位。这两位的值可决定选择哪一组工作寄存器为当前工作寄存器组。通过用户用软件改变 RS1 和 RS0 值的组合，以切换当前选用的工作寄存器组。其组合关系如表 3-3 所示。

80C51 上电复位后，RS1= RS0 = 0，CPU 自动选择第 0 组为当前工作寄存器组。根据需要，可利用传送指令对 PSW 整字节操作，或用位操作指令改变 RS1 和 RS0 的状态，以切换当前工作寄存器组。这样的设置为程序中保护现场提供了方便。

OV(PSW.2)：溢出标志位。当进行补码运算时，如有溢出，即当运算结果超出-128~+127 的范围时，OV 位由硬件自动置 1；无溢出时，OV=0。

PSW. 1：为保留位。80C51 未用，80C52 为 F1 用户标志位。

P(PSW.0)：奇偶校验标志位。每条指令执行完后，该位始终跟踪指示累加器 A 中 1 的个数。如结果 A 中有奇数个 1，则置 P=l；否则 P = 0。常用于校验串行通信中的数据传送是否出错。

(4) 堆栈指针 SP(81H)。堆栈指针 SP 为 8 位特殊功能寄存器，SP 的内容可指向 80C51 片内 00H～7FH RAM 的任何单元。系统复位后，SP 初始化为 07H，即指向 07H 的 RAM 单元。

80C51 同一般微处理器一样，设有堆栈。在片内 RAM 中专门开辟出来一个区域，数据的存取是以“后进先出”的结构方式处理的。这种数据结构方式对于处理中断，便于调用子程序。

80C51 堆栈的操作有两种：一种叫数据压入(PUSH)，另一种叫数据弹出(POP)。堆栈的方式是满递增方式，当数据要压入堆栈时，SP 先自动加 1，即 RAM 地址单元加 1 以指出当前栈顶位置，然后数据送入栈顶单元。

80C51 的堆栈指针 SP 是一个双向计数器。进栈时，SP 内容自动增值，出栈时自动减值。

(5) 数据指针 DPTR(83H，82H)。DPTR 是一个 16 位的特殊功能寄存器。其高位字节寄存器用 DPH 表示(地址 83H)，低位字节寄存器用 DPL 表示(地址 82H)。DPTR 既可以作为一个 16 位寄存器来处理，也可以作为两个独立的 8 位寄存器 DPH 和 DPL 使用。

DPTR 主要用于存放 16 位地址，以便对 64 KB 片外 RAM 进行间接寻址。

(6) I/O 端口 P0～P3(80H、90H、A0H、B0H)。P0~P3 为 4 个 8 位特殊功能寄存器，分别是 4 个并行 I/O 端口的锁存器。它们都有字节地址，每一个端口锁存器还有位地址，所以，每一条 I/O 线均可独立用作输入或输出。用作输出时，可以锁存数据；用作输入时，数据可以缓冲。

除上述 21 个 SFR 以外，还有一个 16 位的 PC，称为程序计数器，它是不可寻址的。

图 3-10 所示为各个 SFR 所在的字节地址位置。空格部分为未来设计新型芯片可定义的 SFR 位置。

	8字节								
F8									FF
F0	B								F7
E8									EF
E0	ACC								E7
D8									DF
D0	PSW*								D7
C8	T2CON*+	T2MOD+	RCAP2L+	RCAP2H+	TL2+	TH2+			CF
C0									C7
B8	IP								BF
B0	P3								B7
A8	IE*								AF
A0	P2								A7
98	SCON*	SBUF							9F
90	P1								97
88	TCON*	TMOD*	TL0	TL1	TH0	TH1			8F
80	P0	SP	DPL	DPH				PCON*	87

注：*特殊功能寄存器改变方式或控制位；

+仅 80C52 存在。

图 3-10　特殊功能寄存器 SFR 的位置

3.4 时钟电路及 80C51 CPU 时序

80C51 系列单片机与其他微机一样，从 ROM 中取指令和执行指令过程中的各种微操作，都是按照节拍有序地工作的，正如一个交响乐团演奏一首乐曲，按照指挥棒的节拍进行。80C51 单片机片内有一个节拍发生器，即片内的振荡脉冲电路。

1. 片内时钟信号的产生

80C51 芯片内部有一个高增益反相放大器，用于构成振荡器。反相放大器的输入端为 XTAL1，输出端为 XTAL2，两端跨接石英晶体及两个电容就可以构成稳定的自激振荡器。电容器 C1 和 C2 通常取 30 pF 左右，可稳定频率并对振荡频率有微调作用。振荡脉冲频率范围为 fosc = 0~24 MHz。

晶体振荡器的频率为fosc，振荡信号从XTAL2端输入片内的时钟发生器上，如图3-11所示。

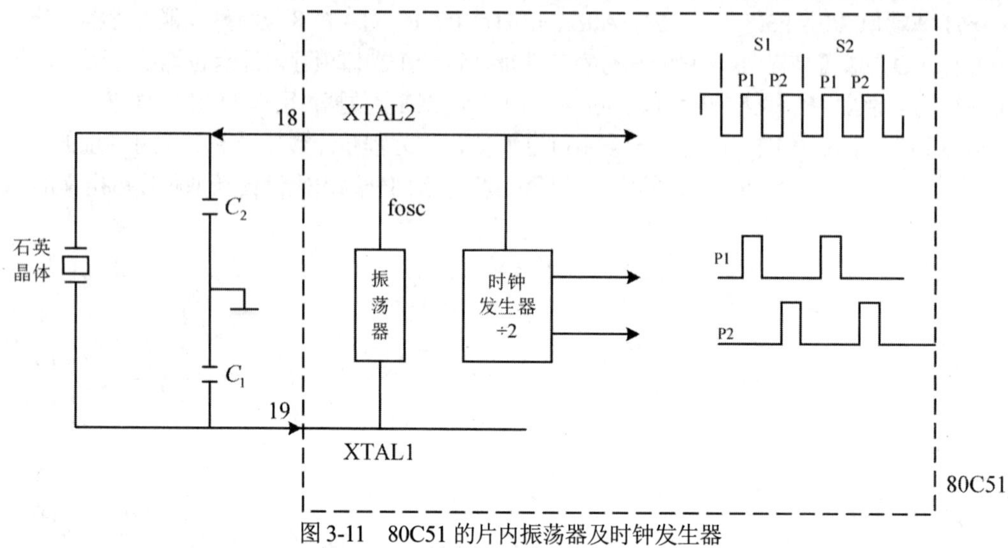

图3-11 80C51的片内振荡器及时钟发生器

1) 节拍与状态周期

时钟发生器是一个2分频的触发器电路，它将振荡器的信号频率fosc除以2，向CPU提供两相时钟信号P1和P2。时钟信号的周期称为机器状态周期S(State)，是振荡周期的2倍。在每个时钟周期(即机器状态周期S)的前半周期，相位1(P1)信号有效；在每个时钟周期的后半周期，相位2(P2)信号有效。

每个时钟周期(以后常称状态S)有两个节拍(相)P1和P2，CPU就以两相时钟P1和P2为基本节拍，指挥80C51单片机各个部件协调地工作。

2) 机器周期和指令周期

计算机的一条指令由若干字节组成。执行一条指令需要多长时间，则以机器周期为单位。一个机器周期是指CPU访问存储器一次所需要的时间，例如取指令、读存储器、写存储器等。有的微处理器系统对机器周期按其功能来命名。

80C51的一个机器周期包括12个振荡周期，分为6个S状态：S1~S6。每个状态又分为两拍，称为P1和P2。因此，一个机器周期中的12个振荡周期，表示为S1P1、S1P2、S2P1、……S6P2。若采用6 MHz晶体振荡器，则每个机器周期恰为2μs。

每条指令都由一个或几个机器周期组成。在80C51系统中，有单周期指令、双周期指令和四周期指令。四周期指令只有乘、除两条指令，其余都是单周期或双周期指令。

指令的运算速度和它的机器周期数直接相关，机器周期数较少则执行速度快。在编程时，要注意选用具有同样功能而机器周期数少的指令。

3) 基本时序定时单位

综上所述，80C51或80C51系列其他单片机的基本时序定时单位有如下4个。

- 振荡周期：晶振的振荡周期，为最小的时序单位。
- 状态周期：振荡频率经单片机内的二分频器分频后提供给片内CPU的时钟周期。因此，一个状态周期包含2个振荡周期。

- 机器周期：1 个机器周期由 6 个状态周期即 12 个振荡周期组成，是计算机执行一种基本操作的时间单位。
- 指令周期：执行一条指令所需的时间。一个指令周期由 1~ 4 个机器周期组成。4 种时序单位中，振荡周期和机器周期是单片机内计算其他时间值(例如，波特率、定时器的定时时间等)的基本时序单位。下面是单片机外接晶振频率 12 MHz 时的各种时序单位的大小。

$$振荡周期 = \frac{1}{fosc} = \frac{1}{12MHz} = 0.0833\mu s$$

$$状态周期 = \frac{2}{fosc} = \frac{2}{12MHz} = 0.167\mu s$$

$$机器周期 = \frac{12}{fosc} = \frac{12}{12MHz} = 1\mu s$$

$$指令周期 = (1 \sim 4)\ 机器周期 = 1 \sim 4\mu s$$

4 个时序单位从小到大依次是节拍(振荡脉冲周期，1/fosc)、状态周期(时钟周期)、机器周期和指令周期，如图 3-12 所示。

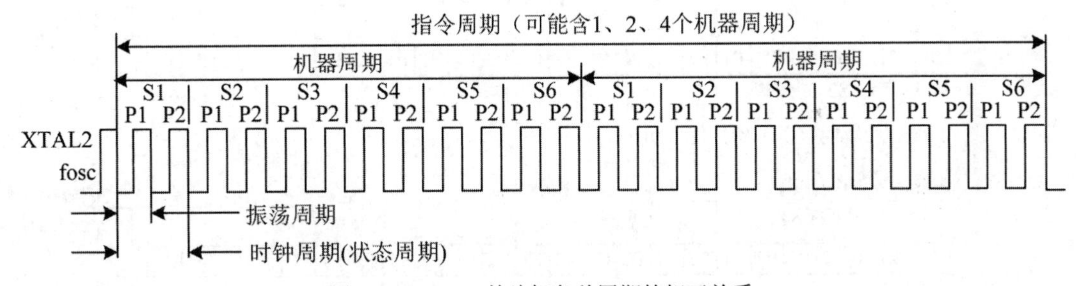

图 3-12　80C51 单片机各种周期的相互关系

2. CPU 取指、执行时序

每一条指令的执行都包括取指和执行两个阶段。CPU 在取指阶段中，取出 PC 指针指向的程序存储器单元中的指令代码；在执行阶段中，对指令进行译码，并产生一系列控制信号，使相应单元完成指令要求的操作。80C51 单片机的取指/执行时序如图 3-13 所示。

内部时钟信号对用户不可见，可以以图 3-11 中列出的 XTAL2 引脚输出的振荡器信号和 ALE 信号作为参考。通常，ALE 信号是周期性出现的，一个机器周期 ALE 信号出现两次，第 1 次出现在 S1P2 和 S2P1 期间，第 2 次出现在 S4P2 和 S5P1 期间，每次持续一个状态周期。CPU 在每次 ALE 信号出现时进行取指操作。图 3-13 所示为 4 种典型指令的取指执行时序。

单字节单周期指令的取指开始于一个机器周期的 S1P2，指令字节被锁存在指令寄存器。由于指令只有 1 字节，PC 指针不增 1，因此，出现在 S4P2 的第 2 个 ALE 信号的取指操作是无效的，CPU 忽略该取指操作。图 3-13 (a)表示的是单字节单周期指令(如 INC A)取指执行时序。图 3-13(b)表示的是双字节单周期指令取指执行时序。双字节单周期指令操作(如 ADD A，#data)时，第 1 次 ALE 出现时取出指令的第 1 字节，PC 指针增 1 指向指令的下一字节，两次取指操作都是有效的，分别取出一条指令的 2 字节，在同一个机器周期的其余时间里执行指令。图 3-13(c)和(d)表示的是单字节双周期指令(如 INC DPTR)取指执行时序，一条指令从取指到执行完需两个机器周期时间，由于指令只有1字节，因此只有第1次ALE出现时发生有效的取指操作，其余3次ALE信号期间的取指是无效的。

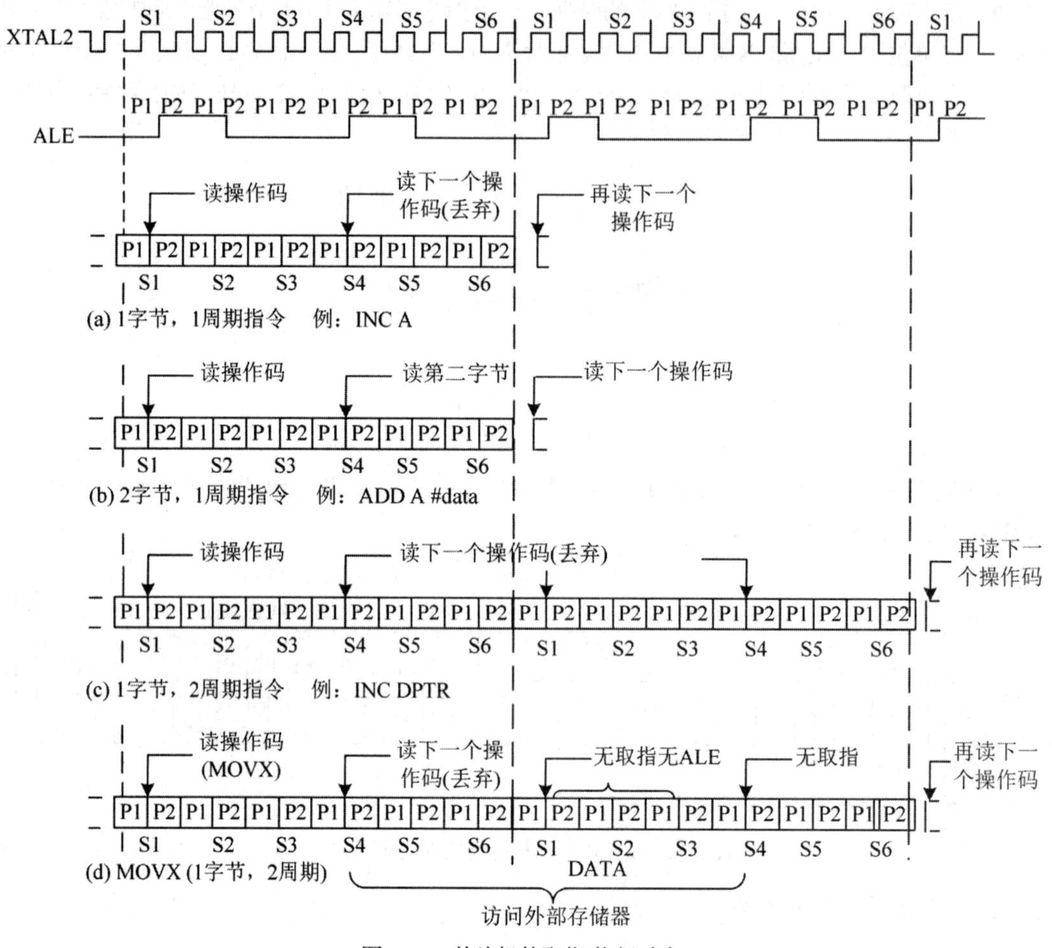

图3-13 单片机的取指/执行时序

1) 外部ROM访问时序

如果程序代码存放在外部程序存储器，CPU的取指操作就是读取外部ROM存储器。图3-14 (a)所示为非MOVX类指令的取指执行时序。80C51单片机的外部程序存储器和外部数据存储器的地址都是16位的，由P0口和P2口送出16位的地址。在ALE信号为高期间，80C51的P2口送出PCH的内容，即程序存储器高8位的地址信号，P0口送出PCL的内容，即程序存储器低8位的地址信号，这时P0口作为地址总线。ALE信号下降沿出现后，$\overline{\text{PSEN}}$有效，P0口转而作为数据总线使用。$\overline{\text{PSEN}}$的低电平选通PC指向的程序存储器单元，其所存内容(指令代码)输出到P0口，送入单片机内部执行。

2) 外部RAM访问时序

如果程序代码存放在外部程序存储器，而且要执行的是访问外部RAM的MOVX类指令，则CPU既要访问外部ROM存储器，又要访问外部RAM存储器。图3-14 (b)所示为MOVX类指令的取指执行时序。MOVX类指令都是单字节双周期指令。在第1个机器周期的第1个ALE

为高期间，P2 口和 P0 口分别输出 PCH 和 PCL 的内容，然后 $\overline{\text{PSEN}}$ 有效，选通 ROM 存储器单元，读出 1 字节的指令代码。在第 1 个机器周期的第 2 个 ALE 为高期间，P2 口输出数据指针 DPTR 的高 8 位或 P2 锁存器的内容，P0 输出 DPL 或 R0、R1 的内容，在此 ALE 信号下降沿出现后，$\overline{\text{RD}}$ 信号出现低电平有效，而 $\overline{\text{PSEN}}$ 仍维持高电平。$\overline{\text{RD}}$ 信号是外部 RAM 的读信号，它使外部 RAM 单元的内容输出到 P0 口，送入单片机内部。

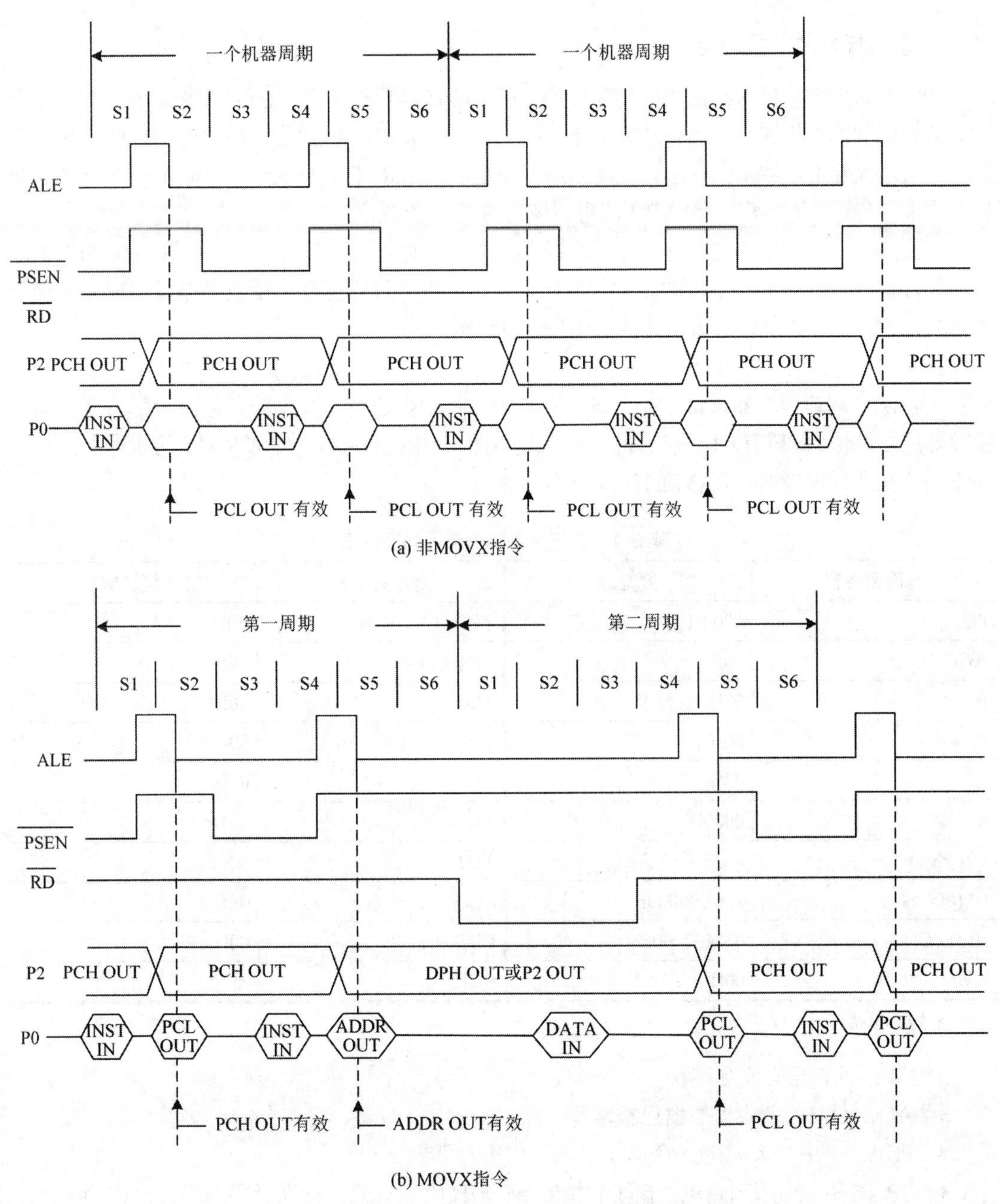

图 3-14　非 MOVX / MOVX 类指令的取指执行时序

外部 RAM 的写时序与读时序大体相同，只是在操作中出现的是外部 RAM 的写信号 $\overline{WR}$，并且在写有效之前，CPU 送出的数据要先稳定在 P0 口数据总线上。

3.5 复位操作

1. 复位操作的主要功能

80C51 系列单片机与其他微处理器一样，在启动时都需要复位，使 CPU 及系统各部件处于确定的初始状态，并从初始状态开始工作。复位信号是从 RST 引脚输入芯片内的施密特触发器中的。当系统处于正常工作状态时，且振荡器稳定后，如 RST 引脚上有一个高电平并维持 2 个机器周期(24 个振荡周期)，则 CPU 就可以响应并将系统复位。

复位是单片机的初始化操作，主要功能是把 PC 初始化为 0000H，使单片机从 0000H 单元开始执行程序。除了进入系统的正常初始化之外，当由于程序运行出错或操作错误使系统处于死锁状态时，为摆脱困境，也须按复位键重新启动。

除 PC 之外，复位操作还对其他一些寄存器有影响，它们的复位状态如表 3-4 所示。即在 SFR 中，除了端口锁存器、堆栈指针 SP 和串行口的 SBUF 外，其余的寄存器全部清零，端口锁存器的复位值为 0FFH，堆栈指针值为 07H，SBUF 内为不定值。内部 RAM 的状态不受复位的影响，在系统上电时，RAM 的内容是不定的。

表 3-4 各特殊功能寄存器的复位值

专用寄存器	复位值	专用寄存器	复位值
PC	0000H	TCON	00H
ACC	00H	TH0	00H
B	00H	TL0	00H
PSW	00H	TH0	00H
SP	07H	TL1	00H
DPTR	0000H	TH2	00H
P0~P3	FFH	TL2	00H
IP (80C51)	XXX00000B	SCON	00H
IE (80C51)	0XX00000B	PCON	00H
TMOD	00H	SBUF	不定

注：X 为随机状态。

表 3-4 中的符号含义如下。

- ACC=00H：表明累加器已被清零。
- PSW = 00H：表明选寄存器 0 组为工作寄存器组。
- SP=07H：表明堆栈指针指向片内 RAM 07H 字节单元，根据满递增堆栈操作的法则，第一个被压入的数据被写入 08H 单元中。
- P0~P3 = FFH：表明已向各端口线写入 1，此时，各端口既可用于输入，又可用于输出。

- IP= XXX00000B：表明各个中断源处于低优先级。
- IE = 0XX00000B：表明各个中断均被关断。
- TMOD = 00H：表明 T0、T1 均为工作方式 0，且运行于定时器状态。
- TCON = 00H：表明 T0、T1 均被关断。
- SCON = 00H：表明串行口处于工作方式 0，允许发送，不允许接收。
- PCON = 00H：表明 SMOD=0，波特率不加倍。

需要指出的是，记住一些特殊功能寄存器复位后的主要状态，对熟悉单片机操作，减短应用程序中的初始化部分是十分必要的。

2. 复位信号及其产生

RST 引脚是复位信号的输入端。复位信号使高电平有效，其有效时间应持续 24 个振荡周期(即两个机器周期)以上。若使用频率为 6MHz 的晶振，则复位信号持续时间应超过 4μs，才能完成复位操作。

产生复位信号的电路逻辑如图 3-15 所示。

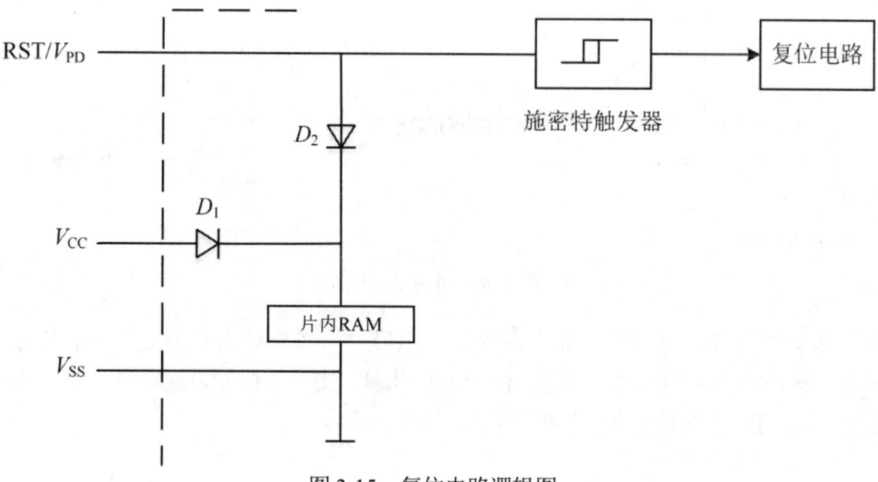

图 3-15　复位电路逻辑图

整个复位电路包括芯片内、外两部分。外部电路产生的复位信号(RST)送至施密特触发器，再由片内复位电路在每个机器周期的 S5P2 时刻对施密特触发器的输出进行采样，然后才得到内部复位操作所需要的信号。

3. 复位电路

复位操作有上电自动复位和按键手动复位两种方式。

(1) 上电自动复位。上电自动复位是在加电瞬间电容通过充电来实现的，其电路如图 3-16 (a)所示，在通电瞬间，电容 C 通过电阻 R 充电，RST 端出现正脉冲，用以复位。只要电源 V_{CC} 的上升时间不超过 1ms，即可实现自动上电复位，即接通电源就完成了系统的复位初始化。关于参数的选定，在振荡稳定后应保证复位高电平持续时间(即正脉冲宽度)大于 2 个机器周期。当采用的晶体频率为 6MHz 时，可取 C=22μF，R=1kΩ；当采用晶体为 12 MHz 时，可取 C=10μF，R=8.2kΩ。

如果上述电路复位不仅要使单片机复位，而且还要使单片机的一些外围芯片也同时复位，那么上述电阻、电容参考值应进行少许调整。

对于 CMOS 型的 80C51，由于在 RST 端内部有一个下拉电阻，故可将外部电阻去掉，而将外接电容减至 1μF。

(2) 按键手动复位。所谓按键手动复位，是指通过接通一按钮开关，使单片机进入复位状态。其电路如图 3-16 (b)所示。系统上电运行后，若需要复位，一般是通过按键手动复位来实现的。通常采用按键手动复位和上电自动复位组合。

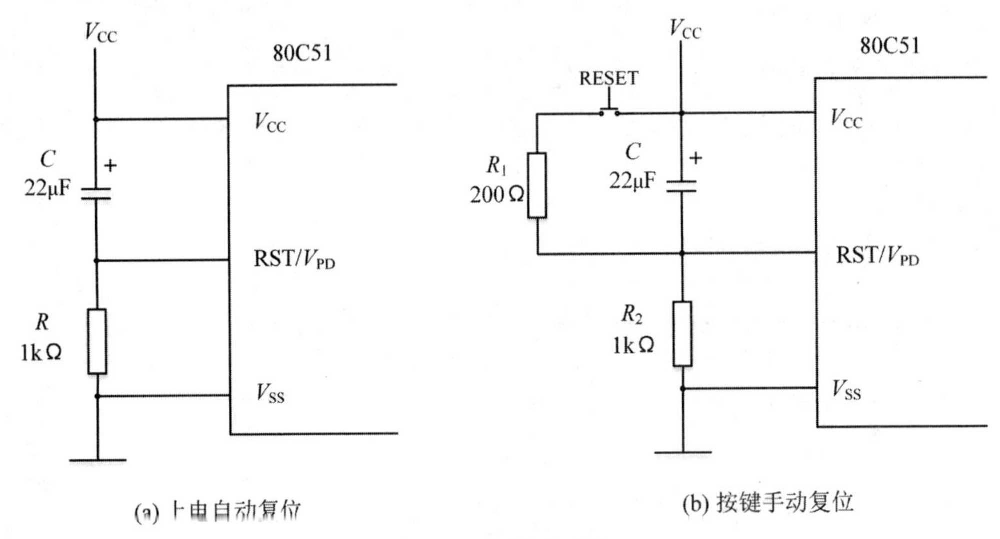

(a) 上电自动复位　　(b) 按键手动复位

图 3-16　两种复位电路

复位电路虽然简单，但其作用非常重要。一个单片机系统能否正常运行，首先要检查是否能复位成功。初步检查可用示波器探头监视 RST 引脚。按下复位键，观察是否有足够幅度的波形输出(瞬时的)，还可以通过改变复位电路阻容值进行实验。

3.6 80C51 单片机的低功耗工作方式

80C51 系列单片机采用两种半导体工艺生产：一种是 HMOS 工艺，即高密度短沟道 MOS 工艺；另外一种是 CHMOS 工艺，即互补金属氧化物的 MOS 工艺。CHMOS 是 CMOS 和 HMOS 的结合，除保持了 HMOS 高速度和高密度的特点之外，还具有 CMOS 低功耗的特点。例如 8051 的功耗为 630 mW，而 80C51 的功耗只有 120 mW。在便携式、手提式或野外作业仪器设备上，低功耗是非常有意义的。因此，在这些产品中必须使用 CHMOS 的单片机芯片。

80C51 属于 CHMOS 的单片机，运行时耗电少，而且还提供两种节电工作方式，即空闲(等待、待机)方式和掉电(停机)工作方式，以进一步降低功耗。

图 3-17 所示为实现这两种方式的内部电路。图 3-17 中，$\overline{PD}$和$\overline{IDL}$均为 PCON 中 PD 和 IDL 触发器的 Q 输出端。由图 3-17 可见，若$\overline{IDL}$=0，则 80C51 将进入空闲运作方式。在这种方式下，振荡器仍继续运行，但$\overline{IDL}$封锁了去 CPU 的“与”门，故 CPU 此时得不到时钟信号。而中断、串行口和定时器等环节却仍在时钟控制下正常运行。掉电方式下($\overline{PD}$=0)，振荡器冻结。

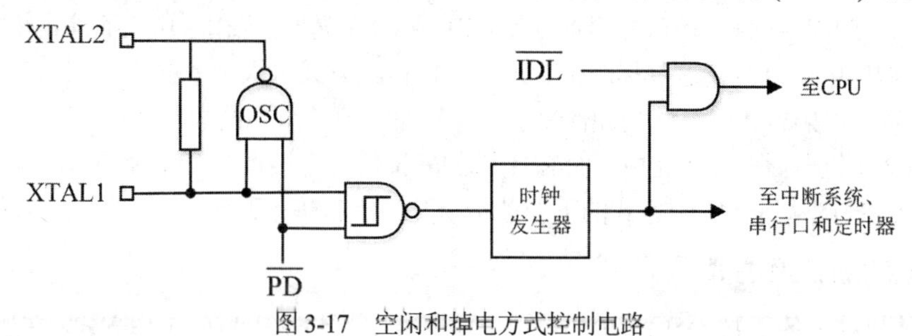

图 3-17　空闲和掉电方式控制电路

下面分别讨论这两种运作方式。

1. 方式的设定

空闲方式和掉电方式是通过对 SFR 中的 PCON(地址 87H)相应位置 1 而启动的。图 3-18 所示为 80C51 电源控制寄存器 PCON 各位的分布情况。HMOS 器件的 PCON 只包括一个 SMOD 位，其他 4 位是 CHMOS 器件独有的。3 个保留位用户不得使用，因为硬件没有做出安排，可能在今后的 MCS-51 新产品中代表某特定的功能。图 3-18 中各符号的名称和功能如下。

- SMOD：波特率倍频位。若此位为 1，则串行口方式 1、方式 2 和方式 3 的波特率加倍。
- GF1 和 GF0：通用标志位。
- PD：掉电方式位。此位写 1 即启动掉电方式。由图 3-17 可见，此时时钟冻结。
- IDL：空闲方式位。此位写 1 即启动空闲方式。这时 CPU 因无时钟控制而停止运作。

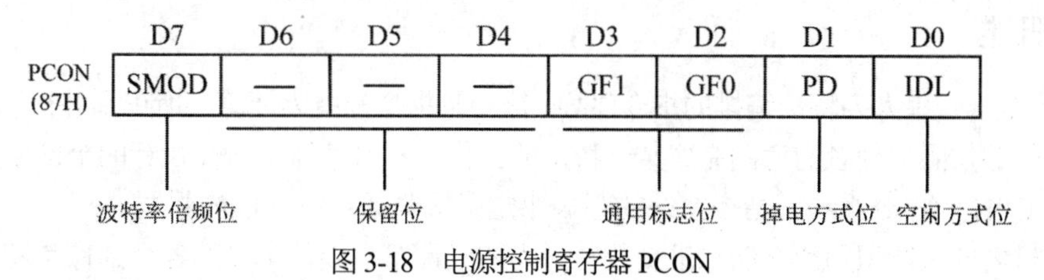

图 3-18　电源控制寄存器 PCON

如果同时向 PD 和 IDL 两位写 1，则 PD 优先。

80C51 中 PCON 的复位值为 0XXX0000B。

2. 空闲(等待、待机)工作方式

当 CPU 执行完置 IDL = l(PCON.0)的指令后，系统进入空闲工作方式。这时，内部时钟不向 CPU 提供，而只供给中断、串行口、定时器部分。CPU 的内部状态维持，即包括堆栈指针(SP)、程序计数器(PC)、程序状态字(PSW)、累加器(ACC)所有的内容保持不变，端口状态也保持不变。ALE 和 PSEN 保持逻辑高电平。

进入空闲方式后，有两种方法可以使系统退出空闲方式。一是任何的中断请求被响应都可以由硬件将 PCON.0(IDL)清 0 而中止空闲工作方式。当执行完中断服务程序返回到主程序时，在主程序中，下一条要执行的指令将是原先使 IDL 置位指令后面的那条指令。PCON 中的通用标志位 GF1 和 GF0 可以用来指明中断是在正常操作还是在待机方式期间发生的。在待机方式时，除用指令使 IDL=1 外，还可先用指令使 GF1 或 GF0 置 1。当由于中断而停止待机方式时，在中断服务程序中可以检查这些标志位，说明是以待机方式进入中断的。

另一种退出空闲方式的方法是硬件复位，由于在空闲工作方式下振荡器仍然工作，因此硬件复位仅需 2 个机器周期便可完成。而 RST 端的复位信号直接将 PCON.0(IDL)清 0，从而退出空闲状态，CPU 则从进入空闲方式的下一条指令开始重新执行程序。

3. 掉电(停机)工作方式

当 CPU 执行一条置 PCON.1 位(PD)为 1 的指令后，系统进入掉电工作方式。在这种工作方式下，内部振荡器停止工作。由于没有振荡时钟，因此，所有的功能部件都停止工作。但内部 RAM 区和特殊功能寄存器的内容被保留，而端口的输出状态值都保存在对应的 SFR 中，ALE 和 PSEN 都为低电平退出掉电方式的唯一方法是由硬件复位。复位后将所有特殊功能寄存器的内容初始化，但不改变片内 RAM 区的数据。

在掉电工作方式下，V_{CC} 可以降到 2V，但在进入掉电方式之前，V_{CC} 不能降低。而在准备退出掉电方式之前，V_{CC} 必须恢复正常的工作电压值，并维持一段时间(约 10 ms)，使振荡器重新启动并稳定后方可退出掉电方式。

3.7 指令系统与汇编语言

3.7.1 概述

程序是一长串人为特殊编排的指令序列，每一条指令都能为计算机所识别并得以执行，以使计算机能够按照编程者的意图完成某一特定的工作。一台计算机所能执行的全部指令的集合称为这个 CPU 的指令系统。指令系统的强弱决定了这类计算机功能的强弱。

计算机内部只能识别和存储二进制数，因为构成计算机硬件本身的各个部件是基于二值逻辑的，这些部件只能识别 0 和 1 两个状态，其功能就是记忆、传输和加工二进制信息 0 或 1。计算机的工作就是传输和处理二进制信息的过程。因此，上述能为计算机直接识别和执行的指令只能是以二进制编码形式表示的指令，这种指令称为机器语言指令，用机器语言编成的程序称为目标程序。例如，在 MCS-51 系列单片机中，用二进制代码 00100100 00010100 表示累加 A 中的数据与 20 相加，结果放在 A 中，显然机器语言难以记忆，编写程序容易出错，程序修改和调试都很困难。

为了克服上述缺点，方便人们记忆和使用，每个芯片厂家对指令系统中的每一条指令给出助记符(用英文缩写来描述指令的功能)，例如，上述的机器指令可用助记符表示为：ADD A，#20。用助记符表示的指令称为汇编语言指令，即汇编语言程序的语句。

虽然汇编语言不具有通用性，不同类型 CPU 的指令系统可能有较大差异，但其原理和方法是具有普遍性的。

3.7.2　汇编语言与机器语言

1. 汇编语言与机器语言的关系

用汇编语言编写的程序要比机器代码更易理解。然而，实际编程时采用的汇编语言不仅仅是机器语言的符号化，因为用机器语言编写的程序段，不能规定这段程序的代码应放在存储器的什么区域，以及程序中的数组应如何分配内存，而这些往往是编程者不得不做的事情。因此，为了方便使用，汇编语言实际上又有硬指令和伪指令之分。硬指令是执行性指令，均对应唯一的机器指令，因而与机器语言并无本质区别，即具有"与机器语言的密切相关性"等特点。伪指令是说明性指令，只是用来指示编译器如何把汇编语言程序翻译成机器语言，并没有反映到目标程序中。

2. 汇编语言的格式

汇编语言源程序由语句序列构成。每条语句一般占一行，语句内容一般由分隔符分成的 4 个部分组成，它们有两种格式。

(1) 执行性语句——由硬指令构成的语句，它通常对应一条机器指令，出现在程序的代码段中：

```
标号: 硬指令助记符 操作数, 操作数, …; 注释
```

(2) 说明性语句——由伪指令构成的语句，它通常指示汇编程序如何汇编源程序：

```
名字 伪指令助记符 参数, 参数, …; 注释
```

执行性语句中，冒号前的标号反映该指令的逻辑地址；说明性语句中的名字可以是变量名、子程序名或宏名等，既反映逻辑地址，又具有自身的各种属性。标号和名字很容易通过是否具有冒号来区分。硬指令助记符可以是任何一条处理器指令，也可以是一条宏指令；伪指令助记符主要完成一些不产生 CPU 动作的说明性工作，在程序执行前由汇编程序完成处理。处理器指令的操作数可以是立即数、寄存器和存储单元。伪指令的参数可以是常数、变量名、表达式等，可以有多个，参数之间用逗号隔开。语句中由分号开始的部分是注释。

例如，下面给出一段完整的 MCS-51 汇编语言源程序，该程序的功能是完成两个字节数据相加。

```
        DAT1   DB 34H      ；第 1 个加数
        DAT2   DB 2AH      ；第 2 个加数
        SUM    50H         ；准备用来存放和数的单元
        ORG    1000H       ；程序段起始位置定义
START：MOV    A，DAT1     ；取第 1 个加数
        ADD    A，DAT2     ；和第 2 个加数相加
        MOV    SUM，A      ；存放结果
        END                ；整个源程序结束
```

从上面这个例子可以看出，汇编语言源程序由若干个语句组成，语句分为指令语句和伪指令语句两类。

3. 源程序与编译

由于计算机只能识别机器语言，故用汇编语言编写的源程序必须被翻译成机器语言后方可执行。把汇编语言源程序翻译成机器语言描述的目标程序的过程称为汇编。完成汇编任务的程序称为汇编器(Assembler)或汇编程序。汇编器的主要功能是对汇编语言源程序进行语法检查，并生成相应的目标文件(.obj 文件)。汇编器类似于高级语言的编辑器(Compiler)。虽然目标文件已是机器语言程序，是二进制代码文件，但还不能直接运行，需要经过连接器(Linker 或称连接程序)将其与其他目标文件或库文件连接在一起，生成可执行文件(.exe 文件)后，方可在计算机上运行。连接器的主要功能是实现多个目标文件及库文件的连接，并完成浮动地址的重定位。

4. 可执行文件的下载和执行

现在无论是汇编语言源程序的编写，还是高级语言的编写，一般都是在 PC 上的开发平台上进行的，目标计算机的可执行文件也是在 PC 生成的。如果目标计算机本身就是一个具有操作系统的工作机，那么可以通过它的 I/O 设备，把目标文件存入它的辅助存储器，运行时用户通过操作系统发出启动命令，当操作系统能够给该程序分配它所需要的足够的资源(程序运行空间和数据操作空间)时，该目标文件就可以正常运行，否则就无法运行或在运行中出错而中止。在运行过程中，操作系统一直监视它的运行状态；如果目标计算机是一台裸机，那么可以通过烧写器把 PC 上的可执行文件写入裸机的程序存储器(ROM 的场合)，或通过调试接口下载到程序存储器(Flash ROM 的场合)，被写入程序的裸机重新启动后直接运行载入的程序。

3.8 微处理器常见的寻址方式

采用不同的指定地址的方法，指令系统可以支持多种寻址方式。例如，当指定一个寄存器号作为指令的操作数地址时，并不表示操作数就在该寄存器中。该寄存器也许仅包含一个指向存储器的指针，而操作数是在该存储器的某一单元内。因此，寻址方式在决定操作数的准确位置上起着重要作用。

在不同的计算机系列中，有着许多不同种类的寻址方式：在 CISC 指令集的计算机中，寻址方式多而复杂；在 RISC 指令集的计算机中，寻址方式则少而简洁。被寻址的操作数可以存放于指令码、寄存器、存储单元中，为了便于理解和掌握，可以根据操作数的实际位置对它们分类。下面讨论几种常见的寻址方式。

3.8.1 操作数寻址方式

1. 立即数寻址(Immediate Addressing)

在这种寻址方式中，位于指令操作码后面的操作数部分，不代表操作数所在的地址，而是参加操作的数本身。这种操作数称为立即数。

例如，80C51 指令：MOV A，#05

MOV DPTR，#3100H

执行后，累加器 A 的内容为 05H，DPTR 的内容为 3100H。

立即寻址方式主要用于给寄存器或存储单元赋初值。

2. 直接寻址(Direct Addressing)

在操作码后面直接指明操作数的地址。它与指令操作码一起，存在内存的代码段。

例如，80C51 指令：MOV A，31H。

如果 31H 单元的内容为 60H，那么执行这条指令后，累加器 A 的内容则变为 60H。

3. 寄存器寻址(Register Addressing)

指令中指定某些 CPU 寄存器存有操作数，寄存器可能是数据寄存器(8 位或 16 位)、地址指针或变址寄存器，以及段寄存器(8086 的场合)。由于指令执行过程中不必通过访问内存而取得操作数，因此执行速度快。

例如，80C51 指令：MOV A，R3。

如果 R3 的内容为 60H，那么执行这条指令后，累加器 A 的内容则变为 60H。

4. 寄存器间接寻址(Register Indirect Addressing)

寄存器间接寻址方式是指令中的操作数存放在存储器中，存储单元的有效地址由某些指定的寄存器指出，即有效地址等于其中某一寄存器的值，对寄存器指向的存储单元进行数据操作，这些用来存放存储器操作数偏移地址的寄存器称为地址指针。

例如，80C51 指令：MOV A，@R0。

上述 R0 的内容是操作数所在的地址，而不是操作数本身。

如果在执行上述指令时，R0 的内容为 50H，50H 单元的内容为 35H，那么执行指令后，累加器 A 的内容则变为 35H。

5. 基址、变址寻址方式 (Based Indexed Addressing)

基址寻址是以基址寄存器指示的地址为基地址，然后在这个基地址上加上地址偏移量形成真正的操作数。而变址寻址方式是以变址寄存器指示的地址为基地址，然后在这个基地址上加上地址偏移量形成真正的操作数。在 80C51 中，没有专门的基址寄存器和变址寄存器，而是采用数据指针 DPTR 或 PC 为存放基地址的寄存器，累加器 A 存放偏移量，而且只能访问程序存储器。

例：MOVC A，@A+DPTR。

3.8.2　程序转移地址的寻址方式

1. 相对寻址

转移的地址是当前 PC 的内容和指令规定的 8 位或 16 位位移量之和，当位移量是 8 位时，称为短程转移；当地址空间大于 64KB，而位移量是 16 位时，称为近程转移。这种寻址方式适用于条件转移或无条件转移类指令，但条件转移只有 8 位位移量的短程转移。

例如，80C51 指令：SJMP NEXT

```
AND A，#03H
  ⋮
NEXT：ADD A，#70H
  ⋮
```

```
8086 指令：JMP NEXT
           AND AL，03H
             ⋮
           NEXT：ADD AL，70H
             ⋮
```

实际上 NEXT 是一个(-128～+127)范围内的偏移量，编写程序时写的是编号，编译时由编译程序计算得出。若执行指令 SJMP NEXT 时，80C51 的 PC=2000H，偏移量= 60H，则执行 SJMP NEXT 后，PC = 2060H，程序就转移到地址为 2060H 的单元取指并执行。

2. 直接寻址

这种寻址方式是指令码中直接给出要转移的目标地址。

例如，80C51 指令：LJMP 8416H。

执行这条指令后，PC 的内容更新为 8416H，CPU 转移到地址为 8416H 的单元取指执行。

3. 基址、变址寻址

这种寻址方式是以基址寄存器为基地址，加上一个偏移量作为要转移的目标地址。

例如，80C51 指令：JMP @A+DPTR。

若 DPTR=8000H，A=10H，那么执行这条指令后，CPU 转移到地址为 8010H 的单元取指执行。

3.9 80C51 单片机指令系统

3.9.1 指令分类

80C51 系列单片机完全继承了 MCS-51 的指令系统，共有 111 条指令，按其功能可分为五大类：

- 数据传送类指令(28 条)；
- 算术运算类指令(24 条)；
- 逻辑运算类指令(25 条)；
- 控制转移类指令(17 条)；
- 布尔(位)操作类指令(17 条)。

本节将分别介绍这五类指令，书后以附录形式逐条列出了这些指令。

3.9.2 指令格式

指令的表示方法称为指令格式，其内容包括指令的长度和指令内部信息的安排等。一条指令通常由操作码和操作数两部分组成。操作码用来规定指令所完成的操作，操作数则表示操作的对象。操作数可能是一个具体的数据，也可能是指出取得数据的地址或符号。单片机由于字长短，指令都是不定长的，即变长指令。在 80C51 系列的指令系统中，有单字节、双字节和三字节等不同长度的指令。

(1) 单字节指令：指令只有一字节，操作码和操作数同在一字节中，例如，工作寄存器向累加器 A 传送指令“MOV A，Rn”，其指令码格式为：

1	1	1	0	1	r	r	r

其中，低 3 位的编码指定了(R0～R7)的寄存器号。在 80C51 系列的指令系统中，共有 49 条单字节指令。

(2) 双字节指令：双字节指令包括两字节，其中一字节为操作码，另一字节是操作数，其指令码格式为：

操作码	立即数或地址

例如，立即数向累加器 A 传送指令“MOV A，#30H”，其操作码=74H，立即数=30H。在 80C51 系列的指令系统中，共有 45 条双字节指令。

(3) 三字节指令：在三字节指令中，操作码占一字节，操作数占两字节。其中操作数既可能是数据，也可能是地址，其指令码格式为：

操作码	立即数或地址	立即数或地址

例如，立即数直接向存储单元传送指令“MOV 40H，#30H”，其操作码=75H，立即数=30H。在 80C51 系列的指令系统中，共有 17 条三字节指令。

3.9.3　指令系统中使用的符号

在说明和使用 80C51 系列的指令时，经常使用一些符号。下面对所使用的一些符号的意义进行简单说明。

Rn：当前寄存器组的 8 个通用寄存器 R0～R7，所以 n= 0～7。

Ri：可用作间接寻址的寄存器，只能是 R0、R1 两个寄存器，所以 i=0，1。

Direct：内部的 8 位地址，既可以指片内 RAM 的低 128 个单元地址，也可以指特殊功能寄存器的地址或符号名称，因此 Direct 表示直接寻址方式。

#data：8 位立即数。

#data16：16 位立即数。

Addr16：16 位目的地址，只限于在 LCALL 和 LJMP 指令中使用。

Addr11：11 位目的地址，只限于在 ACALL 和 AJMP 指令中使用。

Rel：相对转移指令中的偏移量，为 8 位带符号数。

DPTR：数据指针。

Bit：片内 RAM (包括特殊功能寄存器)中的直接寻址位。

A：累加器。

B：B 寄存器。

C：进位标志位，是布尔处理机中的累加器，也称为累加位。

@：间址寄存器的前缀标志。

/：位地址的前缀标志，表示对该位操作数取反。

(x)：某寄存器或某单元的内容。

((x))：由 x 寻址的单元中的内容。

←：箭头左边的内容被箭头右边的内容所取代。

3.9.4 寻址方式和寻址空间

根据指令操作的需要，计算机有多种寻址方式。总的来说，寻址方式越多，计算机的功能就越强，灵活性就越大，指令系统也就越复杂。因此在设定寻址方式时，应考虑到具体需要和可能性。80C51 系列单片机指令系统采用的寻址方式有常见的 6 种：①立即寻址，②直接寻址，③寄存器寻址，④寄存器间接寻址，⑤相对寻址，⑥基址变址寻址。另外，80C51 系列单片机还有位处理功能，可以对数据位进行操作，因此就有相应的位寻址方式。

位寻址的寻址范围如下。

(1) 片内 RAM 中的位寻址区。片内 RAM 中的单元地址 20H～2FH，共 16 个单元 128 位，为位寻址区，位地址是 00H～7FH。对这 128 个位的寻址使用直接位地址表示。

例如，"MOV C，2BH" 指令的功能是把位寻址区的 2BH 位状态送累加位 C。

(2) 可供位寻址的特殊功能寄存器位。可供位寻址的特殊功能寄存器共有 11 个，实有寻址位 83 位。对这些寻址位在指令中有如下 4 种表示方法。

- 直接使用位地址表示方法。
- 单元地址加位的表示方法。例如 88H 单元的位 5，则表示为 88H.5。
- 特殊功能寄存器符号加位的表示方法。例如 PSW 寄存器的位 5，可表示为 PSW.5。
- 位名称表示方法。特殊功能寄存器中的一些寻址位是有名称的，例如 PSW 寄存器位 5 为 F0 标志位，则可使用 F0 表示该位。

一个寻址位有多种表示方法，看起来似乎复杂，实际上为程序设计带来了方便。

对于指令中的操作数，因为指令操作常伴有从右向左传送数据的内容，所以常把左边操作数称为目的操作数，而右边操作数称为源操作数。上面所讲的各种寻址方式都是针对源操作数的，实际上，目的操作数也有寻址的问题。例如，指令 "MOV 45H，R1" 的源操作数是寄存器寻址方式，而目的操作数则是直接寻址方式。该指令的功能是把按寄存器寻址取出的 R1 内容，以直接寻址方式存放于内部 RAM 的 45H 单元中。

总之，源操作数的寻址方式较多，而目的操作数的寻址方式较少，只有寄存器寻址、直接寻址、寄存器间接寻址和位寻址 4 种方式。因此，了解了源操作数的寻址方式，也就了解了目的操作数的寻址方式。

以上介绍了 80C51 指令系统的几种寻址方式，概括如表 3-5 所示。

表 3-5 80C51 中的寻址方式和寻址空间

序号	寻址方式	使用的变量	寻址空间
1	立即寻址	#data	程序存储器
2	直接寻址	direct	片内 RAM 低 128 字节和特殊功能寄存器
3	寄存器寻址	R0～R7、A、B、DPTR、CY	相关寄存器

(续表)

序号	寻址方式	使用的变量	寻址空间
4	寄存器间接寻址	@R0、@R1、@SP	片内 RAM
		@R0、@R1、@DPTR	片外 RAM
5	相对寻址	PC+偏移量	程序存储器
6	变址寻址	@A+PC、@A+DPTR	程序存储器
7	位寻址	bit	片内 RAM 中的位寻址区，可以按位寻址的特殊功能寄存器位

3.9.5 数据传送类指令

80C51 具有丰富的数据传送指令，共有 28 条，能实现多种数据的传送操作。

数据传送指令按功能又可分为：一般传送指令、目的地址传送指令、累加器传送指令和栈操作指令。

数据传送指令特点如下。

(1) 可以进行直接地址到直接地址的数据传送，能把一个并行 I/O 口中的内容传送到片内 RAM 单元中而不必经过累加器 A 或工作寄存器 Rn，这样可以大大提高传送速度，缓解累加器 A 的瓶颈效应。

(2) 用 R0 和 R1 寄存器间址访问片外数据存储器 256 字节中的任一字节单元；用 DPTR 的 16 位数据指针间址访问全部 64 KB 片外数据存储器地址空间中的任何一个单元。

(3) 累加器 A 能与选定 Rn 中的任一寄存器、片内 RAM 中的任一单元及任一特殊功能寄存器之间进行数据传递，还能与片内 RAM 单元进行半字节数据交换，以及累加器本身高、低半字节数据交换等。

(4) 能用变址寻址方式访问程序存储器中的表格，将程序存储器单元中的固定常数或表格字节内容传送到累加器 A 中。这为编程翻译算法提供了方便。

1. 一般传送指令

一般传送指令共有 15 条，这类传送指令的格式为：

```
MOV  <目的字节 >，<源字节>
```

它的功能是把源字节的内容送到目的字节，而源字节的内容不变。该操作属于复制性质，不属于搬家性质。

源操作数可以有：累加器 A、工作寄存器 Rn(n = 0，…，7)、直接地址 direct、间接寻址寄存器@Ri(i = 0，1)和立即数#data。

目的操作数可以有：累加器 A、工作寄存器 Rn(n = 0，…，7)、直接地址 direct 和间接寻址寄存器@Ri(i= 0，1)。

其间的传送关系如表 3-6 所示。

表 3-6　一般传送指令传送数据关系

目的操作数	源操作数				
	A	Rn	direct	@Ri	#data
A		√	√	√	√
Rn	√		√		
direct	√	√	√	√	√
@Ri	√		√		√

这类指令是以 MOV 为其助记符的。从表 3-6 可以看出，以目的操作数为准，可将一般传送指令分为 4 组。

(1) 以累加器 A 为目的操作数的指令组，共有 4 条指令：

```
MOV   A，Rn          ；(A)←(Rn)
MOV   A，direct      ；(A)←(direct)
MOV   A，@Ri         ；(A)←((Ri))
MOV   A，# data      ；(A)← #data
```

这组指令的功能是把源操作数的内容送入累加器。源操作数有寄存器寻址、直接寻址、寄存器间接寻址和立即寻址等寻址方式。

传送指令是以累加器 A 为中心的总体结构，绝大部分传送操作均需通过 A 进行，所以累加器 A 是一个使用十分频繁的特殊寄存器。但是在 80C51 中，由于可以进行直接地址之间的数据传送，极大地减轻了累加器的负担，因此大大地缓解了拥堵现象。

(2) 以寄存器 Rn 为目的操作数的指令组，共有 3 条指令：

```
MOV   Rn，A          ；(Rn)←(A)
MOV   Rn，direct     ；(Rn)←(direct)
MOV   Rn，#data      ；(Rn)← #data
```

这组指令的功能是把源操作数的内容送入当前工作寄存器区的 R0～R7 中的某一个寄存器。源操作数有寄存器寻址、直接寻址和立即寻址等寻址方式。

(3) 以直接地址 direct 为目的操作数的指令组，共有 5 条指令：

```
MOV   direct，A          ；(direct)←(A)
MOV   direct，Rn         ；(direct)←(Rn)
MOV   direct2，direct1   ；(direct2)←(direct1)
MOV   direct，@Ri        ；(direct) ←((Ri))
MOV   direct，# data     ；(direct) ← # data
```

这组指令的功能是把源操作数的内容送入由直接地址指出的存储单元。源操作数有寄存器寻址、直接寻址、寄存器间接寻址和立即寻址等寻址方式。

直接地址 direct 为 8 位直接地址，可寻址 0～255 个单元，对于 80C51 可直接寻址内部 RAM 的 0～127 个地址单元和 128～255 地址的特殊功能寄存器。对 80C51 而言，这 128～255 的 128 个地址单元很多是没有定义的。对于无定义的单元进行读/写时，读出的为不定数，而写入的数将丢失。

这里需要注意的是，若累加器 A 以其直接地址 0E0H 来寻址，也可实现上述功能，即：

```
MOV   A，#data          ；机器码 74 #data
MOV   0E0H，#data       ；机器码 75 E0 #data
```

但机器码要多一个字节，执行时间也会加长。

(4) 以间接寻址寄存器 Ri 为目的操作数的指令组，共有 3 条指令：

```
MOV   @Ri，A            ；((Ri))←(A)
MOV   @Ri，direct       ；((Ri))←(direct)
MOV   @Ri，#data        ；((Ri))← #data
```

这组指令的功能是把源操作数的内容送入由 R0 和 R1 的内容所指的内部 RAM 中的存储单元。源操作数有寄存器寻址、直接寻址和立即寻址等寻址方式。

间接寻址寄存器 Ri 由操作码字节的最低位来选定是 R0 还是 R1 寄存器，间址是以 Ri 的内容作为操作数的地址来进行寻址的。也就是说，Ri 的内容并不是操作数而是操作数的地址，而此地址所对应的存储单元内容才是真正的操作数。

直接寻址 direct 单元在编程时就已明确，而间接寻址单元是在程序进行中明确的，间接寻址空间和直接寻址空间范围相同，均为 0～255 个单元地址。

立即数#data 为一个常数，是不带符号的 8 位二进制数。在编程中必须注意的是，直接地址 direct 和立即数#data 均以数据形式出现，但两者的含义是不相同的，故在指令中必须用“#”作为立即数的前缀以与直接地址相区别。例如：

```
MOV   A，5EH        ；表示片内 RAM 中的 5EH 单元内容送 A，这里 5EH 为直接地址
MOV   A，#5EH       ；表示把立即数 5EH 送 A
MOV   5EH，#5EH     ；这是一条三字节指令，表示把立即数 5EH 送到片内 RAM 中的
                      5EH 地址单元中
MOV   5EH，4EH      ；这是一条三字节指令，表示把 4EH 单元的内容送到 5EH 单元中
```

2. 目的地址传送指令

```
MOV   DPTR，#data16 ；(DPTR)←# data16
```

这是 80C51 中唯一的 16 位指令。此指令把 16 位常数装入数据指针 DPTR，16 位常数在指令的第二、第三字节中(第二字节为高位字节 DPH，第三字节为低位字节 DPL)。此操作不影响标志位。

例如，若执行指令为“MOV　DPTR，#1234H”，则执行结果为(DPH)= 12H，(DPL) = 34H。

3. 累加器传送指令

累加器传送指令均是以累加器为中心进行的，这类指令共有 10 条，又可分为 4 组。

(1) 字节交换指令 XCH 组，共有 3 条指令：

```
XCH   A，Rn
XCH   A，direct
XCH   A，@Ri
```

这组指令的功能是将累加器 A 与源操作数的内容互换。源操作数有寄存器寻址、直接寻址和寄存器间接寻址等寻址方式。操作码分别为 C5H～CFH。

例如，设(R0)= 30H，(A)= 3FH，片内 RAM 中(30H)=45H。若执行指令为“XCH　A，@R0”，则执行结果为(A)=45H，(30H)= 3FH。

(2) 半字节交换指令 XCHD 组，只有 1 条指令：

XCHD　A，@Ri

XCHD 指令是将 Ri 间接寻址单元的低 4 位内容与累加器 A 的低 4 位内容互换，而它们的高 4 位内容均不变。此指令不影响标志位。

例如，设(R0)= 20H，(A)= 36H(00110110B)，内部 RAM 中(20H)=75H(01110101B)。若执行指令为 “XCHD A，@R0”，则执行结果为(20H)=01110110B=76H，(A)= 00110101B=35H。

(3) A 与片外数据存储器的传送指令 MOVX 组，共有 4 条指令：

MOVX　A，@Ri

MOVX　A，@DPTR

MOVX　@Ri，A

MOVX　@DPTR，A

这组指令的功能是实现累加器 A 与外部数据存储器或 I/O 口之间传送 1 字节数据的指令。采用间接寻址方式访问外部数据存储器，有 Ri 和 DPTR 两种方式。

- 采用 R0 或 R1 作为间址寄存器时，可寻址 256 个外部数据存储器单元，8 位地址和数据均由 P0 口分时输入和输出。这时若要访问大于 256 个单元的片外 RAM，可选用任何其他输出口线来输出高于 8 位的地址(一般选用 P2 口输出高 8 位地址)。
- 采用 16 位 DPTR 作为间址时，则可寻址整个 64 KB 片外数据存储空间，低 8 位(DPL)由 P0 口进行分时使用，高 8 位(DPH)由 P2 口输出。

例如，设工作寄存器 R0 的内容为 12H，R1 的内容为 34H，片外 RAM 34H 单元的内容为 56H。执行指令为

MOVX　A，@R1　　　　；(34H)= 56H→(A)

MOVX　@R0，A　　　　；(A)= 56H→12H 单元中

执行结果为(34H) = 56H，(12H) = 56H。

(4) A 与程序存储器传送指令 MOVC 组或称查表指令，共有两条指令：

MOVC　A，@A + PC

MOVC　A，@A + DPTR

这两条指令的功能均为从程序存储器中读取数据，执行过程相同，其差别是基址不同，因此适用范围也不同。

4. 栈操作指令组

栈操作指令组共有两条指令：

PUSH　direct

POP　direct

入栈(PUSH)操作指令又称“压栈”操作。指令执行后栈指针(SP)+1 指向栈顶单元，将直接地址单元 direct 内容送入 SP 所指示的堆栈单元。此操作不影响标志位。

例如，中断响应时(SP)=09H，DPTR 的内容为 0123H，执行入栈指令：

PUSH　DPL　　　　；DPL 为低 8 位数据指针寄存器

PUSH　DPH　　　　　　　　；DPH 为高 8 位数据指针寄存器

执行结果：第一条指令(SP)+ 1 = 0AH→(SP)，(DPL)= 23H→(0AH)；

　　　　　第二条指令(SP)+ 1 = 0BH→(SP)，(DPH)= 01H→(0BH)。

因此片内 RAM 中，(0AH)=23，(0BH)= 01H，(SP)= 0BH。

出栈操作指令又称“弹出”操作。由栈指针(SP)所寻址的片内 RAM 中栈顶的内容((SP))送入直接寻址单元 direct 中，然后执行(SP) - 1 并送入 SP。此操作不影响标志位。

例如，设(SP)=32H，片内 RAM 的 30H～32H 单元中的内容分别为 20H、23H、01H，执行下列指令：

```
POP    DPH        ; ((SP))=(32H)= 01H→DPH
                  ; (SP) – 1 = 32H – 1 = 31H→SP
POP    DPL        ; ((SP))=(31H)= 23H→DPL
                  ; (SP) – 1 = 31H – 1 = 30H→SP
POP    SP         ; ((SP))=(30H)= 20H→SP
                  ; (SP) – 1 = 1FH→SP
```

执行结果为(DPTR)=0123H，(SP)= 20H。

以上第三条指令为特殊情况，先执行(SP) – 1 = 2FH，后装入由栈顶退出的值，所以执行后(SP)= 20H。

3.9.6　算术运算类指令

算术运算类指令都是通过算术逻辑单元(ALU)进行数据运算处理的指令。它包括各种算术操作，其中有加、减、乘、除四则运算指令共 24 条。80C51 单片机还有带借位减法、比较指令。这些运算指令大大加强了 80C51 的运算能力。

除了加 1 和减 1 指令之外，算术运算结果将使进位标志(CY)、半进位标志(AC)、溢出标志(OV)置位或复位。

算术运算类指令中的源操作数与加 1、减 1 指令中的源操作对象见表 3-7 及表 3-8。

表 3-7　算术运算类指令中的源操作数

助记符	源操作数				
	B	Rn	Direct	@Ri	# data
ADD		✓	✓	✓	✓
ADDC		✓	✓	✓	✓
SUBB		✓	✓	✓	✓
MUL	✓				
DIV	✓				

表 3-8　加 1 和减 1 指令中的源操作对象

助记符	A	Rn	Direct	@Ri	DPTR
INC	✓	✓	✓	✓	✓
DEC	✓	✓	✓	✓	

1. 加法指令

加法类指令共 14 条，包括加法、带进位的加法、加 1 以及二—十进制调整这 4 组指令。

1) 加法指令

这组指令的助记符为 ADD，共有 4 条指令：

```
ADD   A，Rn           ；(A)+(Rn)→(A)
ADD   A，direct       ；(A)+(direct)→(A)
ADD   A，@Ri          ；(A)+((Ri))→(A)
ADD   A，# data       ；(A)+ #data →(A)
```

这组指令的源操作数为 Rn、direct、@Ri 或立即数，而目的操作数为累加器 A 中的内容。这组指令的功能是将工作寄存器 Rn、片内 RAM 单元中的内容、间接地址存储器中的 8 位无符号二进制数及立即数与累加器 A 中的内容相加，相加的结果仍存放在 A 中。这类指令将影响标志位 AC、CY、OV 及 P。

当和的第 3 位与第 7 位有进位时，分别将 AC、CY 标志置位，否则为 0。对于带符号运算数的溢出，当和的第 7 位与第 6 位中有一位进位而另一位不产生进位时，溢出标志 OV 置位，否则为 0。(OV)=1 表示两个正数相加，和为负数；或两个负数相加，和为正数的错误结果。

例如，设(A)=0C3H，(R0)=0AAH。

若执行指令为“ADD　A，R0”，则执行结果为(A)= 6DH，(CY)= 1，(OV)= 1，(AC)=0。

2) 带进位的加法指令

这组指令的助记符为 ADDC，共有 4 条指令：

```
ADDC   A，Rn          ；(A)←(A)+(Rn)+(CY)
ADDC   A，direct      ；(A)←(A)+(direct)+(CY)
ADDC   A，@Ri         ；(A)←(A)+((Ri))+(CY)
ADDC   A，# data      ；(A)←(A)+ # data +(CY)
```

这组指令的功能是将工作寄存器 Rn、片内 RAM 单元中的内容、间接地址存储器中的 8 位无符号二进制数及立即数与累加器 A 的内容和当前进位标志 CY 的内容相加，相加的结果仍存放在 A 中。这组指令常用于多字节加法。

这类指令将影响标志位 AC、CY、OV、P。

当和的第 3 位、第 7 位有进位时，分别将 AC、CY 标志置位，否则为 0。

例如，设(A)=0C3H，(R0)=0AAH，(CY)= 1。

若执行指令为“ADDC　A，R0”，则执行结果为(A)= 6EH，(CY)= 1，(OV)= 1，(AC)=0。

3) 加 1 指令

这组指令的助记符为 INC，共有 5 条指令：

```
INC   Rn              ；(Rn)←(Rn)+ 1
INC   direct          ；(direct)←(direct)+ 1
INC   @Ri             ；((Ri))←((Ri))+ 1
INC   A               ；(A)←(A)+1
INC   DPTR            ；(DPTR)←(DPTR)+ 1
```

这组指令的功能是将工作寄存器 Rn、片内 RAM 单元中的内容、间接地址存储器中的 8 位无符号二进制数、累加器 A 和数据指针 DPTR 的内容加 1，相加的结果仍存放在原单元中。

这类指令的执行不影响各标志位。

例如，设(R0)= 7EH，(7EH)= 0FFH，(7FH)= 40H。

若执行指令为

```
INC   @R0          ; 0FFH +1 = 00H→(7EH)
INC   R0           ; 7EH +1 = 7FH→(R0)
INC   @R0          ; 40H +1 = 41H→(7FH)
```

执行结果为(R0) = 7FH，(7EH)= 00H，(7FH)= 41H。

4) 二—十进制调整指令

该指令的助记符为 DA，只有 1 条指令：

```
DA   A
```

该指令的功能是对 BCD 码的加法结果进行调整。两个压缩型 BCD 码按二进制数相加之后，必须经此指令的调整才能得到压缩型 BCD 码的和数。

执行本指令时的操作是：

- 若$(A_{0\sim3})$>9 或(AC)= 1，则执行$(A_{0\sim3})$+ 6→$(A_{0\sim3})$；
- 若$(A_{4\sim7})$>9 或(CY)= 1，则执行$(A_{4\sim7})$+6→$(A_{4\sim7})$。

本指令是根据 A 的原始数值和 PSW 的状态，决定对 A 进行加 06H、60H 或 66H 操作的。

例如，设(A)= 0101 0110 = 56 BCD，(R3)= 0110 0111 = 67 BCD，(CY)= 1。

若执行指令为

```
ADDC   A，R3
DA   A
```

则执行情况为

执行“ADDC A，R3”：

```
      (A)  0101    0110    56    BCD
      (R3) 0110    0111    67    BCD
 +    (CY) 0000    0001    01    BCD
-----------------------------------------
           1011    1110
```

执行“DA A":

```
 +         0110    0110
-----------------------------------------
        1  0010    0100    124   BCD
```

2. 减法指令

减法类指令共 8 条，包括带借位的减法、减 1 两组指令。

1) 带借位减法指令

这类指令的助记符为 SUBB，共有 4 条指令：

```
SUBB    A，Rn          ; (A) – (Rn) – (CY)→(A)
```

```
SUBB    A，direct       ；(A) – (direct) – (CY)→(A)
SUBB    A，@Ri          ；(A) – ((Ri)) – (CY)→(A)
SUBB    A，#data        ；(A) – #data – (CY)→(A)
```

这组指令的功能是从 A 中减去进位位 CY 和指定的变量，结果(差)存 A 中。

- 若第 7 位有借位则 CY 置 1；否则 CY 清 0。若第 3 位有借位，则 AC 置 1；否则 AC 清 0。
- 若第 1 位和第 6 位中有一位需借位而另一位不借位，则 OV 置 l；OV 位用于带符号的整数减法。OV=l 表示正数减负数结果为负数，或负数减正数结果为正数的错误结果。

需要注意的是，在 80C51 指令系统中没有不带借位的减法。如果需要，可以在“SUBB”指令前，用“CLR　C”指令将 CY 清 0。

例如，设(A)= 0C9H，(R2)= 54H，(CY)=1。若执行指令为“SUBB　A，R2”，则执行结果为(A)= 74H，(CY)= 0，(AC)= 0，(OV)= 1。

2) 减 1 指令

这类指令的助记符为 DEC，共有 4 条指令：

```
DEC   Rn              ；(Rn) – 1→(Rn)
DEC   direct          ；(direct) – 1→(direct)
DEC   @Ri             ；((Ri)) – 1→((Ri))
DEC   A               ；(A) – 1→(A)
```

这组指令的功能是将工作寄存器 Rn、片内 RAM 单元中的内容、间接地址寄存器中的 8 位无符号二进制数和累加器 A 的内容减 1，相减的结果仍存放在原单元中。

这类指令的执行不影响各标志位。

需要注意的是，执行对并行 I/O 口的输出内容减 1 操作，是将该口输出锁存器的内容读出并减 1，再写入锁存器，而不是对该输出引脚上的内容进行减 1 操作。

例如，设(R0)=7FH，(7EH)=00H，(7FH)=40H。若执行指令为

```
DEC   @R0             ；(7FH) – 1 = 40H – 1 = 3FH→(7FH)
DEC   R0              ；(R0) – 1 = 7FH – 1 = 7EH→(R0)
DEC   @R0             ；(7EH) – 1 = 00H – 1 = 0FFH→(7EH)
```

则执行结果为(R0)= 7EH，(7EH)=0FFH，(7FH)=3FH。

3. 乘法指令

乘法指令的助记符为 MUL，只有 1 条指令：

```
MUL   AB
```

乘法指令的功能是将 A 和 B 中两个无符号 8 位二进制数相乘，所得的 16 位积的低 8 位存放于 A 中，高 8 位存放于 B 中。如果乘积大于 255，即高位 B 不为 0，则 OV 置 1 ；否则，OV 清 0，CY 总是清 0。

例如，设(A)=50H(80)，(B)=0A0H(160)。若执行指令为“MUL　AB”，则执行结果为乘积 3200H(12800)，(A)=00H，(B)= 32H，(OV)=1，(CY)=0。

4. 除法指令

除法指令的助记符为 DIV，只有 1 条指令：

DIV AB

除法指令的功能是将 A 中无符号 8 位二进制数除以 B 中的无符号 8 位二进制数，所得商的二进制数部分存放于 A，余数部分存放于 B 中，并将 CY 和 OV 清 0。当除数(B)=0 时，结果不定，则 OV 置 1。但 CY 总是清 0。

例如，设(A)=0FBH(251)，(B)=12H(18)。若执行指令为“DIV AB”，则执行结果为(A)=0DH(商 13)，(B)= 11H(余数 17)，(OV)=0，(CY)=0。

算术运算类指令汇总见附录表 A-3。

3.9.7 逻辑运算类指令

逻辑运算类指令包括：与、或、异或、清除、求反、移位等操作，共有 25 条指令。

按参与运算的操作数的个数，可分为单操作数逻辑运算和双操作数逻辑运算两类。

1. 单操作数逻辑运算指令

单操作数逻辑运算指令的操作对象都是累加器 A，包括清 0、取反、循环左移、带进位循环左移、循环右移、带进位循环右移和半字节互换指令，共有 7 条。

1) 累加器清 0 指令：CLR A

该指令对进行累加器清 0。此操作不影响标志位。

例如，设(A)= 44H，执行“CLR A”指令，执行结果为(A)= 00H。

2) 累加器取反指令：CPL A

该指令对进行累加器的内容逐位取反，结果仍存在 A 中。此操作不影响标志位。

例如，设(A)= 21H，执行“CPL A”指令，执行结果为(A)= 0DEH。

3) 循环右移指令：RR A

该指令将累加器的内容逐位循环右移 1 位，并且 a0 的内容移到 a7，如图 3-19(a)所示。此操作不影响标志位。

例如，设(A)= 0A6H(10100110B)，执行“RR A”指令，执行结果为(A)= 53H (01010011B)。

4) 带进位循环右移指令：RRC A

该指令将累加器的内容和进位位一起循环右移 1 位，并且 a0 移入进位位 CY，CY 的内容移到 a7，如图 3-19(b)所示。此操作不影响 CY 之外的标志位。

例如，设(A) = 0B4H(10110100B)，(CY) = 1，执行“RRC A”指令，执行结果为(A)=0DAH(11011010B)，(CY)= 0。

5) 循环左移指令：RL A

该指令将累加器的内容逐位循环左移 1 位，并且 a7 的内容移到 a0，如图 3-19(c)所示。此操作不影响标志位。

例如，设(A)= 3AH(00111010B)，执行“RL A”指令，执行结果为(A)= 74H (01110100B)。

6) 带进位循环左移指令：RLC A

该指令将累加器的内容和进位位一起循环左移 1 位，并且 a7 移入进位位 CY，CY 的内容移到 a0，如图 3-19(d)所示。此操作不影响 CY 之外的标志位。

例如，设(A)=3AH(00111010B)，(CY)=1，执行“RLC A”指令，执行结果为(A)=75H(01110101B)，(CY)=0。

7) 累加器半字节互换指令：SWAP　A

SWAP 指令是将累加器 A 的低半字节(a3～a0)内容与高半字节(a7～a4)内容互换，如图 3-20 所示。此操作不影响标志位。

例如：设(A)= 36H(00110110B)，执行“SWAP　A”指令，执行结果为(A)=63H(01100011B)。

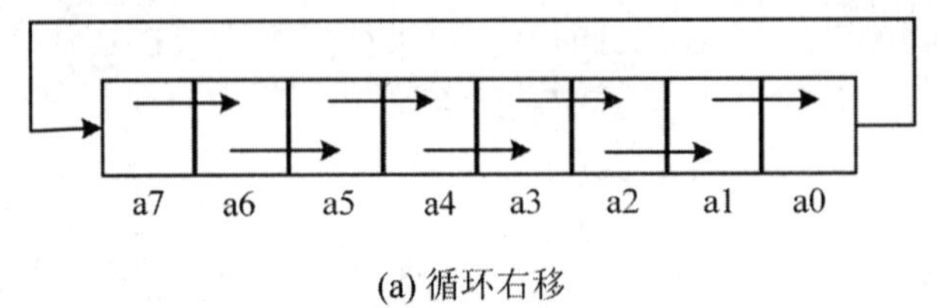

(a) 循环右移

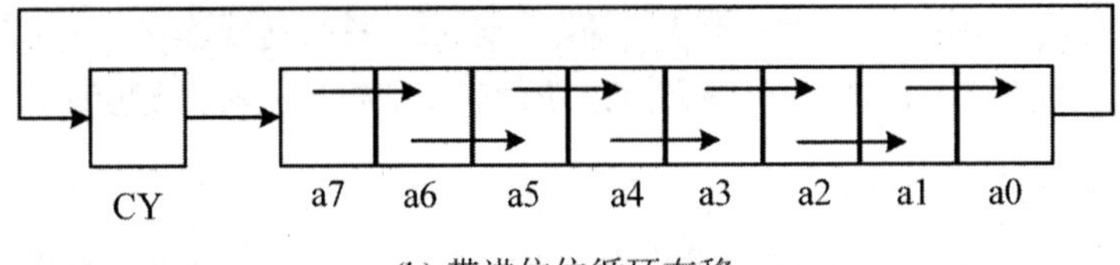

(b) 带进位位循环右移

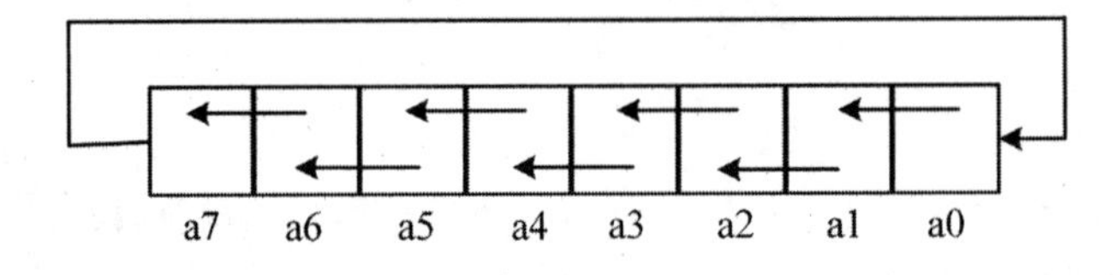

(c) 循环左移

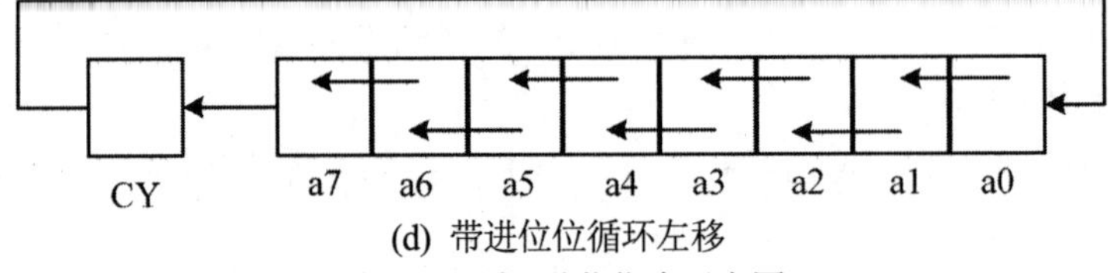

(d) 带进位位循环左移

图 3-19　循环移位指令示意图

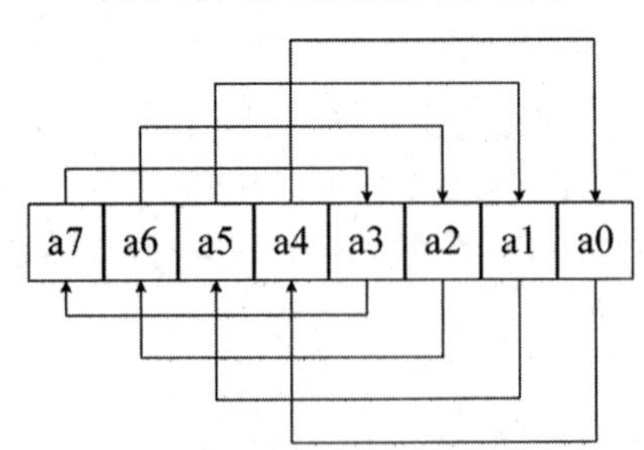

图 3-20　累加器半字节互换指令示意图

2. 双操作数逻辑运算指令

双操作数逻辑运算指令包括：ANL(逻辑“与”)、ORL(逻辑“或”)及 XRL(逻辑“异或”)三类操作，共 18 条指令。

在指令中包含有两个操作数：

第一操作数　A，direct

第二操作数　A，Rn，direct，#data，@Ri

两个操作数之间的配合关系如表 3-9 所示。

表 3-9　两个操作数之间的配合关系

第一操作数	第二操作数				
	A	Rn	direct	@Ri	#data
A		√	√	√	√
direct	√				√

这组指令的特点如下。

- 两个操作数的 ANL、ORL 及 XRL 对于 8 位是逐位进行的。
- 两个操作数的逻辑运算结果存在第一操作数中。
- 若是对口的操作，即为“读—改—写”。
- 操作不影响标志位。

1) 逻辑“与”运算指令

这组指令的助记符为 ANL，共有 6 条指令：

```
ANL    A，Rn              ；(A)←(A)∧(Rn)
ANL    A，direct          ；(A)←(A)∧(direct)
ANL    A，@Ri             ；(A)←(A)∧((Ri))
ANL    A，#data           ；(A)←(A)∧ #data
ANL    direct，A          ；(direct)←(direct)∧(A)
ANL    direct，#data      ；(direct)←(direct)∧ # data
```

例如，设(A)= 0A3H(10100011B)，(R0)= 0AAH(10101010B)。

若执行指令为“ANL　A，Rn”，则执行结果为(A)= 0A2H(10100010B)。

逻辑“与”运算指令用作清除。

2) 逻辑“或”运算指令

这组指令的助记符为 ORL，共有 6 条指令：

```
ORL    A，Rn              ；(A)←(A)∨(Rn)
ORL    A，direct          ；(A)←(A)∨(direct)
ORL    A，@Ri             ；(A)←(A)∨((Ri))
ORL    A，#data           ；(A)←(A)∨ #data
ORL    direct，A          ；(direct)←(direct)∨ (A)
ORL    direct，#data      ；(direct)←(direct)∨ #data
```

例如，设(A)= 0A3H(10100011B)，(R0)= 045H(01000101B)。

若执行指令为“ORL　A，R0”，则执行结果为(A)= 0E7H(11100111B)。

逻辑“或”运算指令用作置位。

3) 逻辑“异或”运算指令

这组指令的助记符为 XRL，共有 6 条指令：

```
XRL    A，Rn              ；(A)←(A)⊕(Rn)
XRL    A，direct          ；(A)←(A)⊕(direct)
XRL    A，@Ri             ；(A)←(A)⊕((Ri))
```

XRL　A，#data　　　　　；(A)←(A)⊕ #data

XRL　direct，A　　　　　；(direct)←(direct)⊕(A)

XRL　direct，#data　　　；(direct)←(direct)⊕ #data

例如，设(A)= 0A3H(10100011B)，(R0)= 045H(01000101B)。

若执行指令为“XRL　A，R0”，则执行结果为(A)= 0E6H(11100110B)。

3.9.8　控制转移类指令

为了适应复杂的控制系统的需要，80C51 设有丰富的控制转移指令。控制转移指令共有 17 条，可分为无条件转移、调用和返回、条件转移、循环转移及空操作指令。

1. 无条件转移指令

这类指令共有 4 条：

SJMP　rel

AJMP　addr11

LJMP　addr16

JMP　@A + DPTR

这些指令的功能是程序无条件地转移到各自指定的目标地址去执行，不同的指令形成的目标地址不同。

1) 相对转移(SJMP)指令

它的目标地址是由 PC(程序计数器)的当前值和指令的第二字节带符号的相对地址相加而成的。指令可转向指令前 128 字节或指令后 127 字节。

例如，设(PC)= 0101H，转入地址为标号 RELADR 所指的单元 0123H，因此：

rel= 0123H – (0101H + 2)= 20H

若执行指令为“SJMP　RELADR”，则执行结果为(PC)+ 2 + rel= 0101H + 2 + 20H = 0123H。因此，程序转向 0123H 单元执行。

2) 短转移(AJMP)指令

它提供 11 位地址，目标地址由指令第一字节的高三位 A10～A8 和指令第二字节的 A7～A0 所组成。因此，程序的目标地址必须包含 AJMP 指令后第一条指令的第一字节在内的 2 KB 范围内。

例如，设(PC)= 0456H，标号 JMPADR 所指的单元 0123H。若执行指令为“AJMP　JMPADR”，则执行结果为(PC)=0123H。因此，程序转向 0123H 单元执行。

3) 长转移(LJMP)指令

它提供 16 位地址，目标地址由指令第二字节和第三字节组成。因此，程序转向的目标地址可以包含程序存储器的整个 64 KB 空间。

例如，设(PC)= 0123H，标号 JMPADR 所指的单元 3456H。若执行指令为“LJMP JMPADR”，则执行结果为(PC)=3456H。因此，程序转向 3456H 单元执行。

4) 间接转移(JMP)指令

它的目标地址是将累加器 A 中的 8 位无符号数与数据指针 DPTR 的内容相加而得。相加运算不影响累加器 A 和数据指针 DPTR 的原内容。若相加的结果大于 64 KB，则从程序存储器的零地址往下延续。

例如，设(A)=5，(DPTR)=4567H。若执行指令为“JMP　@A + DPTR”，则执行结果为(PC)=(A)+(DPTR)=4567H + 5H= 456CH。因此，程序转向 456CH 单元执行。

注意：这 4 条指令的执行均不影响标志位。

2. 调用和返回指令

这类指令共有 4 条：

ACALL　addr11

LCALL　addr16

RET

RETI

1) 短调用(ACALL)指令

其无条件地调用首地址为 addr11 处的子程序。

执行时，把 PC 加 2 以获得下一条指令的地址，将这 16 位的地址压进堆栈(先 PCL，后 PCH)，同时栈指针加 2。然后将指令提供的 11 位目标地址，送入 PC10～PC0，而 PC15～PC11 的值不变，程序转向子程序的首地址开始执行。目标地址由指令第一字节的高 3 位和指令第二字节所组成。所以，所调用的子程序的首地址必须与 ACALL 后面指令的第一字节在同一个 2KB 区域内。本指令的执行不影响标志位。

例如，设(SP)=60H，(PC)=0123H，子程序 SUBRTN 的首地址为 0456H。若执行指令为“ACALL SUBRTN”，则执行结果为

$$(PC)+2 = 0123H + 2 = 0125H \rightarrow (PC)$$

将(PC)压入堆栈：25H 压入(SP)+1 = 61H，01H 压入(SP)+1 = 62H，此时(SP)=62H。

2) 长调用(LCALL)指令

它无条件地调用首地址为 addr16 处的子程序。

执行时，把 PC 加 3 以获得下一条指令的地址，将这 16 位的地址压进堆栈(先 PCL，后 PCH)，同时栈指针加 2。然后将指令第二和第三字节所提供的 16 位目标地址送入 PC15～PC0，程序转向子程序的首地址开始执行。

所调用的子程序的首地址可以在 64 KB 范围内。

本指令的执行不影响标志位。

例如，设(SP)=60H，(PC)=0123H，子程序 SUBRTN 的首地址为 0456H。若执行指令为“LCALL SUBRTN”，则执行结果为

$$(PC)+3 = 0123H + 3 = 0126H \rightarrow (PC)。$$

将(PC)压入堆栈：26H 压入(SP)+1 = 61H，01H 压入(SP)+1 = 62H，此时(SP) = 62H。

3) 子程序返回(RET)指令

它执行时表示结束子程序，返回调用指令 ACALL 或 LCALL 的下一条指令，继续往下执行。

执行时，将栈顶断点的地址送入 PC，并把栈指针减 2。本指令的操作不影响标志位。

例如，设(SP)= 62H，RAM 中的(62H)=01H，(61H)= 26H。若执行指令为“RET”，则执行结果为(SP)= 60H，PC = 0126H。

4) 中断返回(RETI)指令

本指令执行从中断程序的返回，并清除内部相应的中断状态寄存器。因此，中断服务程序必须以 RETI 为结束指令。CPU 执行 RETI 指令后至少再执行一条指令，才能响应新的中断请求。

例如，设(SP)= 62H，中断时断点是 0123H，RAM 中的(62H)= 01H，(61H)= 23H。若执行指令为“RETI”，则执行结果为(SP)= 60H，PC = 0123H。所以程序回到断点 0123H 处继续执行。

3. 条件转移指令

这类指令共有 6 条：

```
JZ      rel
JNZ     rel
CJNE    A，direct，rel
CJNE    A，#data，rel
CJNE    Rn，#data，rel
CJNE    @Ri，# data，rel
```

可以看出，这类指令都是以相对转移的方式转向目标地址的。偏移量 rel 的计算方法是：

rel = 目标地址 − PC 的当前值

偏移量 rel 是用补码形式表示的带符号的 8 位数，因此，程序转移的目标地址为指令前 128 字节或指令后 127 字节。

这些指令执行后不影响任何操作数和标志位。

这 6 条指令可分为判零转移指令和比较转移指令两部分。

1) 零转移(JZ、JNZ)指令

指令分别对累加器 A 的内容为全零或不为全零进行判别并转移，当满足各自条件时，程序转向指定的目标地址执行；当不满足各自条件时，程序继续往下执行。

例如：设(A)= 01H。

执行指令为

```
JZ      LABEL1          ；因为(A)≠0，程序继续执行
DEC     A               ；(A) − 1 = 00H
JZ      LABEL2          ；因为(A)=00H，程序转向标号 LABEL2 指示的地址执行
```

若第一条指令的地址为 100，LABEL1 和 LABEL2 的地址分别为 50、150，则第一条和第三条指令的偏移量分别为：

第一条指令(PC)+2 = 102，又根据 102 + rel1 = 50，所以 rel1 = 50 − 102 = − 52，即 − 34H = − 00110100B，它的补码形式为 0CCH(11001100B)。

第三条指令(PC)+2 = 103+2 = 105，LABEL2 = 150，所以 rel2 = 150 − 105=45 = 2DH。

2) 比较转移指令

这组指令共有 4 条：

```
CJNE    A，direct，rel
CJNE    A，#data，rel
CJNE    Rn，# data，rel
```

CJNE　@Ri，# data，rel

其指令格式为：

CJNE　<目的字节>，<源字节>，rel

其中源操作数与目的操作数的关系如表 3-10 所示。

这组指令的功能是对指定的目的字节和源字节两操作数进行比较。

若它们的值不等，则程序转移到 PC 当前值(即 PC+2)再加第三字节带符号的 8 位偏移量(rel)所指的目标地址。若目的字节的数大于源字节的数，则清进位标志(CY)；否则，置位进位标志(CY)。

表 3-10　CJNE 指令中源操作数与目的操作数的关系

目的操作数	源操作数	
	direct	# data
A	√	√
Rn		√
@Ri		√

若它们的值相等，程序继续执行。指令流程图如图 3-21 所示。程序转移的范围是从(PC)+3 为起始的 -128～+127 的单元地址。

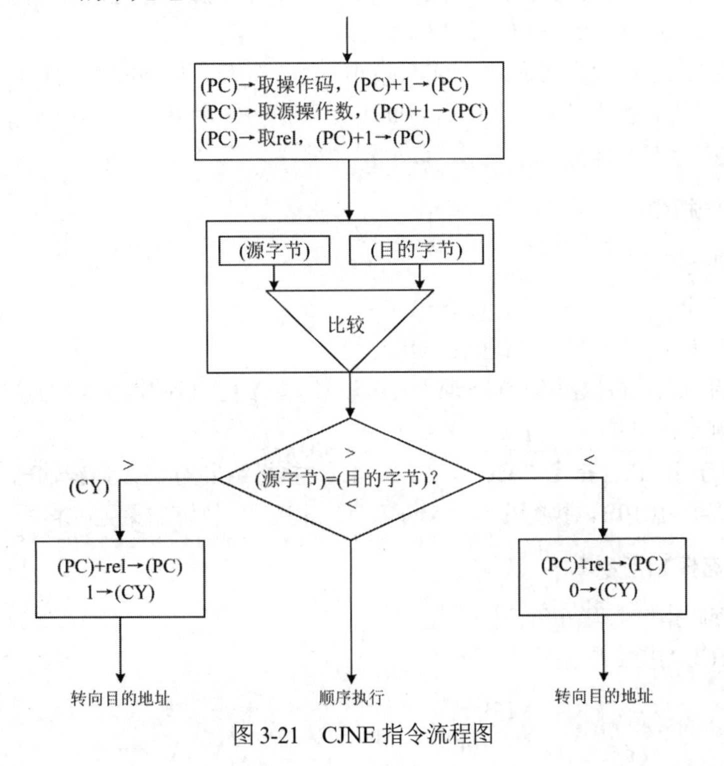

图 3-21　CJNE 指令流程图

4. 循环转移指令

这类指令共有 2 条：

DJNZ　Rn，rel

DJNZ　direct，rel

这些指令的功能是，每执行一次本指令，将指定的Rn或direct的内容减1，并判别其内容是否为0。若不为0，则转向目标地址，继续执行循环程序；若为0，则结束循环程序段，程序往下执行。

当direct所指示的变量为I/O口时，该变量应读自该口的输出锁存器，而不是引脚。

5. 空操作指令

这类指令只有1条：

NOP

本指令不做任何操作，仅将程序计数器PC加1，使程序继续往下执行。

它为单周期指令，在时间上仅占用一个机器周期，常用于延时或时间上等待一个机器周期的时间以及程序留空。

3.9.9 布尔(位)操作类指令

80C51单片机内部有一个布尔(位)处理器，对位地址空间具有丰富的位操作指令。布尔(位)操作类指令共有17条，包括布尔传送指令、布尔状态控制指令、布尔(位)逻辑操作指令及布尔(位)条件转移指令。

在指令中，CPU状态寄存器中的进位位CY作为布尔累加器。位地址可用以下方式表示。

- 直接用位地址0～255或0～0FFH表示。
- 采用字节地址位数方式表示，两者之间用“.”隔开，如20H.0、1FH.7等。
- 采用寄存器名加位号表示，两者之间用“.”隔开，如P1.5、PSW.5等。
- 采用位寄存器的定义名称表示，如F0。

1. 布尔传送指令

这类指令共有2条：

```
MOV   C，bit          ；(C)←(bit)
MOV   bit，C          ；(bit)←(C)
```

本类指令的功能是将源操作数(位地址或布尔累加器)送到目的操作数(布尔累加器或位地址)中。操作不影响C之外的标志位。

例如，设(C)=1，执行指令“MOV　P1.3，C”，执行结果为P1.3口线输出“1”。再如，设P1口的内容为00111010B，执行指令“MOV　C，P1.3”，执行结果为(C)= 1。

2. 布尔状态控制指令

布尔状态控制指令共有6条。

1) 位清除(CLR)指令(2条)

```
CLR   C               ；(C)← 0
CLR   bit             ；(bit)← 0
```

指令的功能是将C或指定位(bit)清0。操作不影响C之外的标志位。例如，设P1口的内容为00111010B，执行指令“CLR　P1. 3”，执行结果为P1.3 = 0，即P1 = 00110010B。

2) 置位(SETB)指令(2 条)

```
SETB  C          ; (C)←1
SETB  bit        ; (bit)←1
```

指令的功能是将 C 或指定位(bit)置 1。操作不影响 C 之外的标志位。例如，设(C)=0，P1 口的内容为 00111010B。若执行指令为

```
SETB  P1.0
SETB  C
```

则执行结果为(C)= 1，P1.0=1，即 P1 = 00111011B。

3) 位取反(CPL)指令(2 条)

```
CPL  C           ; (C)←(/C)
CPL  bit         ; (bit)←(/bit)
```

指令的功能是将 C 或指定位(bit)取反。操作不影响 C 之外的标志位。例如，设(C)=0，P1 口的内容为 00111010B。若执行指令为

```
CPL  P1.0
CPL  C
```

则执行结果为(C)= 1，P1.0=1，即 P1 = 00111011B。

3. 布尔(位)逻辑操作指令

布尔(位)逻辑操作指令共有 4 条。

1) 位逻辑“与”(ANL)操作指令(2 条)

```
ANL  C，bit      ; (C)←(C)∧(bit)
ANL  C，/bit     ; (C)←(C)∧(/bit)
```

指令的功能是将指定位(bit)的内容或指定位内容取反后(原内容不变)与 C 的内容进行逻辑与运算，结果仍存放于 C 中。操作不影响 C 之外的标志位。

例如，设(C)= 1，P1 口的内容为 00111010B，(ACC.7)= 0。若执行指令为

```
ANL  C，P1.0     ; (C)= 0
ANL  C，ACC.7    ; (C)= 0
```

则执行结果为(C)=0，P1.0 = 0，即 P1 = 00111010B，(ACC. 7)=0。

2) 位逻辑“或”(ORL)操作指令(2 条)

```
ORL  C，bit      ; (C)←(C)∨(bit)
ORL  C，/bit     ; (C)←(C)∨(/bit)
```

指令的功能是将指定位(bit)的内容或指定位内容取反后(原内容不变)与 C 的内容进行逻辑或运算，结果仍存放于 C 中。操作不影响 C 之外的标志位。

例如，设(C)= 1，P1 口的内容为 00111010B，(ACC. 7)=0。若执行指令为

```
ORL  C，P1.0     ; (C)= 1
ORL  C，ACC.7    ; (C)= 1
```

则执行结果为(C)= 1，P1.0 = 0，即 P1 = 00111010B，(ACC. 7)=0。

4. 布尔(位)条件转移指令

布尔(位)条件转移指令共有 5 条。

1) 布尔累加器条件转移指令(2 条)

JC　rel

JNC　rel

指令的功能是对 C 进行检测，当(C)=l 或(C)= 0 时，程序转向 PC 当前值(即 PC+2)与第二字节中带符号的相对地址(rel)之和的目标地址，否则程序往下顺序执行。因此转移的范围是 -128～127 字节。操作不影响标志位。

例如，设(C)= 0。若执行指令为

JC　LABEL1

CPL　C

JC　LABEL2

则执行结果为：进位位取反变为 1，程序转向 LABEL2 单元执行。

又如，设(C)= 1。若执行指令为

JNC　LABEL1

CLR　C

JNC　LABEL2

执行结果为：进位位清为 0，程序转向 LABEL2 单元执行。

2) 判位变量转移指令(2 条)

JB　bit，rel

JNB　bit，rel

指令的功能是检测指定位，当位变量分别为 1 或 0 时，程序转向 PC 当前值与第二字节中带符号的相对地址(rel)之和的目标地址，否则程序往下顺序执行。因此转移的范围是 -128～127 字节。操作不影响标志位。

例如，设累加器 A 中的内容为 0FEH(11111110B)。若执行指令为

JB　ACC.0，LABEL1

JB　ACC.1，LABEL2

则执行结果为：程序转向 LABEL2 单元执行。

又如，设累加器 A 中的内容为 0FEH(11111110B)。若执行指令为

JNB　ACC.1，LABEL1

JNB　ACC.0，LABEL2

则执行结果为：程序转向 LABEL2 单元执行。

3) 判位变量转移并清 0 指令(1 条)

JBC　bit，rel

指令的功能是检测指定位，当位变量为 1 时，则将该位清 0，并且程序转向 PC 当前值与第二字节中带符号的相对地址(rel)之和的目标地址，否则程序往下顺序执行。因此转移的范围是 -128～127 字节。操作不影响标志位。

例如，设累加器 A 中的内容为 07FH(0111111B)。若执行指令为

JBC　ACC.7，LABEL1

JBC　ACC.6，LABEL2

则执行结果为：程序转向 LABEL2 单元执行，并将 ACC.6 位清为 0，于是(A)=3FH (00111111B)。

习题

1. 用示波器判断 80C51 是否正在工作，其最简洁也是最具可操作性的方法是什么？

2. 80C51 单片机的 $\overline{\text{EA}}$ 信号有何功能？在使用 8031 时，信号引脚应如何处理？

3. 在实际应用中，什么场合需要用到 80C51 单片机的 $\overline{\text{PSEN}}$ 信号线？它起什么作用？与之配合的还需要一个什么控制信号？

4. 开机复位后，80C51 的 CPU 使用的是哪组工作寄存器？它们的地址分别是什么？CPU 如何确定和改变当前工作寄存器组？

5. 在指令中位地址 7CH 与字节地址 7CH 如何区分？位地址 7CH 具体在片内 RAM 中的什么位置？

6. 什么叫堆栈？堆栈指针 SP 的作用是什么？80C51 单片机堆栈的容量不能超过多少字节？80C51 单片机的堆栈与 8086 的堆栈有何区别？

7. 80C51 有几种低功耗方式？在实际应用中是如何实现的？

8. 80C51 的片内 RAM 中，已知(30H)= 38H，(38H)= 40H，(40H)= 48H，(48H)= 90H。分析下面各条指令，说明源操作数的寻址方式，按顺序执行各条指令后的结果。

```
MOV   A，40H
MOV   R0，A
MOV   P1，#0F0H
MOV   @R0，30H
MOV   DPTR，#3848H
MOV   40H，38H
MOV   R0，30H
MOV   D0H，R0
MOV   18H，#30H
MOV   A，@R0
MOV   P2，P1
```

9. 现需将外部数据存储器 200DH 单元中的内容传送到 280DH 单元中，请设计程序。

10. 在执行后续的程序前，已知当前 PC(程序计数器)值为 1010H，请用两种方法编写后续程序，将程序存储器 10FFH 中的常数送入累加器 A。

11. 请用位操作指令，求下列逻辑方程：

① P1.7 = ACC.0×(B.0 + P2.0)+P3.0

② PSW.5 = P1.0×ACC.2 + B.6×P1.4

③ PSW.5 = Pl.7×B.4+ C+ACC.7×P1.0

12. 设 R0 的内容为 32H，A 的内容为 48H，而片内 RAM 的 32H 单元的内容为 80H，40H 单元的内容为 08H。请指出在执行下列程序段后，上述各单元的内容变化。

```
MOV   A，@R0
MOV   @R0，40H
MOV   40H，A
MOV   R0，#35
```

☙ 第 4 章 ❧

80C51单片机外设功能及应用

单片机内部集成了丰富的接口功能单元，随着单片机技术的发展，各种常规和专用的功能单元越来越多地集成在芯片内部，为设计者提供了解决工程应用问题的技术手段。如何应用好这些内部集成的资源，成为单片机应用系统设计的基本问题之一。本章将重点介绍 80C51 单片机的并行 I/O 接口、中断系统、定时器/计数器和串行接口的结构、工作原理和应用方法。

4.1 I/O 接口概述

通常将输入/输出(In/Out)设备称为 I/O 设备。在微型计算机中，常见的 I/O 设备有键盘、鼠标、显示器、打印机、绘图仪、调制解调器等。在一些控制场合，还会用到模/数转换器、数/模转换器、发光二极管、数码管、按钮和开关等。这些位于处理器芯片外的外部设备在工作原理、驱动方式、信息格式以及工作速度等方面彼此差别很大，在处理数据时，其速度也比系统慢很多。所以，它们必须经过中间电路再与系统相连，这部分中间电路称为 I/O 接口电路，简称 I/O 接口。也就是说，I/O 接口是位于系统与外设之间用来协助完成数据传送及传送控制的电路。在 PC 中，包括主板上的可编程接口芯片，以及插在 I/O 插槽中用来连接 I/O 设备的插卡，或称适配器，这些都属于接口电路。在嵌入式处理器中，则是引脚功能控制器或扩展的输入输出控制电路。

4.1.1 I/O 接口的主要功能

为了实现 CPU 与外部设备进行高效、可靠的信息交换，I/O 接口应具备如下功能。

1. 数据缓冲功能

I/O 接口电路中一般都设置缓冲寄存器或锁存器，以解决高速主机与低速外设之间速度不匹配的问题，避免主机与外设速度不匹配而丢失数据。“缓冲”只是一个笼统的说法，在各种具体的应用场合，其含义可能是指锁存、缓冲、隔离、驱动或者它们的组合。

(1) 由于 CPU 的速度快，而外设的速度与 CPU 相比较而言是慢的，因此在输出接口中，一般会安排一个锁存环节(如锁存器或缓冲器)，以便将数据暂时锁存起来，使较慢的设备有足够的时间进行处理，此时 CPU 可以去做别的工作。

(2) 由于某个时刻只能有一个设备向总线发送数据，因此在输入接口中，至少要安排一个隔离环节(如三态门)，只有当 CPU 选通时，才允许被选中的设备将数据传送到系统总线，此时没有被 CPU 选中的其他输入设备与数据总线隔离。

2. 信号变换功能

计算机直接处理的信号为一定范围内的数字量、开关量和脉冲量，由于各种外设的功能和用途不同，它所提供的数据的状态、格式和控制信号的电平往往与系统总线不兼容，因此，在数据输入/输出时，必须通过 I/O 接口电路将它们转变成适合对方能够处理和控制的形式。例如，将电平信号转变为电流信号，将弱电信号转变为强电信号，将数字信号转变为模拟信号，将并行数据格式转变为串行数据格式等。

3. 设备的选择功能

设备的选择功能也就是常说的对 I/O 端口进行寻址的功能，这里的端口主要指 I/O 接口电路中的寄存器。一个微机系统中可能有多个外设，一个外设可能有多个端口(Port)，各端口分别保存不同的信息，只有被选中的端口才能与 CPU 交换数据信息。所以需要用地址来区别这些不同的端口，I/O 接口电路的任务之一就是对各 I/O 设备的端口进行译码寻址。

4. 提供信息交换的握手信号

为了保证 CPU 和 I/O 设备数据传输的可靠，在进行数据传输过程中，需要提供一定的联络信号，如反映存储器或锁存器“空”“满”“准备好”“忙”“不忙”等状态信息。

5. 可编程功能

接口电路本身属于硬件，为了实现接口电路应用的灵活性和可扩充性，其工作往往需要软件的参与和配合。这样就可以在不改变硬件电路的情况下，只要改变驱动程序就可以改变接口电路的工作方式，这样就大大增加了接口的灵活性和可扩充性，所以需要组成接口的电路具有可编程功能。

由于各种 I/O 设备性能差异很大，因此不同的 I/O 接口功能和结构也可能有很大的区别。I/O 接口电路可以很简单，例如，一个触发器或一个三态缓冲器就可以构成一位长的 I/O 接口。但也有功能很强、结构很复杂的接口电路，例如，在某些接口中，采用微处理器、单片机、局部存储器等芯片，通过可编程控制有关操作，其处理功能大大超出了纯硬件的接口，这样的接口也常称为智能接口。

4.1.2　I/O 接口电路的基本模型

1. 内部结构

I/O 接口电路的基本结构如图 4-1 所示。

在 I/O 接口电路基本结构的内部包含有 3 类可寻址的寄存器。在 I/O 接口电路中，这 3 类可操作的寄存器分别称为数据端口、状态端口和控制端口，简称数据口、状态口和控制口。数据端口可以是双向的，状态端口只作输入操作，控制端口只作输出操作。对应这三类端口的信息有数据信息、状态信息和控制信息。

(1) 数据寄存器：在输入时，它用于保存从外设发往 CPU 的数据，称数据输入寄存器；在输出时，它用于保存从 CPU 发往外设的数据，称数据输出寄存器。有些数据寄存器，同时支持输入和输出，它们共享同一个端口地址，通过读/写控制可分别打开不同的“门”来访问数据输入寄存器和数据输出寄存器。

(2) 状态寄存器：用于保存外设状态的数据，CPU 可从中读取当前接口电路的状态，其状态实际上间接反映了外设的状态。如 BUSY(忙信号)、READY(就绪、准备好)信号来表示外设所处的状态。

(3) 控制寄存器：用于保存 CPU 对外设的控制数据，CPU 向其中写入命令来实现对接口电路工作方式的选择，并控制外设进行有关操作。

数据信息是 CPU 和 I/O 设备交换的基本信息，通常是 8 位或 16 位。数据在输入过程中，数据信息由外设经过外设和接口之间的数据线进入接口，再到达系统的数据总线(DB)，然后送入 CPU。在输出过程中，数据信息从 CPU 经过数据总线进入接口电路的数据端口，再通过外设和接口之间的数据线，到达外设。

状态信息反映了当前外设的工作状态，它是由外设通过接口电路的状态端口经数据总线送入 CPU 的。对于输入设备来说，用 READY 状态信号来表示待输入的数据是否准备就绪。对于输出设备来说，用 BUSY 信号来表示输出设备是否处于空闲状态，如空闲，则可接收 CPU 送来的数据信息，否则不能接收 CPU 送来的数据信息并让 CPU 等待。

控制信息是 CPU 通过接口电路的控制端口送给外设的。CPU 通过发送控制信息控制外设的工作。外设种类不同，控制信息的具体内容也各不相同。

这三类信息通常是利用系统总线在 CPU 与接口之间进行传送。注意：每类端口的数量可能不止一个。

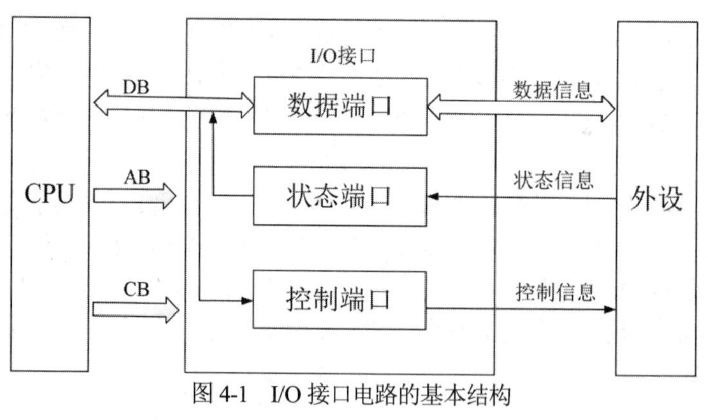

图 4-1　I/O 接口电路的基本结构

2. 外部特性

接口电路的外部特性由其引脚信号来体现。

(1) 面向 CPU 一侧的信号用于连接 CPU，其中包括数据线、地址线和控制线。它们与 CPU 的连接同存储器与 CPU 的连接相类似，需要注意处理好地址译码和读/写控制。

(2) 面向外设一侧的信号用于连接外设。由于外设种类繁多，其工作方式和所用信号可能各不相同，因此与外设的连接需要针对具体的外设来进行讨论。

4.1.3　I/O 端口的编址

对 I/O 端口进行地址编排时可以考虑两种方案。一种方案是将 I/O 端口与存储器统一编址，共享一个地址空间，如 M6800 系统的做法。另一种方案是将 I/O 端口单独编址，让它的地址空间独立于存储器地址空间，如 8086/8088 系统的做法。两种做法各有其优缺点。在使用嵌入式处理器系统中，芯片上的 I/O 接口已编有固定的地址，故不用考虑，只有在扩展 I/O 接口时，需要自行编排地址。

1. I/O 端口与存储器统一编址

I/O 端口与存储器单元统一编址，也称为存储器映像(Memory Mapped) I/O 方式，即把每个 I/O 端口都当作一个存储器单元看待，将 I/O 端口的地址映射(Mapping)到存储器空间。I/O 端口与存储器单元在同一个地址空间中进行统一编址，通常，是在整个地址空间中划分出一小块连续的地址分配给 I/O 端口。被分配给 I/O 端口的地址，存储器不能再使用。内存映射与 I/O 映射编址如图 4-2(a)所示。

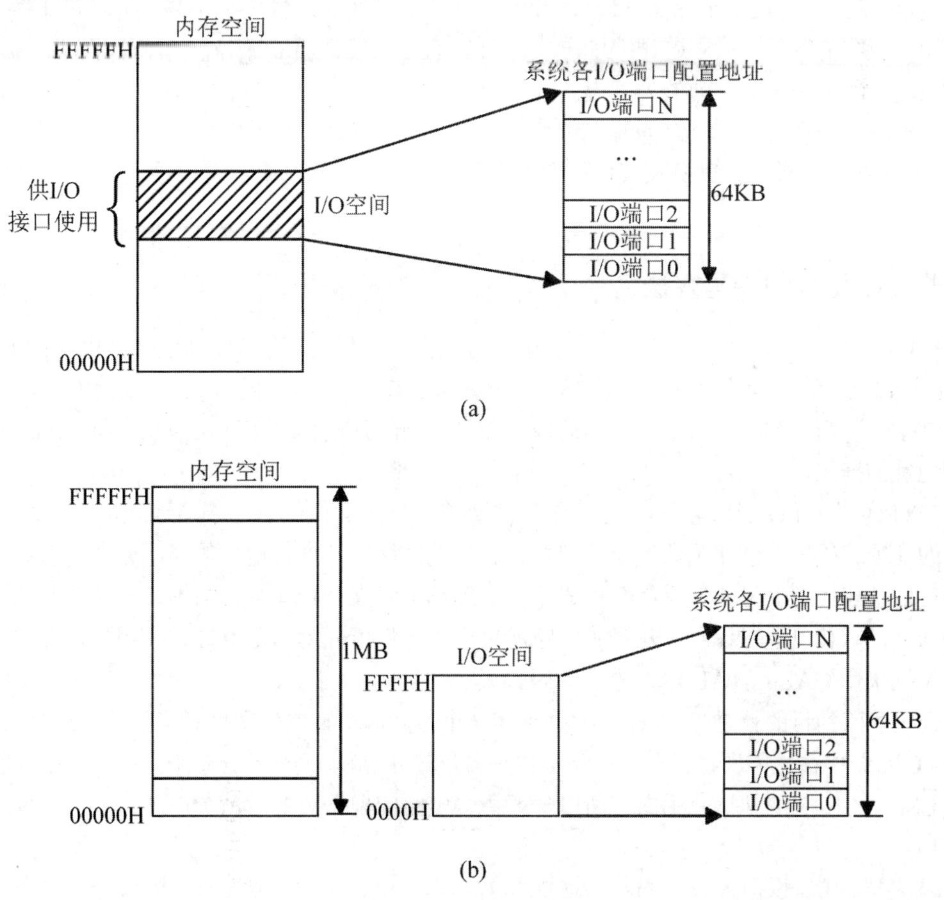

图 4-2　I/O 端口的编址

采用这种编址方式，I/O 端口和存储器共享同一个地址空间，CPU 不再区分 I/O 端口访问和存储器访问。所以，CPU 不再需要单独设计访问 I/O 的信号和指令。由于微机对存储器寻址的手段比较丰富，因此 I/O 访问也变得相对灵活。其缺点是，I/O 端口会占用部分存储器的地址空间，使有效的内存容量减少，不便于计算机的并行操作。另外，访问外设的指令不易辨认，造成程序不易阅读。这种寻址方式在目前的微型计算机系统中已不再使用。

2. I/O端口独立编址

I/O端口独立编址，也称为I/O隔离编址或I/O指令寻址方式，即I/O端口地址区域和存储器地址区域分别各自独立编址。访问I/O端口使用专门的I/O指令，而访问内存则使用MOV、ADD等指令。CPU在寻址内存和外设时，它使用不同的控制信号来区分当前是对内存操作还是对I/O操作。在单CPU模式时，当前的操作是由IO/$\overline{\text{M}}$信号电平的高低来区分操作对象的。当IO/$\overline{\text{M}}$为低电平时，表示当前执行的是存储器操作，地址总线上地址是某个存储单元地址；当IO/$\overline{\text{M}}$为高电平时，表示当前执行的是I/O操作，地址总线上地址是某个I/O端口的地址。在多CPU模式时，若访问存储器，则使读存储器信号MEMR或写存储器信号MEMW有效；而访问I/O端口时，则使I/O信号有效。

I/O地址空间一般小于存储器地址空间，且I/O地址对连续性要求不高，所以编址和寻址都相对简单、容易实现。采用这种编址方式，CPU有专门的访问I/O指令，在计算机系统中使用不同的端口地址来区分不同的外部设备，操作时以端口作为操作的对象。而且，采用专门的I/O指令将使程序清晰易读。其缺点是，I/O指令通常比较简单，寻址手段没有存储器访问指令丰富。目前IBM PC系列计算机及其他类型的微型计算机系统普遍采用这种寻址方式。I/O端口独立编址如图4-2(b)所示。

4.1.4　I/O地址的译码方法

I/O地址译码与存储器地址译码在原理和方法上完全相同，但I/O地址的使用有以下特点。

(1) 如果将地址视为资源，那么I/O地址空间足够大，可以容忍一定程度的浪费。

(2) I/O访问的频度远低于存储器访问，而且不同的外设其操作互相独立，所以编址时不太强调地址的连续。

CPU为了对I/O端口进行读/写操作，需要选定与之交换信息的端口地址，如何通过CPU发出的地址编码来识别和确认这个端口，也就是地址译码。端口地址的译码方法有多种，通常可根据地址和控制信号的任意组合构成不同的译码电路来产生一个端口地址。从译码的形式可分为固定译码和可选择译码，从译码电路所采用的器件可分为门电路译码和译码器译码，目前很多系统采用GAL或PAL器件进行译码。

译码电路的目的就是当CPU送数据到某一个芯片端口时首先产生对应的片选信号$\overline{\text{CS}}$，在一个I/O系统中往往需要在某一个地址范围内都能产生相同的一个片选信号$\overline{\text{CS}}$(如8255芯片就需要$\overline{\text{CS}}$ – $\overline{\text{CS}}$+3的地址范围内)，所以一般译码电路应根据需要对一个地址区间产生片选信号$\overline{\text{CS}}$。

设计I/O设备接口卡时，为防止地址冲突，在选择I/O端口地址时一般要遵循以下原则。

(1) 凡是被系统配置所占用了的地址一律不能使用。

(2) 原则上讲，未被占用的地址，用户可以使用，但对计算机厂家声明保留的地址，不要使用，否则会发生I/O端口地址重叠和冲突。

4.1.5　80C51的并行I/O接口

为了尽量减少芯片外围电路的规模，几乎所有的嵌入式处理器在芯片内部都集成了多个I/O接口电路，并配置了固定的地址。在80C51中，共有4个8位的并行双向口，计有32根输入/

输出(I/O)口线。各口的每一位均由锁存器、输出驱动器和输入缓冲器所组成。因为它们在结构上存在一些差异，所以各口的性质和功能也就有了差异，它们之间的异同列于表 4-1。

表 4-1　80C51 并行 I/O 接口的比较

I/O 口	位数	性质	功能	SFR 字节地址	位地址范围	驱动能力	替代功能
P0 口	8	真正双向口	I/O 口替代功能	80H	80H～87H	8 个 TTL 负载	程序存储器、片外数据存储器低 8 位地址及 8 位数据
P1 口	8	准双向口	I/O 口替代功能	90H	90H～97H	4 个 TTL 负载	CTC2：T2、T2EX (CTC2 仅 80C52 中有)
P2 口	8	准双向口	I/O 口替代功能	A0H	A0H～A7H	4 个 TTL 负载	程序存储器、片外数据存储器高 8 位地址
P3 口	8	准双向口	I/O 口替代功能	B0H	B0H～B7H	4 个 TTL 负载	串行口：RXD、TXD 中断：$\overline{INT0}$、$\overline{INT1}$ 定时器/计数器：T0、T1 片外数据存储器：$\overline{WR}$、$\overline{RD}$

下面按照各口结构的由简而繁的顺序加以介绍。

1. P1 口

P1 口是一个 8 位口，可以字节访问也可位访问，其字节访问地址为 90H，位访问地址为 90H～97H。

1) 位结构与工作过程分析

P1 口的位结构如图 4-3 所示，包含输出锁存器、输入缓冲器 BUF1(读引脚)、BUF2(读锁存器)以及由 FET 管 Q0 与上拉电阻组成的输出/输入驱动器。

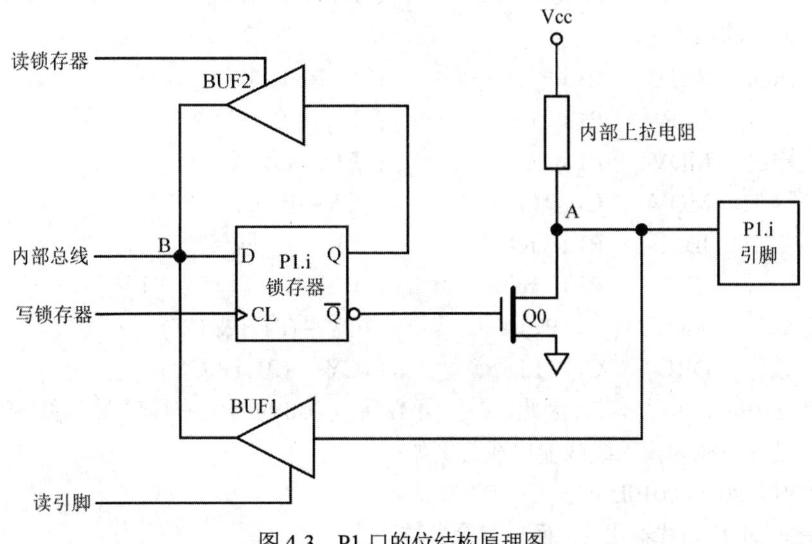

图 4-3　P1 口的位结构原理图

P1 口的工作过程分析如下。

(1) Pl.i 位作输出口用时：CPU 输出 0 时，D=0，Q=0，$\overline{Q}$=1，管 Q0 导通，A 点被下拉为低电平，即输出 0；CPU 输出 1 时，D=1，Q=1，$\overline{Q}$=0，Q0 截止，A 点被上拉为高电平，即输出 1。

(2) Pl.i 位作输入口用时：先向 Pl.i 位输出高电平，使 A 点提升为高电平，此操作称为设置 Pl.i 为输入线。外设输入为 1 时，A 点为高电平，由 BUF1 读入总线后，B 点也为高电平；外设输入为 0 时，A 点为低电平，由 BUF1 读入总线后，B 点也为低电平。

2) P1 口的特点

- 输出锁存，输出时没有条件。
- 输入缓冲，输入时有条件，即需要先将该口设为输入状态，先输出 1。
- 工作过程中无高阻悬浮状态，即该口只为输入态或输出态。

具有这种特性的口不属于真正的双向口，而被称为准双向口。

需要注意的是，若在输入操作之前不将 A 点设置为高电平(即先向该口线输出 1)，当 A 点电平为低电平时，则外设输入的任何信号均被 A 点拉为低电平，亦即此时外设的任何信号都不能输入。更为严重的是，当 A 点为低电平，而外设为高电平时，外设的高电平通过 Q0 强迫下拉为低电平，将可能有很大的电流流过 Q0 而将其烧坏。P1 口能驱动 4 个 TTL 负载。

3) P1 口的操作

(1) 字节操作和位操作。

CPU 对于 P1 口不仅可以作为一个 8 位口(字节)来操作，也可以按位来操作。

有关字节操作的指令有：

```
输出        MOV    P1，A          ；(P1)←(A)
            MOV    P1，#data      ；(P1)←#data
            MOV    P1，direct     ；(P1)←(direct)
输入        MOV    A，P1          ；(A)←(P1)
            MOV    direct ，P1    ；(direct)←(P1)
```

有关位操作的指令有：

```
置位、清除  SETB   P1.i           ；P1.i←1
            CLR    P1.i           ；P1.0←0
输入、输出  MOV    P1.i，C        ；P1.i←CY
            MOV    C，P1.i        ；CY←P1.i
判跳        JB     P1.i，rel      ；P1.i = 1，跳转
            JBC    P1.i，rel      ；P1.i = 0，跳转且 P1.i←0
逻辑运算    ANL    C，P1.i        ；CY←(P1. i & CY)
            ORL    C，P1.i        ；CY← (P1. i + CY)
```

上述 P1.i 中的 i=0，…，7，因此，P1 口不仅可以以 8 位一组进行输入、输出操作，还可以逐位分别定义各口线为输入线或输出线。例如：

```
ORL   P1，#00000010B
```

可以使 P1. 1 位口线输出 1，而使其余各位不变。

```
ANL   P1，#11111101B
```

可以使 P1. 1 位口线输出 0，而使其余各位不变。

(2) 读引脚操作和读锁存器操作。

从 P1 口的位结构图中可以看出，有两种读口的操作：一种是读引脚操作，一种是读锁存器操作。

- 在响应 CPU 输出的读引脚信号时，端口本身引脚的电平值通过缓冲器 BUF1 进入内部总线。这种类型的指令执行之前必须先将端口锁存器置 1，使 A 点处于高电平，否则会损坏引脚，而且也使信号无法读出，如前所述。

这种类型的指令有：

```
MOV A ，P1            ；(A)←(P1)
MOV direct ，P1       ；(direct) ←(P1)
```

- 在执行读锁存器的指令时，CPU 首先完成将锁存器的值通过缓冲器 BUF2 读入内部，进行修改，然后重新写到锁存器中，这就是“读—修改—写”指令。

这种类型的指令包含所有的口的逻辑操作(ANL、ORL、XRL)和位操作(JBC、CPL、MOV、SETB、CLR 等)指令。

读锁存器操作可以避免一些错误，如用 P1.i 去驱动晶体管的基极。当对 P1.i 写入一个 1 之后，晶体管导通。若此时 CPU 接着读该位引脚的值，即晶体管基极的值，则该值为 0。但是正确的值应该是 1，这可从读锁存器得到。

4) 关于口操作的时序

在执行改变端口锁存器内容的指令时，新的内容在指令执行的最后一个周期的 S6P2 时传送到口的锁存器内。然而口锁存器仅在任何周期的 P1 时才采样端口锁存器(缓冲器)，在 P2 时输出锁存器的值并保持 P1 时所采样到的内容。

因此，S6P2 时写入端口锁存器的新数值直到下一个周期的 P1 时才被采样，即只有在下一个机器周期的 S1P1 时，才真正出现在引脚上。

5) P1 口的多功能线

在 80C52 中，P1.0 和 P1.1 口线是多功能的，即除作为一般双向 I/O 口线之外，这两根口线还具有下列功能：

- P1.0——定时器/计数器 2 的外部输入端 T2；
- P1.1——定时器/计数器 2 的外部控制 T2EX。

这时，该两位的结构与 P3 口的位结构相当。关于 P1.0 和 P1.1 的功能在定时器/计数器 2 中叙述。

2. P3 口

P3 口是一个多功能的 8 位口，可以字节访问也可位访问，其字节访问地址为 B0H，位访问地址为 B0H～B7H。

1) 位结构与工作过程分析

P3 口的位结构如图 4-4 所示。从 P3 口的位结构图中可以看出，它与 P1 的口位结构之间的区别如下。

(1) P3 口中增加了一个“与非”门。“与非”门有两个输入端：一个为口输出锁存器的 Q 端，另一个为替代功能的控制输出。“与非”门的输出端控制输出 FET 管 Q0。

(2) 输出锁存器不是从 $\overline{Q}$ 端，而是从 Q 端引出。

(3) 有两个输入缓冲器，替代输入功能取自第一个缓冲器的输出端；I/O 口的通用输入信号取自第二个缓冲器的输出端。

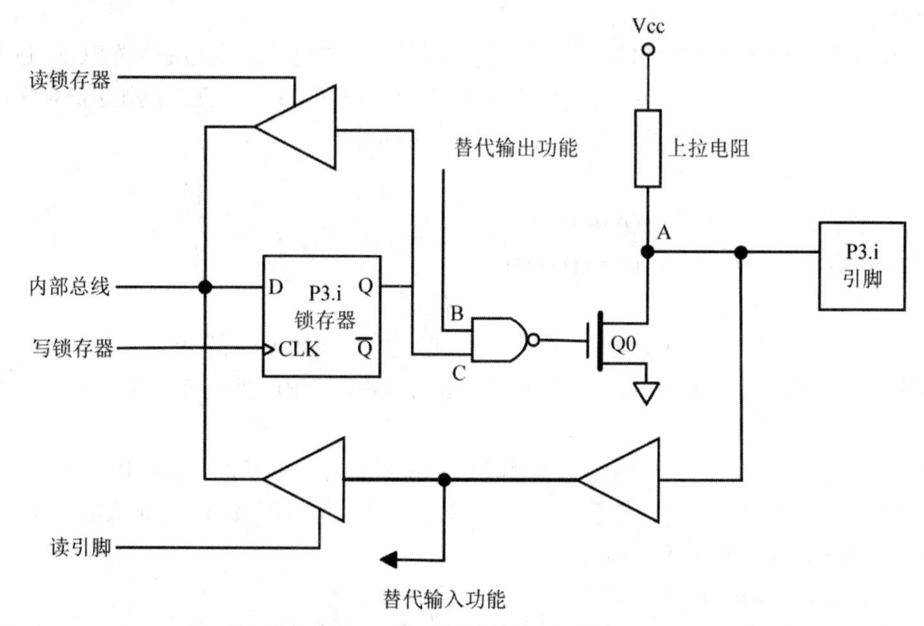

图 4.4　P3 口的位结构原理图

P3 口的输出工作过程分析如下。

(1) 当替代输出功能 B 点置 1 时，输出锁存器的输出可以顺利通到引脚 P3.i，其工作状况与 P1 口相类似。这时 P3 口的工作状态为 I/O 口，显然此时该口具有准双向口的性质。

(2) 当输出锁存器的输出置 1 时，替代输出功能可以顺利通到引脚 P3.i。

若替代输出为 0 时，因与非门的 C 点已置 1，现 B 点为 0，故与非门的输出为 1，使 Q0 导通，从而使 A 点也为 0。若替代输出为 1 时，与非门的输出为 1，Q0 截止，从而使 A 点也为高电平。

这时 P3 口的工作状态处于替代输出功能状态。

从上述分析可以看出，不论是替代输出还是替代输入功能时，输出锁存器的输出是必须置 1 的。

因此，P3 口不论作为替代功能输入，还是作为替代功能输出，甚至作为一般 I/O 的输入功能时，都需要向该口位输出 1。这一点特别应该引起注意。

2) P3 口的功能和特点

与 P1 口不同，P3 口是一个多功能口。

(1) 可作为 I/O 口使用，为准双向口。这方面的功能与 P1 口一样，既可以字节操作，也可以位操作；既可以 8 位口操作，也可以逐位定义口线为输入线或输出线；既可以读引脚，也可以读锁存器，实现“读—修改—写”操作。

(2) 可以作为替代功能的输入、输出。

替代输入功能：

P3.0 — RXD，串行输入口。

P3.2 — $\overline{INT0}$，外部中断 0 的请求。

P3.3 — $\overline{INT1}$，外部中断 1 的请求。

P3. 4 — T0，定时器/计数器 0 外部计数脉冲输入。

P3. 5 — T1，定时器/计数器 1 外部计数脉冲输入。

替代输出功能：

P3. 1 — TXD，串行输出口。

P3.6 — $\overline{WR}$，外部数据存储器写选通，输出，低电平有效。

P3.7 — $\overline{RD}$，外部数据存储器读选通,输出，低电平有效。

③ P3 口能驱动 4 个 TTL 负载。

3. P2 口

P2 口是一个多功能的 8 位口，可以字节访问也可位访问，其字节访问地址为 A0H，位访问地址为 A0H～A7H。

1) 位结构与工作过程分析

P2 口位结构如图 4-5 所示。它与 P1 口位结构之间的区别如下。

(1) P2 口的位结构中增加了一个多路开关。多路开关的输入有两个：一个是口输出锁存器的输出端 Q；一个是地址寄存器(PC 或 DPTR)的高位输出端。多路开关的输出经反相器反相后去控制输出 FET Q0。多路开关的切换由内部控制信号控制。

(2) 输出锁存器的输出端是 Q 而不是 $\overline{Q}$，这样多路开关之后接反相器就很好理解了。

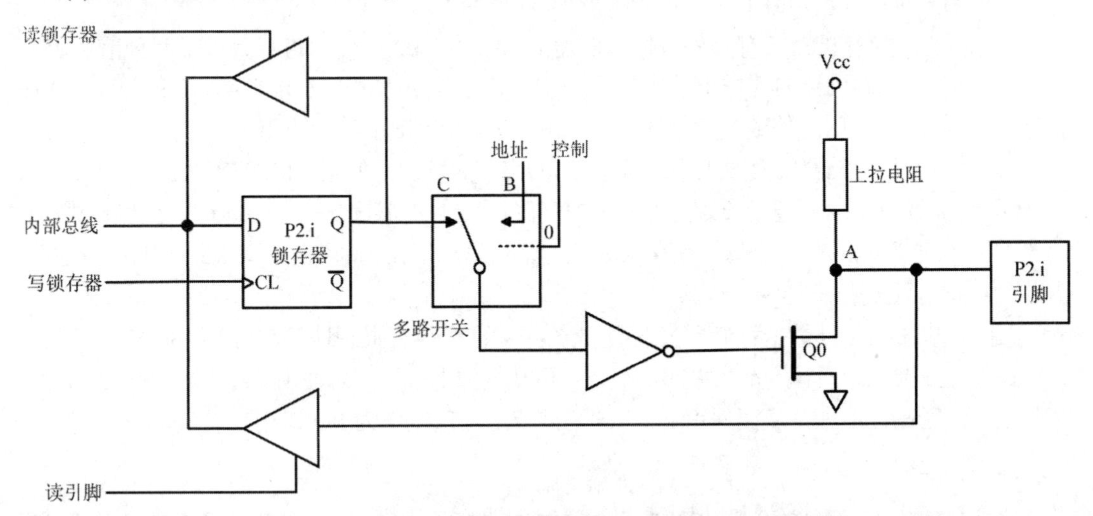

图 4-5　P2 口的位结构原理图

P2 口的工作过程分析如下。

(1) 在内部控制信号的作用下，多路开关的输入投向输出锁存器的输出(C 点)侧，多路开关将接通输出锁存器。

若经由内部总线输出 0，输出锁存器的 Q 端为 0，信号经多路开关和反相器后输出 1，Q0 导通，A 点为 0，输出低电平；若经由内部总线输出 1，输出锁存器的 Q 端为 1，反相器后输出 0，Q0 截止，A 点为 1，输出高电平。

这时 P2 口的工作状态是 I/O 口状态。

(2) 在内部控制信号的作用下，多路开关的输入投向地址输出(B 点)侧，这样多路开关将接通地址寄存器输出。同样可知，A 点的电平将随地址输出的 0、1 而相应地变化。

这时 P2 口的工作状态是输出高 8 位地址。

2) P2 口的功能和特点

从上述工作过程的分析中可以看出，P2 口是一个双功能的口。

(1) 作为 I/O 口使用时，P2 口为一个准双向口，功能与 P1 口相同。

(2) 作为地址输出时，P2 口可以输出程序存储器或片外数据存储器的高 8 位地址，与 P0 口输出的低地址一起构成 16 位地址线，从而可分别寻址 64 KB 的程序存储器或片外数据存储器。地址线是 8 位一起自动输出的，不能像 I/O 口线一样逐位定义。

(3) P2 口能驱动 4 个 TTL 负载。

3) P2 口使用中要注意的问题

由于 P2 口的输出锁存功能，在取指周期内或外部数据存储器读/写选通期间，输出的高 8 位地址是锁存的，故无须外加地址锁存器。

如果在系统中外接有程序存储器，由于访问片外程序存储器连续不断地取指操作，P2 口需要不断送出高位地址，这时 P2 口的全部口线均不宜再作为 I/O 口使用。

在无外接程序存储器而有片外数据存储器的系统中，P2 口使用可分为以下两种情况。

(1) 片外数据存储器的容量小于或等于 256 字节的场合：使用“MOVX A，@Ri ”及“MOVX @Ri，A”类指令访问片外数据存储器，这时 P2 口不输出地址，P2 口仍可作为 I/O 口使用。

(2) 片外数据存储器的容量大于或等于 256 字节的场合：使用“MOVX A，@DPTR”及“MOVX @DPTR，A”类指令访问片外数据存储器，P2 口需输出高 8 位地址。在片外数据存储器读/写选通期间，P2 口引脚上锁存高 8 位地址信息，但在选通结束后，P2 口内原来锁存的内容又重新出现在引脚上。

此时可以根据片外数据存储器读/写选通的频繁程度，有限制地将 P2 口作为 I/O 口使用。

在片外数据存储器容量不太大的情况下，可从软件上设法，只使用 P1、P3 甚至 P2 口中的某几根口线送高位地址，从而保留 P2 口的全部或部分口线作为 I/O 口用。

注意：

这时使用的是“MOVX A，@Ri”&“MOVX @Ri，A”类访问指令，高位地址不再是自动送出的，而要通过程序设定。

4. P0 口

P0 口是一个多功能的 8 位口，可以字节访问也可位访问，其字节访问地址为 80H，位访问地址为 80H～87H。

1) 位结构与工作过程分析

P0 口位结构如图 4-6 所示。

P0 口的位结构与 P1 口有明显区别。

(1) P0 口中增加了一个多路开关：多路开关的输出有两个，即地址/数据输出、输出锁存器的输出 $\overline{Q}$。多路开关的输出用于控制输出 FET Q0 的导通和截止。多路开关的切换由内部控制信号控制。

(2) P0 口的输出上拉电路与 P1 口完全不同：P0 口的上拉电路导通和截止受内部控制信号和地址/数据信号共同(相“与”)控制。

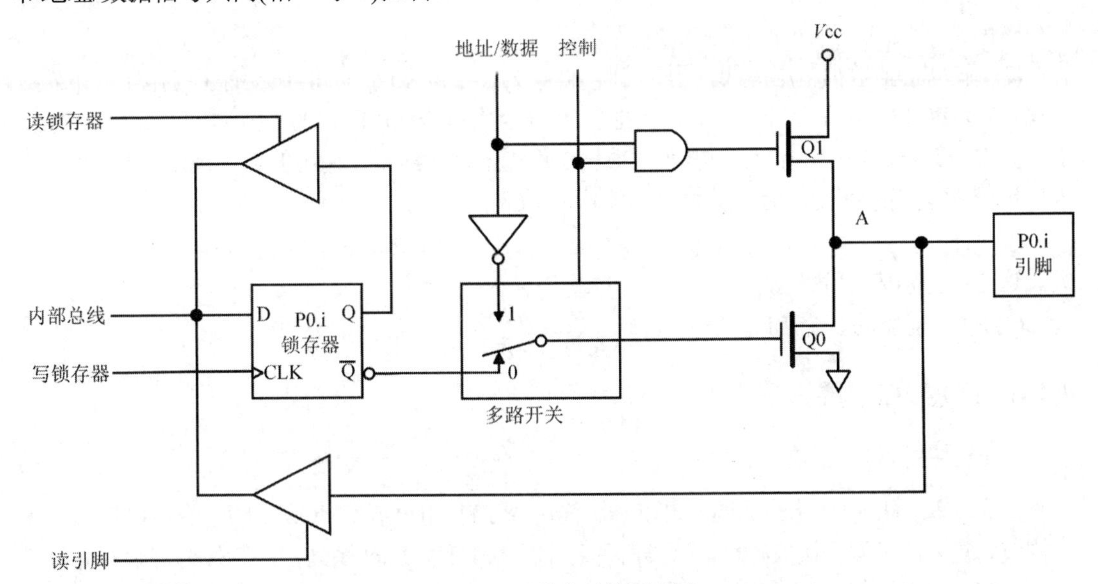

图 4-6　P0 口的位结构原理图

P0 口的工作过程分析如下。

(1) 当内部控制信号置 1 时，多路开关接通地址/数据输出端。

当地址/数据输出线置 1 时，控制上拉电路的“与”门输出为 1，上拉 FET 导通，同时地址/数据输出通过反相器输出 0，控制下拉 FET 截止，这样 A 点电位上拉，地址/数据输出线为 1。

当地址/数据输出线置 0 时，控制上拉电路的“与”门输出为 0，上拉 FET 截止，同时地址/数据输出通过反相器输出 1，控制下拉 FET 导通，这样 A 点电位下拉，地址/数据输出线为 0。

通过上述分析可以看出，此时的输出状态随地址/数据线变化。因此，P0 口可以作为地址/数据复用总线使用。这时上下两个 FET 处于反相，构成了推拉式的输出电路，其负载能力大大增加。P0 口相当一个双向口。

(2) 当内部控制信号置 0 时，多路开关接通输出锁存器的 $\overline{Q}$ 端。这时明显地可以看出：

由于内部控制信号为 0，“与”门关闭，上拉 FET 截止，形成 P0 口的输出电路为漏极开路输出；输出锁存器的 $\overline{Q}$ 端引至下拉 FET 栅极，因此 P0 口的输出状态由下拉电路决定。

在P0口作为输出口用时，若P0.i输出1，输出锁存器的$\overline{Q}$端为0，则下拉FET截止，P0.i为漏极开路输出；若P0.i输出0，输出锁存器的$\overline{Q}$端为1，则下拉FET导通，P0.i输出低电平。

在P0口作为输入口用时，为了使P0.i能正确读入数据，必须先使P0.i锁存器置1。这样，下拉 FET 也截止，P0.i 处于悬浮状态。A 点的电平由外设的电平而定，通过输入缓冲器读入CPU。P0口相当于一个高阻抗的输入口。

2) P0口的功能和特点

(1) 作为I/O口使用。相当于一个真正的双向口：具有输出锁存和输入缓冲功能。但输入时需先将口置1，每根口线可以独立定义为输入或输出。P0具有双向口的一切特点。

与P1及其他口的区别是，输出时为漏极开路输出，与NMOS的电路接口时要用电阻上拉；输入时为悬浮状态，为一个高阻抗的输入口。

(2) 作为地址/数据复用总线使用。此时P0口为一个准双向口，但是没有上拉电阻。作为数据输入时，P0口也不是悬浮状态。作为地址/数据复用总线使用时，P0口不能逐位定义为输入/输出。作为数据总线用，输入/输出8位数据；作为地址总线用，输出低8位地址。当P0口作为地址/数据复用总线用之后，就再也不能作为I/O口使用了。

现在许多仿真系统中，均以P0口作为地址/数据复用总线使用，因而仿真I/O口的功能丧失。这一点特别应该注意。

(3) P0口能驱动8个TTL负载。

4.1.6 I/O接口扩展方法

1. 通过并行总线扩展I/O

完成输入/输出口功能的扩展，可以利用简单的TTL电路或CMOS电路，也可以使用一些结构较为复杂的可编程接口芯片。这类芯片各个厂家都有，Intel系列接口芯片有可编程并行接口(8155和8255)、可编程通用同步/异步通信接口(8251)、可编程定时器/计数器(8253)、可编程中断控制器(8259)及可编程键盘显示接口(8279)等。

Intel公司提供的这些接口芯片，由于与80C51的信号体制是一样的，并且都是用扩展片外数据存储器的并行总线进行访问(用MOVX类指令)的，因此与之接口显得特别方便。本书不再介绍与这类芯片的接口方法，仅介绍利用简单的TTL电路或CMOS电路扩展简单I/O口的方法。

1) 利用“MOVX　A，@Ri”或“MOVX　A，@DPTR”扩展I/O口

这种扩展的本质是将扩展的I/O口挂接在片外数据存储器空间，即与片外RAM统一编址，所以I/O口的输入、输出指令就是片外数据存储器的读/写指令。其特点为：数据传输使用的是P0口，因此扩展的口均是8位口，传输数据比较方便；可以通过地址译码得到大量的I/O口，视使用的是@Ri还是@DPTR而有所区别。使用这种方法扩展的输入口与输出口之间的差别见表4–2。

表 4-2　输入口与输出口

扩展口类型	使用指令	选通信号	信号流向	数据状态	使用器件
输入口	MOVX A，@Ri MOVX A，@DPTR	$\overline{RD}$	外设流向累加器	采样静态数据输入缓冲	74HC244 74HC373
输出口	MOVX @Ri，A MOVX @DPTR，A	$\overline{WR}$	累加器流向外设	保持瞬间数据输出锁存	74HC273 74HC377

2) 扩展简单的 I/O 口方法

扩展简单的 I/O 口方法，按电路中有无片外数据存储器分为以下两种。

(1) 无片外数据存储器时的扩展

无片外数据存储器时，扩展 8 个输出口的电路如图 4-7 所示。

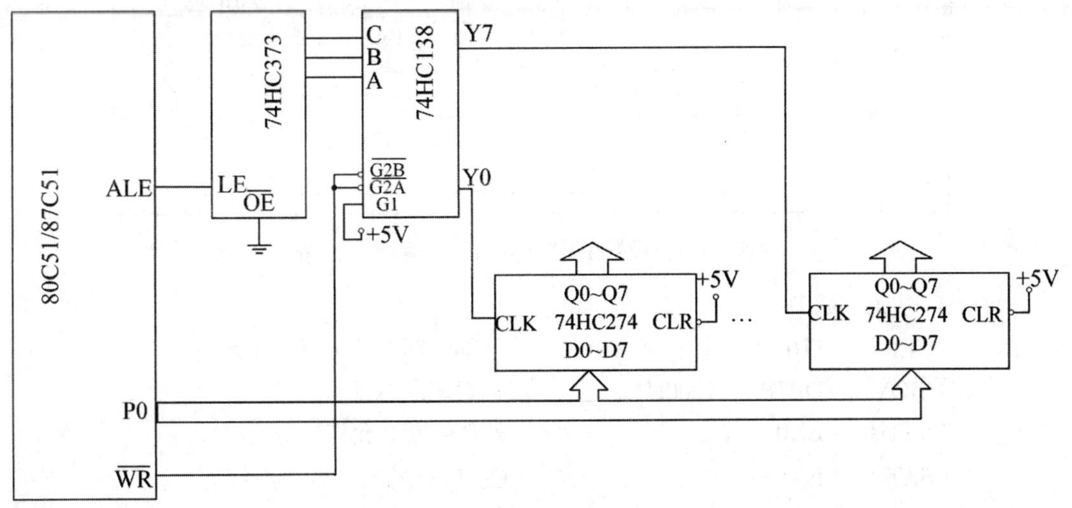

图 4-7　扩展 8 个输出口的电路

图 4-7 中，利用 3–8 译码器 74HC138 将地址锁存器 74HC373 的地址线 A0～A2 译码为 8 个选通信号；3–8 译码器 74HC138 的控制端 $\overline{G2}$ 与 $\overline{WR}$ 相接，用以选通该译码器。

数据的输出使用数据缓冲器 74HC244。

这种口若用“MOVX @Ri，A”时，为 8 位地址寻址，口地址为 xxxxx000～xxxxx111B，即 00H～07H，或 08H～0FH，或 10H～17H，或 18H～1FH，……，直至 0F8H～0FFH；若用“MOVX @DPTR，A”时，为 16 位寻址，口地址为 0000H～0007H，或 0008H～000FH，或 0010H～0017H，或 0018H～001FH，……，直至 0FFF8H～0FFFFH。

(2) 有片外数据存储器时的扩展

有片外数据存储器时，扩展一个输入口的电路如图 4-8 所示。此时需要加一根 I/O 口线来选择 I/O 或 RAM。其中，使用锁存缓冲器 74HC373 为输入口的接口芯片。当 P1.0 = 0 时，选通片外数据存储器 6264，其地址范围为 0000H～1FFFH；当 P1.0 = 1 时，选通输入口，口地址为 0000H～1FFFH 范围内的任一地址。

外围设备向单片机输出数据时，有一个选通信号连接在74HC373的锁存允许端上，在选通信号的低电平期间将发来的数据锁存，同时向CPU发出中断申请。应该在中断服务程序中由P0口读入锁存器中的数据。若单片机把从输入口读入的数据存入片外数据存储器6264以1000H为首地址的区域，则其有如下相应的初始化和中断服务程序。

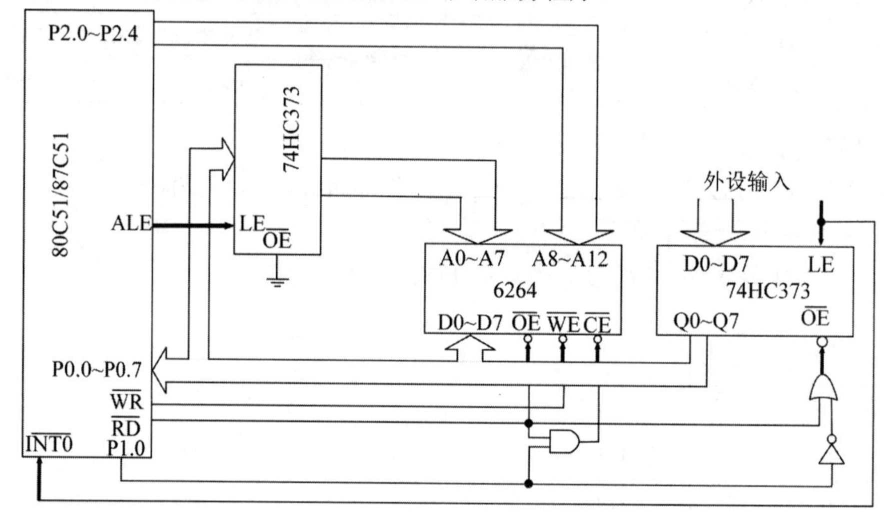

图4-8　有片外数据存储器时扩展一个输入口的电路

中断系统初始化如下：

```
INIT： CLR     IT0                ；外部中断0选为低电平触发
       MOV     DPTR，#1000H       ；置数据区首址
       SETB    EX0                ；外部中断0允许
       SETB    EA                 ；CPU开中断
       …
```

中断服务程序如下：

```
       ORG     0003H              ；外部中断0入口地址
       AJMP    EINT
       ORG     0060H
EINT： SETB    P1.0               ；指向输入口
       MOVX    A，@DPTR           ；输入口数据读入累加器
       CLR     P1.0               ；指向6264
       MOVX    @DPTR，A           ；存入数据区
       INC     DPTR
       RETI
```

2. 通过串行口方式扩展I/O接口

1) 扩展并行输出口

例1. 用串行口方式扩展并行输出口的示意图如图4-9所示。通过并行口输出片内RAM中20H和21H两个单元数据的程序如下：

```
        MOV    R7，#2          ；置计数器
        MOV    R0，#20H        ；缓冲区指针
        MOV    SCON，#00H      ；设置串行口为方式 0
        CLR    P1.0            ；允许串行接收
OUT1：  MOV    A，@R0          ；取数据
        MOV    SBUF，A         ；启动发送过程
        JNB    TI，$           ；等待一帧发送结束
        CLR    TI
        INC    R0              ；指向下一数据
        DJNZ   R7，OUT1
        SETB   P1.0            ；送出并行数据
        RET
```

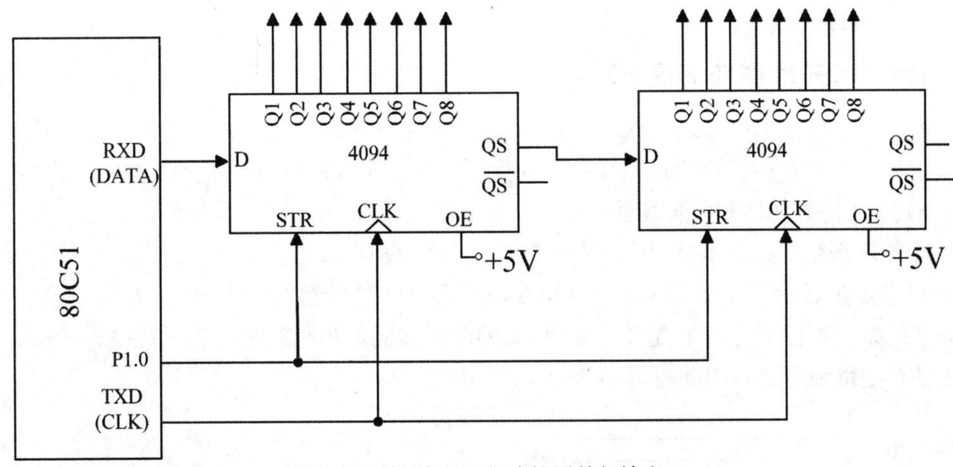

图 4-9　利用串行口方式扩展并行输出口

2) 扩展并行输入口

例 2. 用串行口方式扩展并行输入口的示意图如图 4-10 所示。

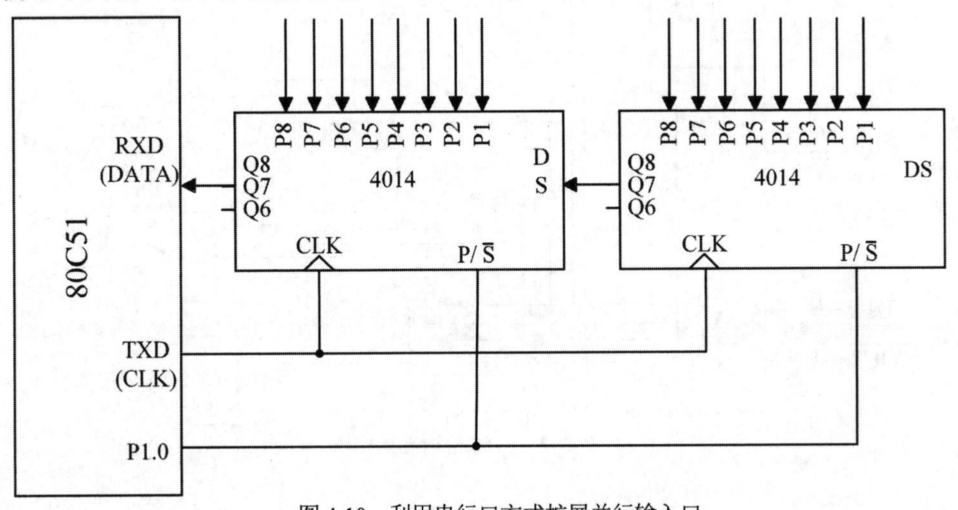

图 4-10　利用串行口方式扩展并行输入口

通过并行口读入数据分别存放在片内 RAM 中 20H 和 21H 两个单元的程序如下：

```
        MOV     R7，#2          ；置计数器
        MOV     R0，#20H        ；缓冲区指针
        CLR     P1.0            ；置入并行数据
        SETB    P1.0            ；允许串行移位
RCV1：  MOV     SCON，#10H      ；设置串行口为方式 0，允许接收
        JNB     RI，$           ；等待一帧接收结束
        CLR     RI
        MOV     A，SBUF         ；读入数据
        MOV     @R0，A          ；送入缓冲区
        INC     R0              ；调整指针
        DJNZ    R7，RCV1        ；未完，继续
        RET
```

3. 通过接口芯片 8155 扩展 I/O 口

8155 的 I/O 接口工作方式可以通过编程选择，芯片内部还具有 RAM 单元，使用灵活、方便，它和 80C51 单片机的连接比较简单，因而广泛应用于 80C51 单片机系统中。

1) 8155 的内部结构和引脚功能

8155 的内部结构如图 4-11 所示，内部有 A 口、B 口和 C 口 3 个 I/O 接口、256 字节的 RAM 和 1 个 14 位定时器/计数器。其中，A 口和 B 口都为 8 位 I/O 接口，C 口为 6 位 I/O 接口。8155 的引脚排列如图 4-12 所示，它是一个 40 引脚的双列直插式芯片，采用单一的+5V 电源供电。内部还带有地址锁存器，因此可以和 P0 口直接相连。

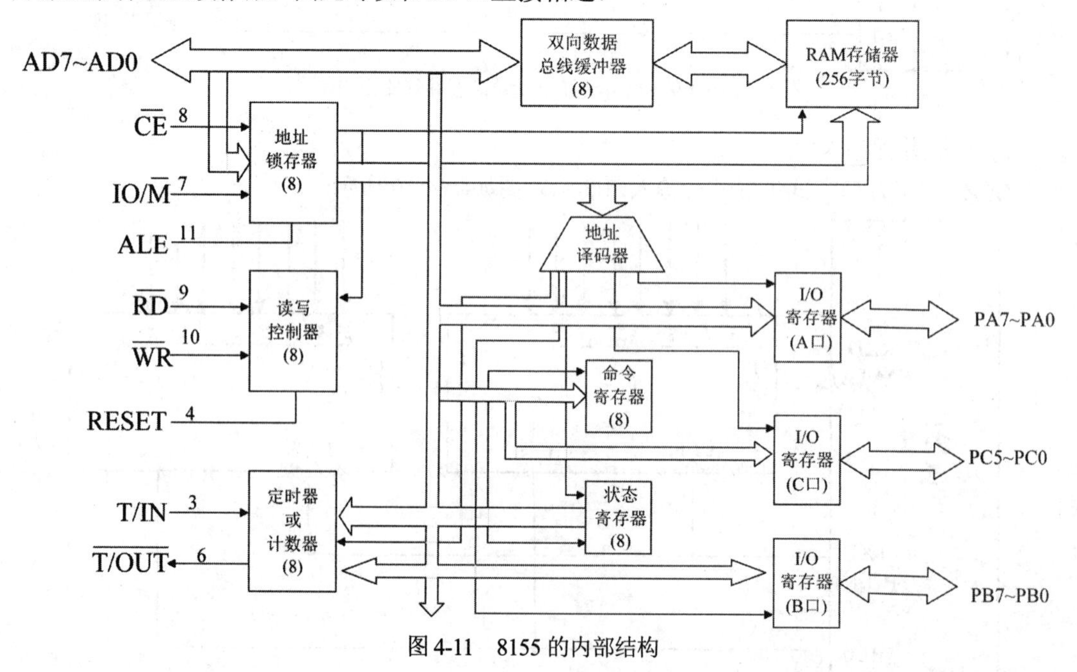

图 4-11　8155 的内部结构

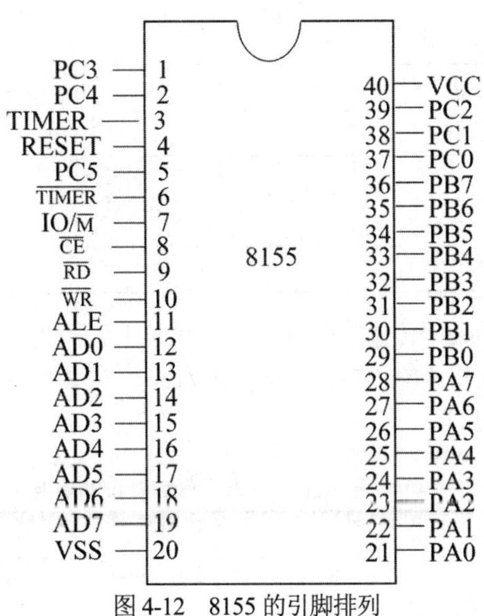

图 4-12　8155 的引脚排列

8155 的引脚功能如下。

- AD0～AD7(8 条)：三态地址/数据线，CPU 通过这 8 条线向 8155 传送低 8 位地址和 8 位数据信号。它的分时复用功能和 80C51 芯片的 P0 口功能完全一致，在使用时，只需将两者直接相连即可。
- 控制总线(8 条)：$\overline{\text{CE}}$ 为片选信号，低电平有效。IO/$\overline{\text{M}}$ 为 I/O 接口及存储器选择信号，若 IO/$\overline{\text{M}}$ =0，则选择存储器，否则选择 I/O 接口。ALE 为地址锁存允许信号，用来锁存 AD0～AD7 上出现的地址信号。$\overline{\text{RD}}$ 为读允许信号，低电平有效。$\overline{\text{WR}}$ 为写允许信号，低电平有效。RESET 为复位信号，高电平有效。ALE、$\overline{\text{RD}}$ 、$\overline{\text{WR}}$ 和 RESET 四个引脚在使用时，只需和 80C51 芯片的同名信号直接相连即可。T/IN 为定时器输入，定时器工作所需的时钟信号由此端输入。$\overline{\text{T/OUT}}$ 为定时器输出，当 14 位计数器计满回 0 时，在该引线上输出脉冲波形，输出脉冲的形状和计数器的工作方式有关。
- I/O 总线(22 条)：PA0～PA7 为通用 I/O 线，用于传送 A 口上的外设数据。PB0～PB7 也为通用 I/O 线，用于传送 B 口上的外设数据。PC0～PC5 为 I/O 数据/控制线，共有 6 条，在通用 I/O 方式下，用于传送 I/O 数据；在选通 I/O 方式下，用来传送命令/状态信息。
- 电源线(2 条)：V_{CC} 为+5V 电源输入线，V_{SS} 为接地线。

2) 8155 的命令/状态寄存器及 I/O 接口的工作方式

8155 内部归属于 I/O 的有 7 个寄存器，分别是命令寄存器、状态寄存器、A 口寄存器、B 口寄存器、C 口寄存器、计数器低 8 位寄存器和计数器高 8 位寄存器。当 IO/$\overline{\text{M}}$ =1 时，8155 的 AD0～AD7 输入的是 I/O 的地址。I/O 接口的地址分配如表 4–3 所示。

表 4-3　8155 的 I/O 接口地址分配表

CE	IO/$\overline{\text{M}}$	A7～A3	A2	A1	A0	所选端口
0	1	X…X	0	0	0	命令寄存器、状态寄存器
0	1	X…X	0	0	1	A 口

(续表)

CE	IO/$\overline{M}$	A7～A3	A2	A1	A0	所选端口
0	1	X...X	0	1	0	B 口
0	1	X...X	0	1	1	C 口
0	1	X...X	1	0	0	计数器低 8 位
0	1	X...X	1	0	1	计数器高 8 位

8155 的 A 口和 B 口的数据传输方向可以通过命令寄存器设置，即作为输入口或作为输出口。而 C 口既可以设为输入口或输出口，又可以作为 A 口和 B 口的控制端口。表 4-4 所示为不同工作方式下 C 口各位的功能。

表 4-4　不同工作方式下 C 口各位的功能

引脚	ALT1	ALT2	ALT3	ALT4
PC0	输入	输出	AINTR(A 口中断)	AINTR(A 口中断)
PC1	输入	输出	ABF(A 口缓冲器满)	ABF(A 口缓冲器满)
PC2	输入	输出	ASTB(A 口选通)	ASTB(A 口选通)
PC3	输入	输出	输出	BINTR(B 口中断)
PC4	输入	输出	输出	BBF(B 口缓冲器满)
PC5	输入	输出	输出	BSTB(B 口选通)

8155 I/O 接口的工作方式是由内部的命令寄存器控制的。8155 的命令寄存器各位的定义如图 4-13 所示。

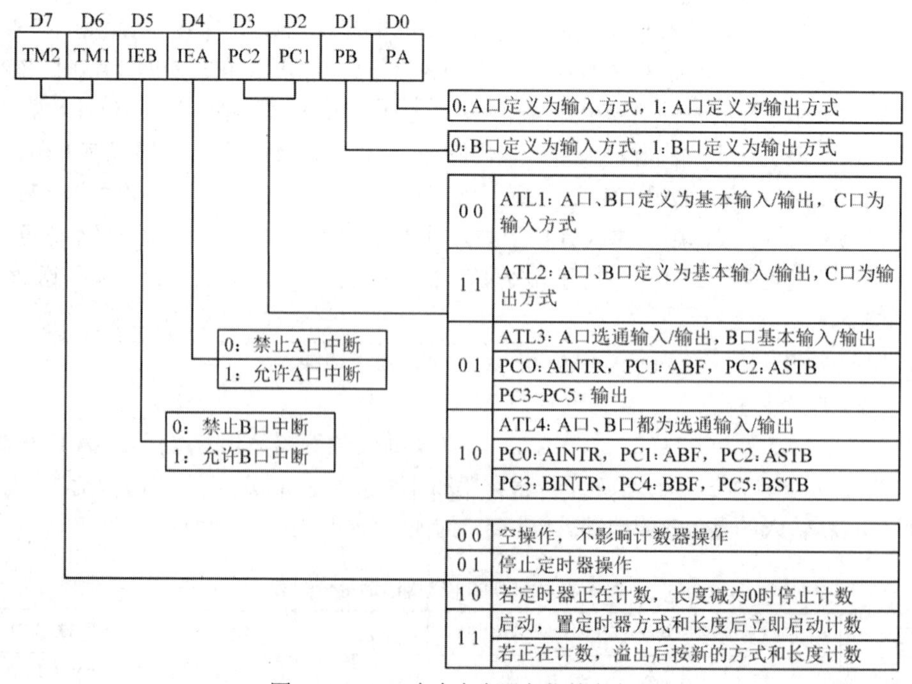

图 4-13　8155 命令寄存器各位的定义

此外，状态寄存器的内容为 8155 的工作状态，即状态字。状态寄存器和命令寄存器共用一个端口地址，状态字由 8 位组成，最高位空出不用，其余各位的定义如图 4-14 所示。

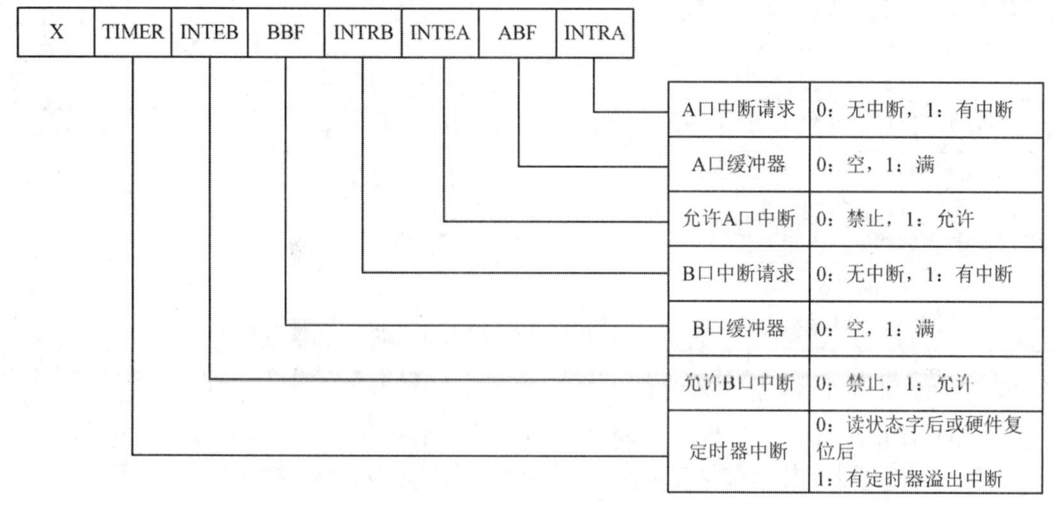

图 4-14　8155 状态字格式

同时，8155 的 A 口和 B 口有两种工作方式：基本输入/输出方式和选通输入/输出方式。工作方式通过命令寄存器的设置来选择。当 A 口或 B 口工作在选通方式时，需要 C 口为 A 口或 B 口提供对外的联络信号(xINTR、xBF 和 xSTB)，此时，A 口或 B 口接外部设备的数据线，作为输入或输出口。根据完成功能的不同，联络信号的意义和作用有所不同。

在 A 口或 B 口作为选通方式的输入口时，相应的 $\overline{STB}$ 是外设送来的选通信号。当 $\overline{STB}$ 有效后，输入数据被装入 8155，然后相应的 BF 信号变高，表示 8155 缓冲器已满，在 $\overline{STB}$ 的上升沿检测到缓冲器满并且中断允许，则相应的 INTR 中断输出线变为高电平，从而向 CPU 申请中断。CPU 响应中断后进入中断服务程序，读取相应的数据，并使 BF 输出线为低电平，通知输入设备可以输入下一个数据。

在 A 口或 B 口作为选通方式输出口时，当 8155 收到输出数据后，将触发器满的标志位置 1，并使相应的 BF 线变为高电平，通知输出设备输出数据已到达 A 口或 B 口上。输出设备收到信号后，从 A 口或 B 口接收数据，并使 $\overline{STB}$ 线变为低电平，以通知 8155 输出设备已收到输出数据。8155 在 $\overline{STB}$ 的上升沿检测到触发器满并且允许中断后，使 INTR 线变为高电平，以便向 CPU 提出中断请求。CPU 响应中断后，进行下一个数据的输出。

3) 8155 内部定时器/计数器

8155 内部定时器/计数器是一个 14 位减法计数器，其工作方式共有 4 种，由定时器/计数器长度字高字节中的 M2、M1 两位的状态决定，定时器/计数器长度字的低 14 位用于给定时器/计数器设置初值，长度字格式如图 4-15 (a)所示。

定时器/计数器在不同工作方式下对 T/IN 线输入的脉冲进行计数，计满回 0 时使 TIMER 置位，并在 $\overline{T/OUT}$ 线上输出矩形波或脉冲波，输出波形的具体形式如图 4-15(b)所示，具体分析如下。

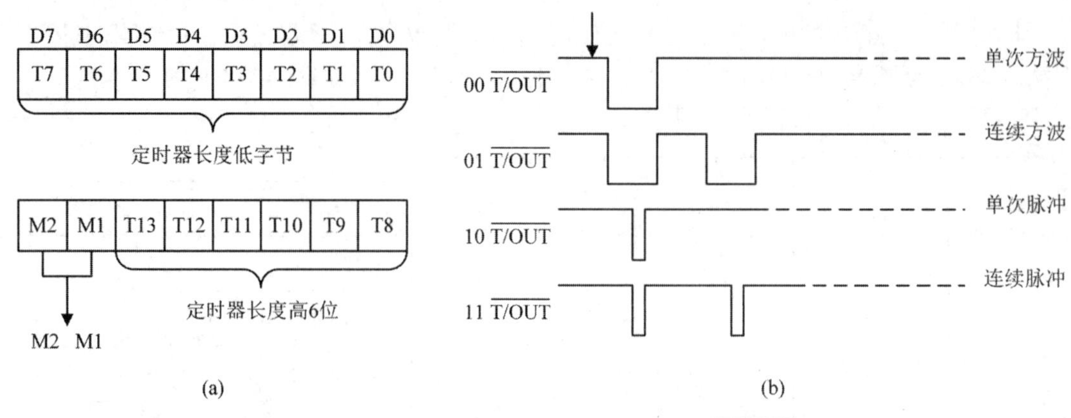

图 4-15 8155 内部定时器/计数器长度字格式及$\overline{T/OUT}$波形

- 当 M2M1=00 时，定时器/计数器在计数的后半周期内使$\overline{T/OUT}$线上输出低电平(一个矩形波)。矩形波周期与定时器计数初值有关。若定时器/计数器计数初值为偶数，则$\overline{T/OUT}$线上的矩形波是对称的；若为奇数，则矩形波高电平持续期比低电平多一个计数脉冲时间。
- 当 M2M1=01 时，定时器/计数器每当减 1 到全 0 时，都能自动装入定时器/计数器计数初值，所以$\overline{T/OUT}$线上输出连续矩形波。矩形波周期也与定时器/计数器计数初值的设定有关。
- 当 M2M1=10 时，定时器/计数器减 1 到全 0 时，就会在$\overline{T/OUT}$线上输出一个单脉冲。
- 当 M2M1=11 时，定时器/计数器每当减 1 到全 0 时，都能自动装入定时器计数初值，所以$\overline{T/OUT}$线上能输出一串重复脉冲。重复脉冲的频率也和定时器/计数器计数初值有关。

使用 8155 的定时/计数器时，要先向定时器/计数器高字节中送入数值，然后再向低字节中送入数值，最后再将命令字写入命令寄存器中。

在定时器计数期间，CPU 随时可以读出定时器中的状态，了解定时器的工作情况。

定时器/计数器的控制取决于命令寄存器的最高两位 TM2、TM1 的内容，如图 4-13 所示。

4) 8155 内部的 RAM

8155 内部集成了 256 个单元的静态 RAM，当 IO/$\overline{M}$=0 时，8155 的 AD0～AD7 输入的是 RAM 的地址；而当 IO/$\overline{M}$=l 时，8155 的 AD0～AD7 输入的是 I/O 的地址。在$\overline{CE}$=0 和 IO/$\overline{M}$=0 时，CPU 可以对任意一个 RAM 单元进行读/写，读/写控制信号分别是$\overline{RD}$和$\overline{WR}$。

5) 采用 8155 扩展并行 I/O 接口

8155 与 80C51 单片机的连接同样遵循三总线相连的原则。由于 8155 内部有地址锁存器，因此单片机的 P0.0～P0.7 可以直接与 8155 的 AD0～AD7 连接，其余的各输入控制线都与单片机的同名输出控制线相连即可。根据$\overline{CE}$和 IO/$\overline{M}$的接法，8155 的连接方式也可分为译码法和线选法，这与前面介绍的存储器的扩展方法基本相同。

在$\overline{CE}$=0、IO/$\overline{M}$=0 时，CPU 可以操作 8155 内部集成的 RAM 单元，与操作普通的静态完全一样，单元地址由 AD0～AD7 选择，$\overline{RD}$或$\overline{WR}$为读写控制信号。在$\overline{CE}$=0、IO/$\overline{M}$=1 时，8155 的 I/O 单元被选中，I/O 单元在使用前需要先设置工作方式，即进行 I/O 的初始化，通过命令寄存器的内容设置使 A 口、B 口和 C 口按照所要求的方式工作。

(1) 线选连接法

在单片机应用系统中，可以使用一些高位地址线直接与 8155 的 $\overline{CE}$ 和 IO/$\overline{M}$ 连接，这就是 8155 的线选连接法。图 4-16 所示为用线选连接法扩展的 8155 芯片。8031 的 P2.7 接 8155 的 $\overline{CE}$ 信号，P2.0 接 8155 的 IO/$\overline{M}$ 选择线，这样扩展的 8155 的内部 RAM 地址和 I/O 单元的地址分析如下：

A15	A14	A13	A12	A11	A10	A9	A8	A7	A6	A5	A4	A3	A2	A1	A0	
0	X	X	X	X	X	X	0	0	0	0	0	0	0	0	0	RAM 最低单元地址
0	X	X	X	X	X	X	0	1	1	1	1	1	1	1	1	RAM 最高单元地址
0	X	X	X	X	X	X	1	X	X	X	X	X	0	0	0	命令寄存器地址
0	X	X	X	X	X	X	1	X	X	X	X	X	0	0	1	A 口地址
0	X	X	X	X	X	X	1	X	X	X	X	X	0	1	0	B 口地址
0	X	X	X	X	X	X	1	X	X	X	X	X	0	1	1	C 口地址
0	X	X	X	X	X	X	1	X	X	X	X	X	1	0	0	计数器低 8 位
0	X	X	X	X	X	X	1	X	X	X	X	X	1	0	1	计数器高 8 位

8155 内部的 RAM 的基本地址为 0000～00FFH，命令寄存器的基本地址为 0100H，A 口的基本地址为 0101H，B 口的基本地址为 0102H，C 口的基本地址为 0103H。计数器低 8 位寄存器的基本地址为 0104H，高 8 位基本地址为 0105H。

例 3. 编写将图 4-16 中 8155 内部 RAM 40H 单元中的 X 送到 A 口输出的程序。

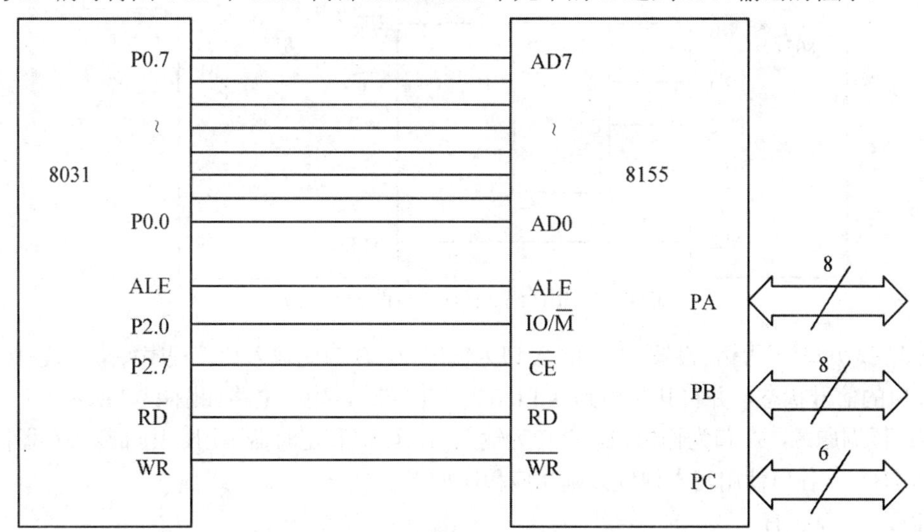

图 4-16 用线选连接法扩展的 8155 芯片

解：使用基本地址可以编程如下：

```
ORG     0000H
MOV     DPTR，#0100H        ；DPTR 指向命令/状态口地址
MOV     A，#01H             ；把命令字送入累加器 A
MOVX    @DPTR，A            ；把命令字送入命令寄存器，A 口成为输出口
MOVX    @DPTR，#0040H       ；DPTR 指向 8155 内部 RAM 40H 单元
MOVX    A，@DPTR            ；把 40H 单元的 X 送入累加器 A
```

```
MOV     DPTR，#0101H        ；DPTR 指向 A 口
MOVX    @DPTR，A            ；X 送 8155 的 A 口输出
SJMP    $
END
```

(2) 译码连接法

当 8051 单片机系统的外部数据存储器区扩展的芯片较多时，可以采用译码器作为 8155 的片选控制。这种连接通常是将单片机的高位地址线输入译码器，用译码器的输出接 8155 的 $\overline{CE}$ 或 IO/$\overline{M}$。图 4-17 所示为用译码连接法扩展的 8155 芯片。

在图 4-17 中，8031 的 P2.0 接 8155 的 IO/$\overline{M}$ 选择线，P2.5、P2.6、P2.7 接 74LS138 的 A、B、C 输入端，74LS138 的输出端 $\overline{Y1}$ 接 8155 的 $\overline{CE}$ 信号，则扩展的 8155 的内部 RAM 地址为 001X XXX0 0000 0000～001X XXX0 1111 1111。其中，X 位的信号可选 0 或 1，如果 X 位全选 0，则基本地址为 2000～20FFH；命令/状态寄存器的地址为 001X XXX1 XXXX X000，基本地址为 2100H。同理，A 口的基本地址为 2101H，B 口的基本地址为 2102H，C 口的基本地址为 2103H，计数器低 8 位的基本地址为 2104H，计数器高 8 位的基本地址为 2105H。

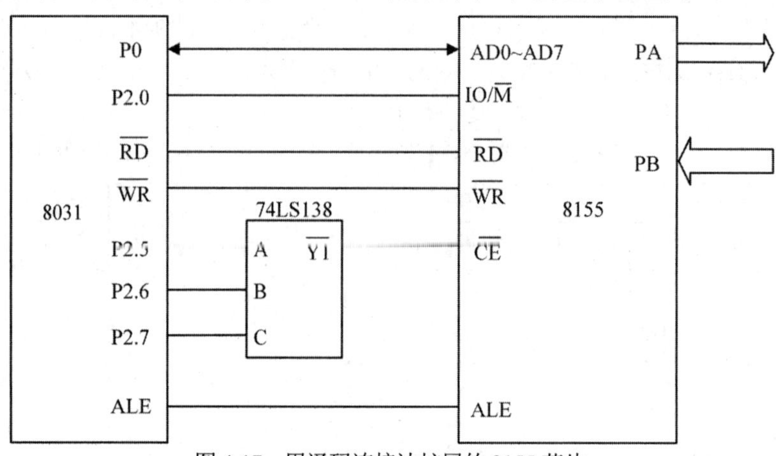

图 4-17　用译码连接法扩展的 8155 芯片

例 4. 试编写一程序，设置 8155 的 A 口为输出口，B 口为输入口。程序每隔一段时间读取一次 B 口的信号状态，并将其输出到 A 口完成某项控制。接口电路如图 4-17 所示。

解：根据题意，A 口为输出口，B 口为输入口，C 口和定时器不用，则命令寄存器内容为 00000001B，若各口使用基本地址，则相应程序如下：

```
ORG     0000H
START：MOV   DPTR，#2100H ；DPTR 指向命令寄存器地址
MOV     A，#01H             ；把命令内容送入累加器 A
MOVX    @DPTR，A            ；把命令内容写入命令寄存器
MOV     DPTR，#2102H        ；DPTR 指向 B 口地址
MOVX    A，@DPTR            ；读入 B 口内容
DEC     DPTR                ；DPTR 指向 A 口地址
MOVX    @DPTR，A            ；累加器 A 内容输出到 A 口
ACALL   DELAY               ；延时
```

```
SJMP    START               ; 跳转
DELAY：(略)
END                         ; 延时子程序
```

4.2 CPU异常与中断

本节将介绍微处理器CPU异常与中断的概念、常见微处理器的异常机制。通过介绍异常处理过程中中断向量的作用，使读者初步理解微处理器处理异常和响应中断的过程步骤，掌握其编程方法。本节针对80C51的中断系统，以及编程中中断设置方法展开讲述，让读者初步掌握80C51中断服务程序的编写方法。

4.2.1 概述

早期的计算机没有中断功能，主机与外设交换信息(数据)只能采用控制传送方式。这时CPU不能再做其他事情的处理，只能在大部分时间中处于等待状态，等待I/O接口准备就绪。如果I/O接口传送的是外部随机的突发信息，那么CPU就几乎无法处理。

现代计算机都具有实时处理功能，能对外界随机突发信息做出及时处理。这是靠中断技术来实现的。

当CPU正在处理某件事情时，外部发生的另一事件(如一个电平的变化或定时器计数溢出)请求CPU迅速做出反应处理，于是，CPU暂时中止当前的工作，转去处理所发生的事件。该事件处理完毕后，再回到原来被中止的地方，继续原来的工作，这样的过程称为中断，如图4-18所示。

实现这种功能的部件称为中断系统，产生中断请求的出处称为中断源。中断源向CPU提出的处理请求，称为中断请求或中断申请。CPU暂时中止原有的工作，转去处理事件的过程，称为CPU的中断响应过程。对事件的整个处理过程，称为中断服务(或中断处理)。处理完毕，再回到原来被中止的地方，称为中断返回。

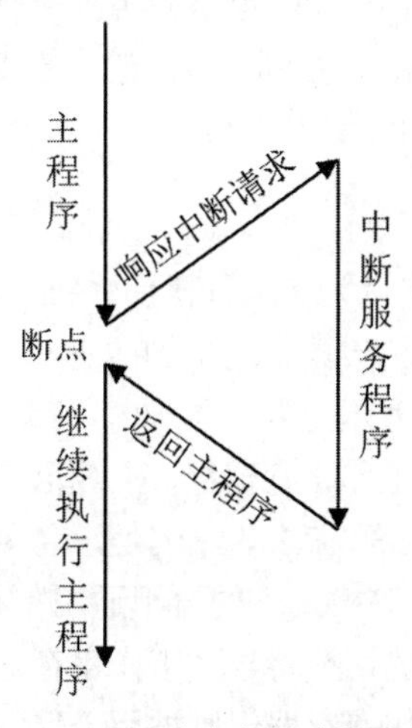

图4-18　CPU响应中断过程示意图

中断机制是微型计算机系统中的一个十分重要的功能，它为及时处理程序运行过程中的非正常事件提供了可靠有效的手段，增强了微型计算机随机应变处理事件的能力，这也是计算机被称为电脑的原因之一。

在早期的微机书籍中只有“中断”这个术语，由于现代微机(包括单片微机)种类繁多，引起“中断”的事件很多，为了更为精确、形象地说明事件的性质，现在的许多高级单片机(嵌入式处理器)更多地采用了“CPU 异常”这个术语。但凡程序运行中，因某种事件的发生，正常的指令流被暂时中止，即称之发生了 CPU 异常，这时 CPU 进入了异常模式，转入执行异常处理程序。而中断则专用于表述发生在 CPU 外部的异常。

4.2.2　CPU 异常

1. 异常类别与中断源

高级单片机的种类很多，引起 CPU 异常的原因也很多，异常处理的方式也不尽相同，在许多专业技术书中，习惯上把 CPU 异常分为三大类：复位、一般异常和中断。

复位也是一种异常，它是指处理器芯片的复位引脚出现有效复位电平时，引起 CPU 异常，这时处理器将重归初始状态，程序从头开始执行。

一般异常是指 CPU 内部事件引起的异常，在早期的书籍中又称 CPU 内部中断。常见的一般异常包括：由 CPU 执行未定义的指令代码引起的异常，CPU 执行访问不存在的地址空间引起的异常或 CPU 执行陷阱指令引起的异常等。

中断在这里专指 CPU 外部事件引起的异常，在早期的书籍中又称 CPU 外部中断，由于是 CPU 外设硬件申请的中断，因此又称硬中断。发出中断申请的这些外设源头被称为中断源。如定时器中断申请，串行口收发中断申请，DMA 传送中断申请，外部中断申请等。

对于“复位”和“一般异常”这样的异常事件发生，CPU 无条件地跳转、并执行处理这些异常事件的服务程序，这一处理在事先是不可屏蔽的。而来自 CPU 外部的异常事件“中断”通常分为两种性质：不可屏蔽中断 NMI 和可屏蔽中断 MI。所谓可屏蔽中断，就是中断源的申请可以被屏蔽。这样，即使事件发生了，CPU 也不会响应中断。对于可屏蔽中断事件，CPU 可以通过对 CPU 内部的特殊功能寄存器(如程序状态字)的设置来决定响应与否。通常是事先视中断的性质或当前的环境来决定将来是否响应中断。

2. 异常处理过程

在高档单片机(嵌入式处理器)中，为了运行操作系统，CPU 的工作模式通常分为用户模式和特权模式，正常的程序运行是在用户模式下进行的，只有出现 CPU 异常事件时，工作模式才进入特权模式。CPU 响应异常事件或退出异常处理时，都将自动地切换工作模式。在许多嵌入式处理器中，CPU 内部有多个通用工作寄存器组，汇编语言编程中使用这些工作寄存器组的寄存器时采用相同的名字，如 R0、R3 和 R6 等，但是，名字相同物理单元却不一定相同。在某一工作模式下，CPU 只能使用属于该模式下的一组通用寄存器。

当异常事件发生时，工作模式的切换将导致工作寄存器组的切换，切换前模式的寄存器组保留了原来的内容。特权模式的工作寄存器组则被用于保存新的数据，某些特殊功能寄存器在切换时就被硬件自动置入了重要数据，如断点地址、CPU 状态等，即专用于保护程序断点和寄存器现场。异常事件处理完毕后，CPU 要依据程序断点和这些寄存器的现场数据才能正确返回原来程序的中断处，并保证原来程序的顺利执行。

由此可见，工作模式的多样化有助于缩短CPU的异常处理时间。在某些高档处理器中，特权模式又被细分为多种模式，如ARM7芯片，有6个异常模式，每个异常模式都有自己的工作寄存器组，其中有专用的、也有通用的。但在早期的处理器中，却没有工作模式之分，如Intel公司的8086、80C51。

在微型电子计算机中，CPU异常(或中断)处理的过程分为检测、响应和处理三个阶段。

1) 异常检测

CPU在执行每一条指令时，都会检测该指令是否满足异常条件，并在每条指令结束时，检测外部是否有中断请求。当CPU检测到执行的指令满足异常条件，或外部中断源向CPU发出中断申请时，处理器在下一个指令周期就会进入异常处理阶段。

2) 异常响应

这是由CPU内部硬件自动完成的一系列操作序列，并不需要执行程序。

(1) 对于“复位”，CPU总是无条件进入异常处理周期；对于“一般异常”或者不可屏蔽的中断NMI，此类异常发生时若无其他更高优先级的异常发生或者正在处理，CPU将进入异常处理周期；对于可屏蔽中断MI，只要该中断是被允许(没有被屏蔽)的，且无其他更高优先级的异常同时发生或正在处理，CPU将进入异常处理周期。

(2) CPU在异常处理周期里，自动进行以下操作。

- 把当前指令指针的内容(程序断点地址)压入堆栈区或存入特权模式下的特定寄存器保存。
- 把CPU当前的程序状态寄存器内容压入堆栈区或存入特权模式下的特定寄存器保存。
- 更新特权模式下CPU的程序状态寄存器的内容。
- 把属于该异常类别的异常服务程序入口地址(异常向量)装入指令指针。

(3) 转入异常入口地址执行指令，从此开始异常处理。

3) 异常处理

CPU异常处理程序通常由用户自行编写。为了在异常处理完毕后，返回源程序的中止处顺利继续执行，编写的程序应该顺序完成下列操作。

(1) 把CPU内部某些寄存器内容(现场)压入堆栈区，如保护通用工作寄存器的内容，避免在后面的异常服务程序中因使用这些寄存器使其内容遭到破坏而无法恢复。

(2) 在处理“中断”这类异常时，如果允许中断嵌套，而这时总中断若是关闭的，则要开放总中断，以便在该中断服务期间CPU仍然能够响应更高优先级的中断请求；如果不允许中断嵌套，而这时总中断若是开放的，则要关总中断，以使在该中断服务期间不会被更高优先级的中断所打断。

(3) 转入进行具体类型的预案处理，这个处理通常作为一个子程序来调用。如针对某一中断源的性质，进行用户特定的处理，这时这个子程序就是中断服务程序。

(4) 为了防止恢复现场时被高优先级中断所打断，先关闭总中断。

(5) 从堆栈区弹出受保护的数据，恢复异常响应前受保护的CPU内部寄存器内容。

(6) 如果总中断关闭着，开放总中断。

(7) 执行一条指令，让被硬件自动保护的程序断点地址装入指令指针，即让CPU返回源程序的断点，同时自动恢复原来的程序状态寄存器内容。这样，程序就可以继续执行被中止的源程序了。

4.2.3 异常向量与中断向量

在微型计算机中，正常的工作程序和各种异常处理程序都是彼此独立的程序块，它们可以放在程序存储器中的异常向量区或中断向量区之外的任意地方。异常事件被响应后，CPU 将通过异常向量(或中断向量)的引导，转到目标程序区执行相应的异常处理程序。正如图书馆里的书，只要归类可放到任何地方，并在检索处登记在册，总会被找到。从中止源程序指令流到执行异常处理程序，实际上是程序的一个跳转过程。如何做到从事先无法预测的程序断点(异常发生时执行指令的下一条指令地址)，跳转到用户任意放置在其他地方的异常服务处理程序的入口，不同的处理器可能采用不同的方法。

1. 采用异常入口地址

此类处理器在硬件设计时，针对各类异常类型，分配相应的异常入口地址。这些异常入口地址又称异常向量，每一类异常对应程序存储器中的一个固定地址。当检测到异常事件发生、并决定响应时，CPU 强行把该类异常对应的入口地址置入程序指针。这意味着 CPU 响应某异常事件时，它总是被迫中止当前的指令流，从程序某处跳转到对应的一个固定地址，取出并执行该地址单元中存放的指令。因此，只要用户在编程时，在这个地址单元中存放一条跳转指令，引导 CPU 跳往具体的异常服务程序的入口地址，那么该异常服务程序无论放在哪里，都能被 CPU 顺利执行。在此类处理器中，所有类型的异常入口地址都集中在程序存储器初始地址附近的很小区域内。在实际应用中，这一区域总是存放引导性质的跳转指令，故称为异常向量区，区域内的代码称为异常向量表。

在实际中，有些嵌入式微处理器的一个异常入口地址并不都是只对应一个异常事件，许多性质相同的异常事件可能共用一个异常入口地址。在这种场合，CPU 响应异常前会自动识别异常事件的类型，把异常类型码存放在一个内部特殊功能寄存器中，以便 CPU 响应异常事件后，能够依据其内容再分支跳转到该异常事件对应的服务程序入口地址去。在许多嵌入式处理器芯片中，位于 CPU 外围的众多中断源只使用 2 个中断请求信号线与 CPU 内核联系，即只有 2 类来自 CPU 外部的异常，因此只能共用 2 个异常入口地址。为了让 CPU 响应这类异常时，最终能够执行某一中断源的中断服务程序，芯片厂商对中断源进行了编码，既赋予每个中断源一个独有中断类型码，并指定在程序存储器的某一区域或某一组特殊寄存器中，按中断类型码排列顺序存放中断服务程序入口地址。这样，根据中断类型码，CPU 就可以找到对应的中断服务程序入口地址，然后再转去取指和执行。这些中断服务程序的入口地址又称为中断向量，这一存储区域的代码又称为中断向量表。

综上所述，此类处理器异常响应与处理的机制是：当 CPU 响应异常(如中断)时，首先中止当前程序的顺序执行，跳转到异常入口地址，取出并执行一条跳转指令，再跳转到异常处理程序的入口地址，然后顺序执行该程序。如果该异常入口地址不是共用的，该异常处理是单层次的，即只有一层异常处理程序；如果该异常入口地址是共用的，该异常处理是双层次的。如中断，还需要中断类型码的引导，从中断向量表中找到该中断的服务程序入口地址，然后再转去执行中断服务程序。即除了异常处理这一层，还有中断处理这一层。

2. 采用中断向量表

此类处理器没有异常和中断之分，把所有异常都视为中断，发生在 CPU 内部的称为 CPU 内部中断，发生在 CPU 外部的称为 CPU 外部中断。在硬件设计时，对内外中断源统一安排，并赋予编号，即中断类型码，并规定用户必须在程序存储器初始地址附近的一个区域内，按中断类型码顺序放置各中断服务程序的入口地址，既中断向量。故这一区域称为中断向量区，这一区域的代码称为中断向量表。很显然，与异常向量区存放跳转指令不同，中断向量区存放的不是指令，而是中断服务程序的入口地址。即异常向量表的内容是指令，而中断向量表的内容是地址。

当检测到某一中断事件发生、并决定响应时，CPU 中断当前程序的运行，根据中断类型码自行查询中断向量表，取得对应中断向量(中断服务程序入口地址)后自动跳转到中断服务程序的入口地址，执行中断服务程序。这实际上相当于 CPU 进入了一个隐蔽的异常入口地址，执行了一个固化在 CPU 内部的异常处理程序。因此，用户不用编写异常处理程序，只需要编写中断服务程序。

以上两种方法各有优缺点。采用异常入口地址，需要用户编写异常响应处理程序和中断服务程序，手续较为麻烦。当用户编写这两个程序时，各类寄存器的现场保护以及中断嵌套处理都放在异常响应处理的程序中，而中断服务程序则只做纯粹的仅与中断事件有关的处理，因此，程序层次分明，便于模块化。而采用中断向量表，虽然只需编写一个中断服务程序，手续较为简便。但在程序中，要把与中断事件有关的处理和各类寄存器的现场保护以及中断嵌套处理合在一起，不便于模块化。

在使用操作系统的情况下，操作系统在中断发生时要接管中断处理，用户能操作的地方有限。因此，对于前者，操作系统只接管异常响应处理，而把中断服务程序完全留给用户；而对于后者，操作系统必须接管中断服务处理。因此，较为高档的嵌入式处理器，因为预计要使用嵌入式实时操作系统，通常都采用异常入口地址的方式。这样，在操作系统移植后，用户也只需编写纯粹的中断服务程序了。

4.2.4　异常处理的优先顺序与嵌套

当多种异常事件同时发生时，CPU 必须按照它们各自不同的响应次序来分别进行异常处理。显然，“复位”这个异常是最优先的，而且它不会返回；其次是一般异常，一般异常通常也有许多类型，但由于它是由 CPU 内部产生的，检测的顺序已由硬件排定，因此，无论它们是共用一个异常入口，还是各自分配一个异常入口，其响应顺序(优先顺序)都是恒定不变的；再次是中断，同样中断有许多类型，它是 CPU 外设在用户的安排下产生的，显然，为了满足用户的需要，无论它们是共用一个异常入口，还是各自用一个异常入口，其响应顺序(优先顺序)应该都是可以设定的，当然如果用户没有设定，它们会有一个由硬件排序的默认响应顺序(优先顺序)。

在许多专业书籍中，通常把由硬件排序的响应顺序称为优先权，把由软件设定的响应顺序称为优先级。

当 CPU 正处于一个中断服务的处理过程中，又有一个优先级别更高的中断源发出中断请求，且这一新的中断源满足响应条件，则 CPU 应中止当前的中断服务程序，保护此程序的断点和现场(CPU 状态)，转而响应高级别的中断。这种多级(重)中断的处理方式称为“嵌套”。当新中断的优先级与正在处理的中断具有相同优先级别或更低时，则不会发生中断嵌套，CPU 不立即响应新中断，直到当前中断服务结束后再进行判断处理。

在实际编程中，用户可以通过对中断管理系统中的特殊功能寄存器的设置，达到对中断嵌套的管理，图 4-19 描绘了两级中断嵌套的示意图。

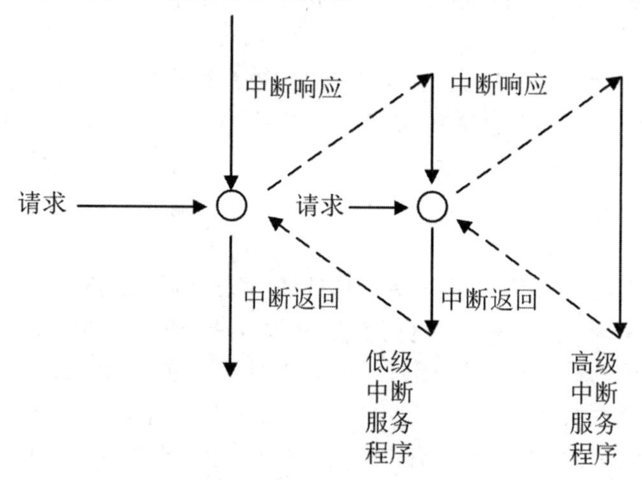

图 4-19　两级中断嵌套的示意图

当 CPU 正处于一个中断服务的过程中，这时发生了一般异常事件，则 CPU 应中止当前的中断服务程序，保护此程序的断点和现场(CPU 状态)，转而响应一般异常处理。这也属于中断嵌套。

4.2.5　中断程序设计原则

尽管中断的类型很多，中断服务程序的功能也不一样，但针对所有中断源的中断响应和处理过程都有相同的结构形式，即从进入异常入口地址到退出异常处理，程序的流程应该遵循“4.2.2 CPU 异常”一节中异常处理过程里介绍的异常处理阶段的原则。

在实际应用中，设计中断服务程序时还应该注意尽量缩短中断的处理时间，以免阻塞其他较低优先级中断的响应，或拖延其他重要工作的处理。具体的应对方法如下。

(1) 不要把所有与中断请求有关的服务都放在中断服务程序内处理，应尽量简短地处理一些不得不立即做的处理，然后设置标志位，待返回主程序后再做处理。在多任务的嵌入式操作系统环境中，则通过发送信号量或事件，由某一任务来继续完成后续的工作。

(2) 应尽量避免使用查询等待指令。因为若使用查询等待之类的指令，CPU 就会处于空转状态而浪费时间，等于降低了 CPU 的处理能力，除非这时产生了中断嵌套。

(3) 应给堆栈区留有充分的余量。由于响应中断时要把一些需要保护的寄存器内容(保护现场)压入堆栈区，中断返回时从堆栈区弹出保护数据，因此必须估计好多级嵌套时的堆栈深度，一般对堆栈深度做不到精确计算，因此要让堆栈区留有充分的余量，以保证程序运行的安全。

4.2.6　80C51 中断系统

引起 80C51 CPU 异常的原因只有 5 个来自 CPU 外围外部的中断源。由于没有 CPU 内部的一般异常，中断源又少，因此，80C51 的异常处理机制采用了与异常入口地址相同的方法，即直接给每个中断源都分配了一个固定的中断入口地址。因此，对 80C51 而言，只讲中断而不说 CPU 异常。在程序执行中，当检测到某一个有效中断请求时，程序计数器(PC)被强制被置入该中断入口地址，导致 CPU 到该处取指(跳转指令)执行，原指令流中断，最终引导 CPU 跳转到中断服务程序执行。各中断源与各中断向量如表 4-5 所示。

表 4-5　中断源及其中断向量

中断源	中断向量
外部中断 0(INT0)	0003H
定时器/计数器 0(T0)	000BH
外部中断 1(INT1)	0013H
定时器/计数器 1(T1)	001BH
串行口(RI、TI)	0023H
定时器/计数器 2(T2)	002BH

1. 80C51 的中断优先级

80C51 芯片内部集成有中断控制系统，可以解决中断优先级和中断屏蔽的问题。当几个中断源同时申请中断时，或者 CPU 正在处理某外部事件，又有另一外部事件申请中断时，80C51 CPU 能够区分哪个中断源更重要，从而确定优先响应哪个中断源提出的申请。

但是，80C51 仅有两级中断优先级，图 4-20 是其中断系统的结构示意图。优先级高的事件可以中断 CPU 正在处理的低级的中断服务程序，待完成高级中断服务程序之后，再继续执行被中断的低级中断服务程序。因此，80C51 仅能进行 2 级中断嵌套处理。

这两级中断优先级分为高、低两个优先级，可通过中断优先级寄存器 IP 来设定。在同级优先级的中断源之间，还存在优先的问题，即自然优先级的排列。在 80C51 中，自然优先级被称为优先权，当同级的多个中断源同时提出中断申请时，CPU 将优先响应优先权高的中断源；但是，当 CPU 处于中断服务处理中，若优先权高的中断源提出中断申请，CPU 则不会响应，必须等到它处理完当前中断服务处理为止。80C51 的中断优先权排列如下：

外部中断 0→定时器/计数器 0→外部中断 1→定时器/计数器 1→串行口中断定时器 2

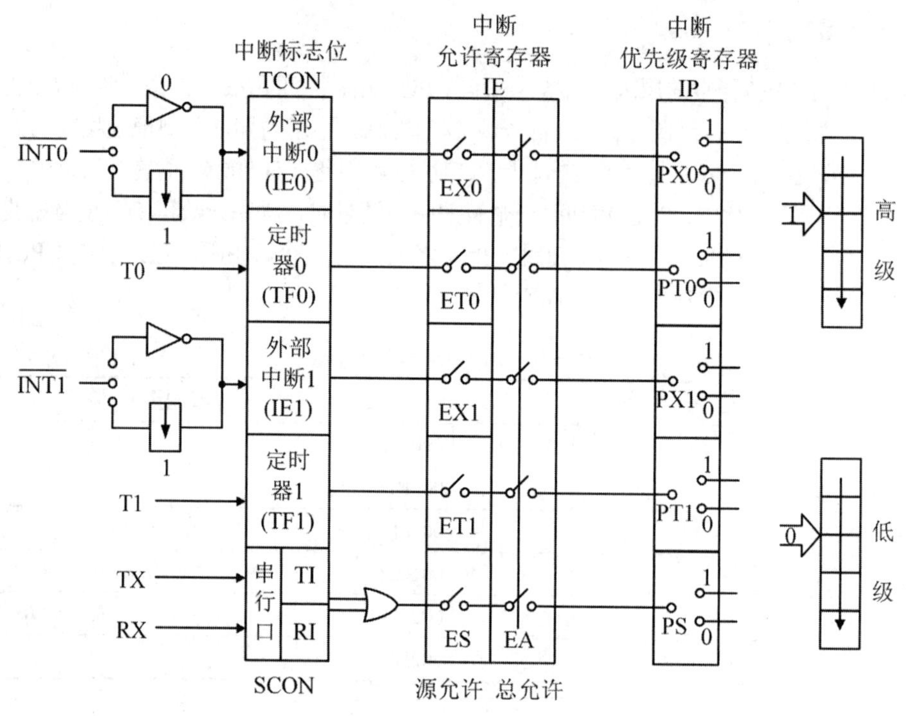

图 4-20 80C51 的中断系统结构示意图

2. 中断的控制和操作

1) 中断源

80C51 中有 5 个中断源。80C52 中增加了一个定时器/计数器 T2 中断源，即有 6 个中断源。80C51 的 5 个中断源如下所示。

INT0：外部中断 0，来自引脚 P3.2 的信号。当 IT0(TCON.0)=0 时，低电平有效；当 IT0(TCON. 0) = 1 时，下降沿有效。

INTl：外部中断 1，来自引脚 P3.3 的信号。当 IRl(TCON.2)=0 时，低电平有效；当 IT1(TCON. 2) = 1 时，下降沿有效。

T0 溢出：定时器/计数器 T0 溢出中断。

T1 溢出：定时器/计数器 T1 溢出中断。

RI、TI 串行中断：串行口接收一帧数据或发送一帧数据时中断。

2) 中断标志

INT0、INT1、T0 及 T1 的中断标志存放在 TCON(定时器计数器控制)寄存器中，串行口的中断标志存放在 SCON(串行口控制)寄存器中。

TCON 寄存器字节地址为 88H，其格式如下：

位地址	8FH	8EH	8DH	8CH	8BH	8AH	89H	88H
符号	TF1		TF0		IE1	IT1	IE0	IT0

TF1(TCON.7)：T1 计数溢出。硬件置位，响应中断时硬件复位。不用中断时，软件清 0。

TF0(TCON.5)：T0 计数溢出。硬件置位，响应中断时硬件复位。不用中断时，软件清 0。

IE1(TCON.3)：IE1 = 1 时，INT1 向 CPU 申请中断。

IE0(TCON.1)：IE0 = 1 时，INT0 向 CPU 申请中断。

IT1(TCON.2)、IT0(TCON.0)：外部中断申请触发方式控制位。

SCON 寄存器字节地址为 98H，其格式如下：

位地址	9FH	9EH	9DH	9CH	9BH	9AH	99H	98H
符号							TI	RI

TI(SCON.1)：发送完一帧，硬件置位。响应中断后，必须软件清 0。

RI(SCON.0)：接收完一帧，硬件置位。响应中断后，必须软件清 0。

3) 中断允许控制

中断允许和禁止由中断允许寄存器控制。

中断允许寄存器(IE)的字节地址为 A8H，其格式如下：

位地址	AFH	AEH	ADH	ACH	ABH	AAH	A9H	A8H
符号	EA		—	ES	ET1	EX1	ET0	EX0

IE 寄存器中的各位为 0 时，禁止中断；为 1 时，允许中断。系统复位后，IE 寄存器中各位均为 0，即此时禁止所有中断。各位定义如下。

EX0(IE.0)：外部中断 0 中断允许位。

ET0(IE.1)：定时器/计数器 T0 中断允许位。

EX1(IE.2)：外部中断 1 中断允许位。

ET1(IE.3)：定时器/计数器 T1 中断允许位。

4) 中断优先级设置

中断优先级寄存器 IP 的字节地址为 0B8H，其格式如下：

位地址	BFH	BEH	BDH	BCH	BBH	BAH	B9H	B8H
符号			—	PS	PT1	PX1	PT0	PX0

IP 寄存器中的各位为 0 时，低中断优先级；为 1 时，高中断优先级。系统复位后，IP 寄存器中各位均为 0，即此时全部设定为低中断优先级。

例如，要把定时器 T0 的优先级定为高优先级，则执行下面指令中的一条即可：

ORL IP，#02H　或　SETB PT0

5) 外部中断触发方式

TNT0、INT1 的中断触发方式有两种：电平触发方式，低电平有效；跳变触发方式，电平发生由高到低的跳变时触发。这两种触发方式可由设置 TCON 寄存器中的中断申请触发方式控制位 IT1(TCON.2)和 IT0(TCON.0)来选择：设置 IT1 或 IT0 = 0，选择电平触发方式；设置 IT1 或 IT0 = 1，选择跳变触发方式，即当 INT0、INT1 引脚检测到前一个机器周期为高电平、后一个机器周期为低电平时，置位 IE0、IE1，且向 CPU 申请中断。

由于 CPU 每个机器周期采样 INT0、INT1 引脚信号一次，为确保中断请求被采样到，外部中断源送 INT0、INT1 引脚的中断请求信号应至少保持一个机器周期。如果是跳变触发方式，则外部中断源送 INT0、INT1 引脚的中断请求信号的高、低电平应至少各保持一个机器周期，才能确保CPU采集到电平的跳变；如果是电平触发方式，则外部中断源送INT0、INT1引脚请求中断的低电平有效信号，应一直保持到CPU响应中断为止。

6) 中断请求的撤除

CPU响应中断请求，转向中断服务程序执行，在其执行中断返回指令(RETI)之前，中断请求信号必须撤除，否则将再一次引起中断而出错。

中断请求撤除的方式有以下三种。

(1) 由单片机内部硬件自动复位的：对于定时器/计数器 T0、T1 的溢出中断和采用跳变触发方式的外部中断请求，在CPU响应中断后，由内部硬件自动复位中断标志TF0和TF1，IE0和IE1，而自动撤除中断请求。

(2) 需用软件清除相应标志的：对于串行接收/发送中断请求和80C52中的定时器/计数器T2的溢出和捕获中断请求，在CPU响应中断后，内部无硬件自动复位中断标志RI、TI、TF2和EXF2，必须在中断服务程序中清除这些中断标志，才能撤除中断。

(3) 既无硬件也无软件措施的：对于采用电平触发方式的外部中断请求，CPU对INT0、INT1引脚上的中断请求信号既无控制能力，也无应答信号。为保证在CPU响应中断后、执行返回指令前，撤除中断请求，必须考虑另外的措施。

3. 中断的响应过程

中断的响应过程的时序如图4-21所示。响应过程如下。

(1) 在每个机器周期的S5P2期间，各中断标志采样相应的中断源。CPU则在下一机器周期的S6期间按优先级的顺序查询各中断标志。若查询到某中断标志为1，则按优先级的高低进行处理，即响应中断。

(2) 响应中断后，执行硬件生成的长调用指令LCALL，将程序计数器(PC)的内容压入堆栈保护，先低位地址，后高位地址，栈指针加2。

(3) 将对应中断源的中断向量地址装入程序计数器(PC)，使程序转向该中断向量地址，去执行中断服务程序。

(4) 中断服务程序由中断向量地址开始执行，直至遇到RETI指令为止。

(5) 执行RETI指令，撤销中断申请，弹出断口地址进入PC，先弹出高位地址，后弹出低位地址，栈指针减2，恢复原程序的执行。

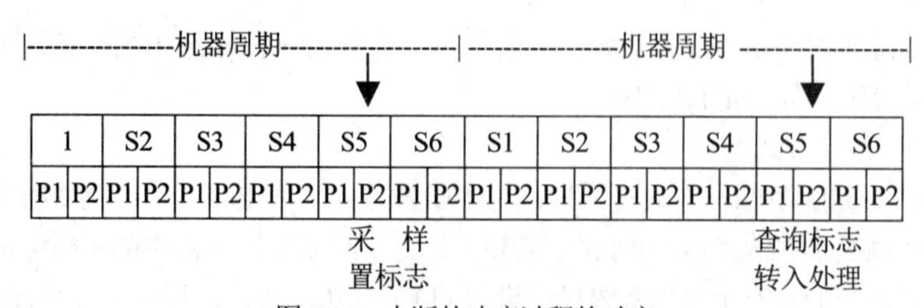

图4-21　中断的响应过程的时序

在接受中断申请时，如遇下列情况，硬件生成的长调用指令“LCALL”将被封锁。

- 正在执行同级或高一级的中断服务程序。
- 当前周期不是执行当前指令的最后一个周期。
- 当前正在执行RETI指令或执行对IE、IP的读/写操作指令。

4.3 定时器/计数器

4.3.1 概述

定时器/计数器(Timer/Counter)是单片机中的重要部件，其工作方式灵活、编程简单，对减轻 CPU 的负担和简化外围电路都有很大好处。

- 80C51 包含 2 个 16 位的定时器/计数器：定时器/计数器 T0 和定时器/计数器 T1。
- 80C52 包含 3 个 16 位的定时器/计数器：定时器/计数器 T0、定时器/计数器 T1 和定时器/计数器 T2。
- 在 80C51 系列的部分产品(80C52)中，还包含一个用作看门狗的 8 位定时器(T3)。
- 定时器/计数器的核心是一个加 1 计数器，其基本功能是加 1。
- 在单片机的 T0、T1 或 T2 引脚上施加一个 1 到 0 的跳变，计数器加 1，即为计数功能。
- 在单片机内部对机器周期或其分频进行计数，从而得到定时，这就是定时功能。

在单片机中，定时功能和计数功能的设定和控制都是通过软件来进行的。

4.3.2 定时器/计数器 T0、T1

1. 定时器/计数器 T0、T1 的内部结构

定时器/计数器 T0、T1 的内部结构简图如图 4-22 所示。从图中可以看出，定时器/计数器 T0、T1 由以下几部分组成。

- 计数器 TH0、TL0 和 TH1、TL1。
- 特殊功能寄存器 TMOD 和 TCON。
- 时钟分频器。
- 输入引脚 T0、T1、$\overline{INT0}$ 和 $\overline{INT1}$ 。

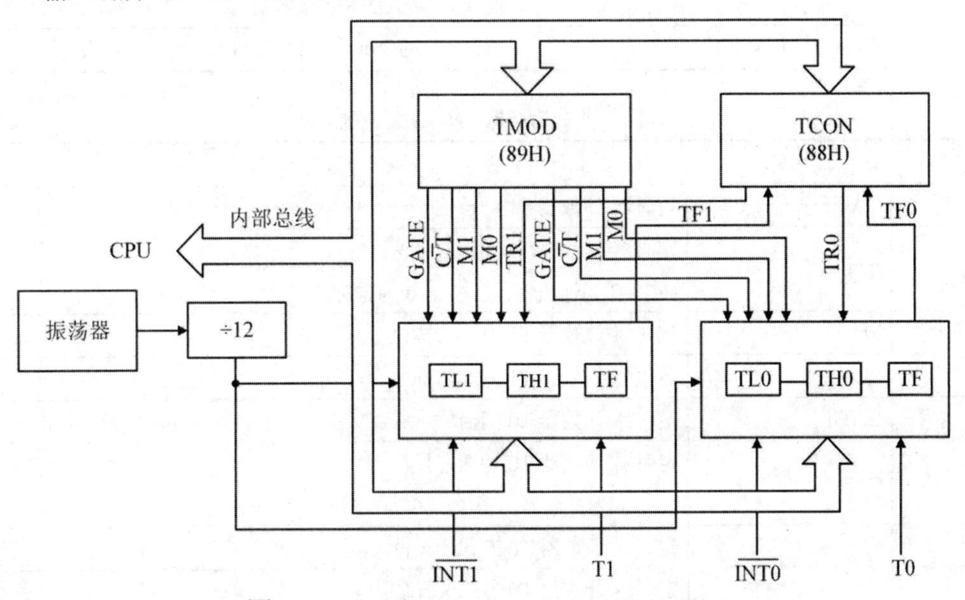

图 4-22　定时器/计数器 T0、T1 的内部结构简图

2. 定时器/计数器 T0、T1 的特殊功能寄存器

1) 定时器/计数器 T0、T1 的方式寄存器——TMOD

方式寄存器 TMOD 是一个逐位定义的 8 位寄存器，是只能按字节寻址的寄存器，字节地址为 89H。其格式如下：

D7	D6	D5	D4	D3	D2	D1	D0
GATE	$C/\overline{T}$	M1	M0	GATE	$C/\overline{T}$	M1	M0
T1				T0			

其中低 4 位定义定时器/计数器 T0，高 4 位定义定时器/计数器 T1，各位的意义如下。

(1) GATE——门控位。

- GATE=1 时，由外部中断引脚 $\overline{INT0}$、$\overline{INT1}$ 和控制寄存器的 TR0、TR1 来启动定时器。当 $\overline{INT0}$ 引脚为高电平时，TR0 置位，启动定时器 T0；当 $\overline{INT1}$ 引脚为高电平时，TR1 置位，启动定时器 T1。
- GATE＝0 时，仅由 TR0 和 TR1 置位来启动定时器 T0 和 T1。

(2) $C/\overline{T}$——功能选择位。

$C/\overline{T}$ =1 时，选择计数功能；$C/\overline{T}$＝0 时，选择定时功能。

(3) Ml、M0——方式选择位。

由于有 Ml 和 M0 两位，可以有 4 种工作方式，如表 4-6 所示。

TMOD 各位的功能综合列入表 4-7 中。

表 4-6　定时器/计数器 T0、T1 的 4 种工作方式

M1 M0	工作方式	计数器配置
0 0	方式 0	13 位计数器
0 1	方式 1	16 位计数器
1 0	方式 2	自动再装入的 8 位计数器
1 1	方式 3	T0 分为两个 8 位计数器，T1 作为波特率发生器

表 4-7　方式寄存器 TMOD 各位的功能

位	名称	功能
D7	GATE	定时器/计数器 T1 门控位
D6	$C/\overline{T}$	定时器/计数器 T1 功能选择位： $C/\overline{T}$=1 为计数器，$C/\overline{T}$ =0 为定时器
D5	M1	定时器/计数器 T1 方式选择位
D4	M0	定时器/计数器 T1 方式选择位
D3	GATE	定时器/计数器 T0 门控位
D2	$C/\overline{T}$	定时器/计数器 T0 功能选择位： $C/\overline{T}$=l 为计数器，$C/\overline{T}$ =0 为定时器
D1	M1	定时器/计数器 T0 方式选择位
D0	M0	定时器/计数器 T0 方式选择位

2) 定时器/计数器 T0、T1 的控制寄存器——TCON

控制寄存器 TCON 是一个逐位定义的 8 位寄存器，既可按字节寻址，也可按位寻址。字节地址为 88H，按位寻址的地址为 88H~8FH。其格式如下：

位地址	8FH	8EH	8DH	8CH	8BH	8AH	89H	88H
位功能	TF1	TR1	TF0	TR0	IE1	IT1	IE0	IT0

其中各位的功能如表 4-8 所示，说明如下。

- TF1(TCON. 7)：定时器/计数器 T1 的溢出标志。
  定时器/计数器 T1 溢出时，该位由内部硬件置位。若中断开放，则响应中断，进入中断服务程序后，由硬件自动清 0；若中断禁止，则可用于判跳，用软件清 0。
- TR1(TCON. 6)：定时器/计数器 T1 的运行控制位。
  用软件控制，置 1 时，启动 T1；清 0 时，停止 T1。
- TF0(TCON. 5)：定时器/计数器 T0 的溢出标志。其意义与 TF1 相同。
- TR0(TCON. 4)：定时器/计数器 T0 的运行控制位。
  用软件控制，置 1 时，启动 T0；清 0 时，停止 T0。TCON 的低 4 位与中断有关。复位后，TCON 的所有位均清 0。

表 4-8　控制寄存器 TCON 各位的功能

位	名称	功能
D7	TF1(TCON.7)	定时器/计数器 T1 的溢出标志
D6	TR1(TCON.6)	定时器/计数器 T1 的运行控制位
D5	TF0(TCON.5)	定时器/计数器 T0 的溢出标志
D4	TR0(TCON.4)	定时器/计数器 T0 的运行控制位
D3	IE1(TCON.3)	外部中断 1 请求标志位
D2	IT1(TCON.2)	外部中断 1 触发类型选择位
D1	IE0(TCON.1)	外部中断 0 请求标志位
D0	IT0(TCON.0)	外部中断 0 触发类型选择位

3) 定时器/计数器 T0、T1 的数据寄存器——TH1、TL1 和 TH0、TL0

定时器/计数器 T0、T1 各有 1 个 16 位的数据寄存器，它们都是由高 8 位寄存器和低 8 位寄存器所组成。这些寄存器不经过缓冲，直接显示当前的计数值。这 4 个寄存器都是读/写寄存器，任何时候都可对它们进行读/写操作。复位后，所有这 4 个寄存器全部清 0。它们都只能按字节寻址，相应的字节地址见表 4-9。

表 4-9　定时器/计数器 T0、T1 的数据寄存器的字节地址

寄存器	名称	字节地址
TH1	T1 的高 8 位数据寄存器	8DH
TL1	T1 的低 8 位数据寄存器	8BH
TH0	T0 的高 8 位数据寄存器	8CH
TL0	T0 的低 8 位数据寄存器	8AH

3. 定时器/计数器 T0、T1 的功能选择

定时器/计数器 T0、T1 的功能是通过 TMOD 中的 $C/\overline{T}$ 来选择的。

1) 定时器(设置 $C/\overline{T}=0$)

此时，计数输入信号是内部时钟脉冲，每个机器周期使寄存器的值增 1。每个机器周期等于 12 个振荡周期，故计数速率为振荡频率的 1/12。当采用 12 MHz 的晶体时，计数速率为 1MHz。

定时器的定时时间，与系统的振荡频率有关，与计数器的长度和初值有关。

2) 计数器(设置 $C/\overline{T}=l$)

通过引脚 T0(P3.4)和 T1(P3.5)对外部信号进行计数。在每个机器周期的 S5P2 期间，CPU 采样引脚的输入电平。若前一机器周期采样值为 1，下一机器周期采样值为 0，则计数器增 1，此后的机器周期 S3P1 期间，新的计数值装入计数器。因此检测一个 1 到 0 的跳变需要两个机器周期，故最高计数频率为振荡频率的 1/24。

4. 定时器/计数器 T0、T1 的工作方式

根据对 Ml 和 M0 的设定，定时器/计数器 T0、T1 可选择 4 种不同的工作方式。定时器/计数器 T0、T1 的前 3 种工作方式(即方式 0、方式 1 和方式 2)相同，方式 3 的设置稍有不同，需要注意。

1) 方式 0

当 TMOD 中的 M1=0，M0 = 0 时，选定方式 0 工作。方式 0 时的结构如图 4-23 所示。这种方式下，计数寄存器由 13 位组成，即 TLx 的高 3 位未用。

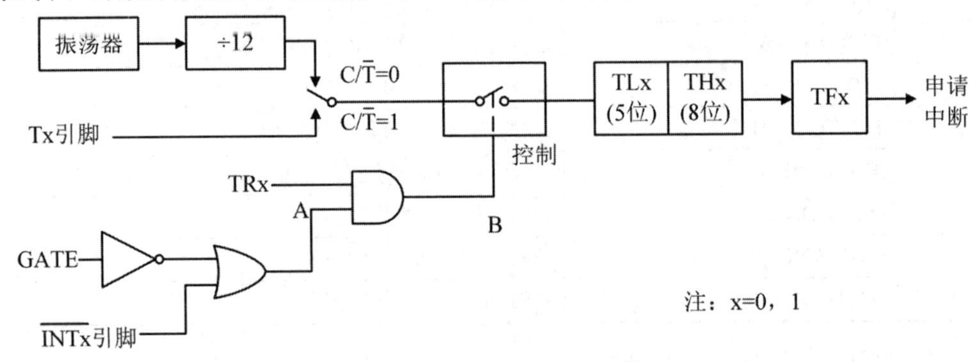

图 4-23 方式 0 时，定时器/计数器 T0、T1 的结构简图

计数时，TLx 的低 5 位溢出后向 THx 进位，THx 溢出后将 TFx 置位，并向 CPU 申请中断。

- 当 GATE = 0 时，A 点为高电平，定时器/计数器的启动/停止由 TRx 决定。TRx=1，定时器/计数器启动；TRx=0，定时器/计数器停止。
- 当 GATE=1 时，A 点的电位由位 $\overline{INTx}$ 决定，B 点的电位由 TRx 和 $\overline{INTx}$ 决定，即定时器/计数器的启动/停止由 TRx 和 $\overline{INTx}$ 两个条件决定。

计数溢出时，TFx 置位。如果中断允许，CPU 响应中断并转入中断服务程序，由内部硬件清 TFx。TFx 也可以由程序查询和清 0。

2) 方式 1

当 TMOD 中的 M1 = 0，M0=1 时，选定方式 1 工作。方式 1 时的结构如图 4-24 所示。这种方式下，计数寄存器由 16 位组成。

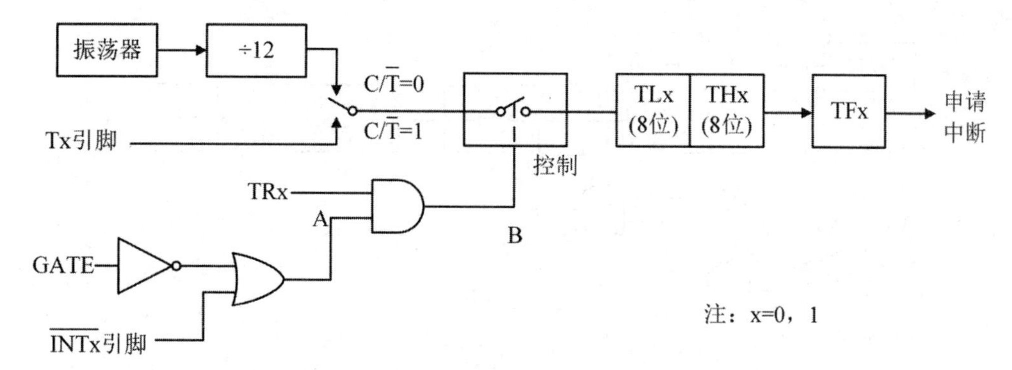

图 4-24　方式 1 时，定时器/计数器 T0、T1 的结构简图

计数时，TLx 溢出后向 THx 进位，THx 溢出后将 TFx 置位，并向 CPU 申请中断。其他与方式 0 完全相同。

3) 方式 2

当 TMOD 中的 M1=1，M0=0 时，选定方式 2 工作。这种方式是将 16 位计数寄存器分为两个 8 位寄存器，组成一个可重装入的 8 位计数寄存器。方式 2 时的结构如图 4-25 所示。

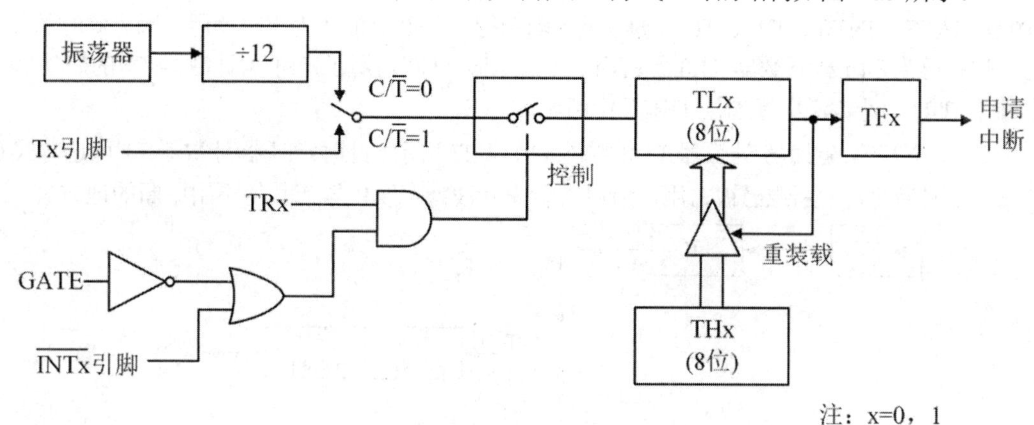

图 4-25　方式 2 时，定时器/计数器 T0、T1 的结构简图

在方式 2 中，TLx 作为 8 位计数寄存器，THx 作为 8 位计数常数寄存器。

当 TLx 计数溢出时，一方面，将 TFx 置位，并向 CPU 申请中断；另一方面，将 THx 的内容重新装入 TLx 中，继续计数。

重新装入不影响 THx 的内容，因而可以多次连续再装入。

方式 2 对定时控制特别有用，它可实现每隔预定时间发出控制信号，而且特别适合于串行口波特率发生器的使用。

4) 方式 3

当 TMOD 中的 M1 = 1，M0 = 1 时，选定方式 3 工作。这种方式是将定时器/计数器 T0 分为一个 8 位定时器/计数器和一个 8 位定时器，TL0 用于 8 位定时器/计数器，TH0 用于 8 位定时器。方式 3 时定时器/计数器 T0 的结构如图 4-26 所示。

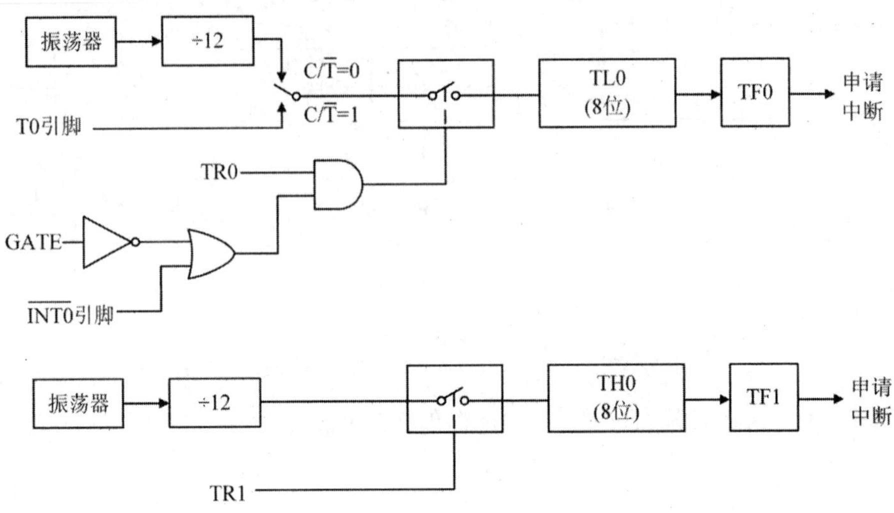

图 4-26　方式 3 时，定时器/计数器 T0 的结构简图

定时器/计数器的工作与方式 0 时相同，只是此时的计数器为 8 位计数器 TL0，它占用了 T0 的 GATE、$\overline{\text{INT0}}$、TR0、T0 引脚以及中断源等。TH0 只能作为定时器用，因为此时的外部引脚 T0 已为定时器/计数器 TL0 所占用。不过这时 TH0 占用了定时器/计数器 T1 的启动/停止控制位 TR1、计数溢出标志位 TF1 及中断源。

在方式 3 下，定时器/计数器 T1 的结构如图 4-27 所示。此时定时器/计数器 T1 可选方式 0、1 或 2。因为此时中断源已被占用，所以仅能作为波特率发生器或其他不用中断的地方。

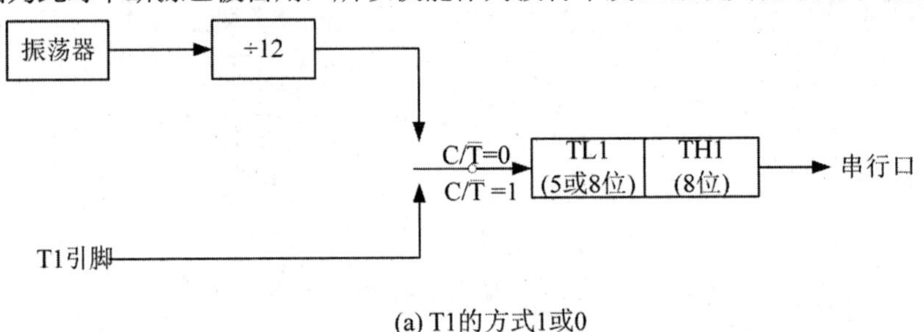

(a) T1的方式1或0

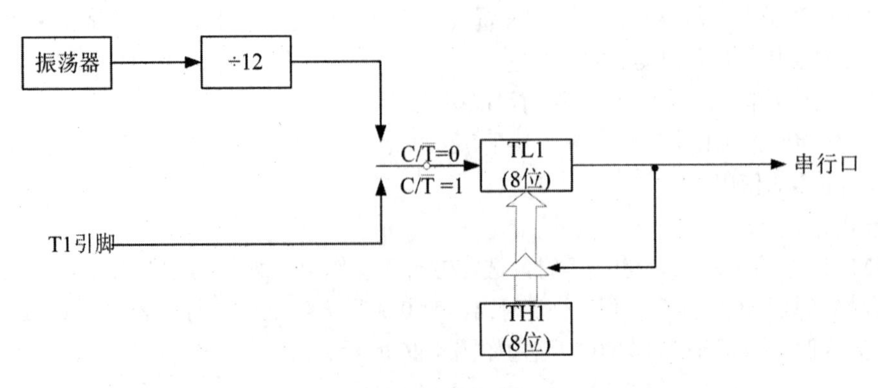

(b) T1的方式2

图 4-27　方式 3 时，定时器/计数器 T1 的结构简图

事实上，只在定时器/计数器 T1 用作波特率发生器时，定时器/计数器 T0 才选方式 3。

4.3.3　定时器/计数器 T2

80C52 中有一个功能较强的定时器/计数器 T2，它是一个 16 位的、具有自动重装载和捕获能力的定时器/计数器。在定时器/计数器 T2 的内部，除了两个 8 位计数器 TL2、TH2 和控制寄存器 T2CON、方式寄存器 T2MOD 之外，还设置有捕获寄存器 RCAP2L(低字节)和 RCAP2H(高字节)。定时器/计数器 T2 的计数脉冲源可以有两个：一个是内部机器周期，另一个是由 T2(P1.0)端输入的外部计数脉冲。

输入引脚 T2(P1. 0)是外部计数脉冲输入端。输入引脚 T2EX(P1.1)是外部控制信号输入端。

1. 定时器/计数器 T2 中的特殊功能寄存器

1) 控制寄存器——T2CON

控制寄存器 T2CON 是一个逐位定义的 8 位寄存器，既可按字节寻址也可按位寻址，字节地址为 0C8H，按位寻址的地址为 0C8H~ 0CFH。其格式如下：

位地址	0CFH	0CEH	0CDH	0CCH	0CBH	0CAH	0C9H	0C8H
位功能	TF2	EXF2	RCLK	TCLK	EXEN2	TR2	$C/\overline{T2}$	$CP/\overline{RL2}$

各位的含义如下。

TF2(T2CON.7)：定时器/计数器 T2 溢出标志。定时器 T2 溢出时置位，并申请中断。只能靠软件清除。但在波特率发生器方式下，也即 RCLK = 1 或 TCLK = 1 时，定时器溢出不对 TF2 置位。

EXF2(T2CON. 6)：定时器/计数器 T2 外部标志。当 EXEN2 = 1，且 T2EX 引脚上出现负跳变而造成捕获或重装载时，EXF2 置位，申请中断。这时若已允许定时器/计数器 T2 中断，则 CPU 将响应中断，转向中断服务程序。EXF2 要靠软件来清除。

RCLK(T2CON.5)：接收时钟标志。靠软件置位或清除，用以选择定时器/计数器 T2 或 T1 作为串行口的接收波特率发生器。RCLK = 1 时，用定时器/计数器 T2 溢出脉冲作为串行口的接收时钟；RCLK = 0 时，用定时器/计数器 T1 的溢出脉冲作接收时钟。

TCLK(T2CON.4)：发送时钟标志。靠软件置位或清除，以选择定时器/计数器 T2 或 T1 作为串行口的发送波特率发生器。TCLK = 1 时，用定时器/计数器 T2 溢出脉冲作为串行口的发送时钟；TCLK = 0 时，用定时器/计数器 T1 的溢出脉冲作为串行口的发送时钟。

EXEN2(T2CON. 3)：定时器/计数器 T2 外部允许标志。靠软件设置或清除，以允许或禁止用外部信号来触发捕获或重装载操作。当 EXEN2 = 1 时，若定时器/计数器 T2 未用作串行口的波特率发生器，则在 T2EX 端出现的信号负跳变时，将造成定时器/计数器 T2 捕获或重装载，并置 EXF2 标志为 1，请求中断；当 EXEN2 = 0 时，T2EX 端的外部信号不起作用。

TR2(T2CON.2)：定时器/计数器 T2 运行控制位。靠软件设置或清除，以决定定时器/计数器 T2 是否运行。TR2 = 1，启动定时器/计数器 T2；否则停止。

$C/\overline{T2}$ (T2CON.1)：定时器/计数器 T2 的定时器方式或计数器方式选择位。靠软件设置或清除。$C/\overline{T2}$ = 0，选择定时器工作方式；$C/\overline{T2}$ = 1，选择计数器工作方式，下降沿触发。

CP/$\overline{RL2}$ (T2CON.0)：捕获/重装载标志。用软件设置或清除。CP/$\overline{RL2}$=l，选择捕获功能，这时当 EXEN2 = 1，且 T2EX 端的信号负跳变时，发生捕获操作。CP/$\overline{RL2}$=0，选择重装载功能，这时若定时/计数器 T2 溢出或在 EXEN2 = 1 条件下，T2EX 端信号负跳变，都会造成自动重装载操作。当 RCLK = 1 或 TCLK = 1 时，CP/$\overline{RL2}$ 控制位不起作用，定时器/计数器 T2 被强制工作于重装载方式。重装载发生于定时器/计数器 T2 溢出时，常用作波特率发生器。

T2CON 中的各位都是可位寻址的，因此所有标志或控制位都可以靠软件来设置或清除。

2) 方式控制寄存器——T2MOD

方式控制寄存器 T2MOD 是 80C52/54/58 芯片新增添的、定时器/计数器 T2 的方式控制寄存器，字节地址为 0C9H。其格式如下：

D7	D6	D5	D4	D3	D2	D1	D0
—	—	—	—	—	—	T2OE	DCEN

该寄存器现只定义了 2 位，它们的含义如下。

T2OE(T2MOD.l)：定时器/计数器 T2 输出允许位。当 T2OE= 1 时，允许时钟输至 T2(P1. 0) 引脚。这一位仅对 80C54/80C58 有定义。

DCEN(T2MOD.0)：向下计数允许位。当 DCEN =1 时，允许定时器/计数器 T2 向下计数，否则向上计数。

方式控制寄存器 T2MOD 复位值 = XXXXXX00B。

3) 数据寄存器——TH2、TL2

定时器/计数器 T2 有 个 16 位数据寄存器，是由高 8 位寄存器(TH2)和低 8 位寄存器(TL2)所组成。它们都只能按字节寻址，相应的字节地址为 0CDH 和 0CCH。这两个寄存器都是读/写寄存器。

复位后，这两个寄存器全部清 0。

4) 捕获寄存器——RCAP2H、RCAP2L

定时器/计数器 T2 中的捕获寄存器是一个 16 位的数据寄存器，由高 8 位寄存器(RCAP2H)和低 8 位寄存器(RCAP2L)所组成。

它们也都只能按字节寻址，相应的字节地址为 0CBH 和 0CAH。RCAP2H、RCAP2L 用于捕获计数器 TL2、TH2 的计数状态，或用来预置计数初值。TH2、TL2 和 RCAP2H、RCAP2L 之间接有双向缓冲器(三态门)。

复位后，这两个寄存器全部清 0。

2. 定时器/计数器 T2 的功能选择

定时器/计数器 T2 有计数和定时两种功能，由控制位 C/$\overline{T2}$ 决定。

C/$\overline{T2}$=0 时，为定时功能。TH2 和 TL2 计的是机器周期数。每个机器周期使 TL2 寄存器的值增 1。计数脉冲的频率为 1/12 振荡器频率。

C/$\overline{T2}$=1 时，为计数功能。计数脉冲自 T2(P1.0)引脚输入，TH2 和 TL2 作为外部信号脉冲计数器用，每当外部脉冲负跳变时，计数器值增 1。其工作情况和时序关系与定时器/计数器 T0 和 T1 的完全一样，对外部计数脉冲的要求也相同。外部脉冲频率不超过振荡器频率的 1/24。

3. 定时器/计数器 T2 的工作方式

定时器/计数器 T2 的工作方式用控制位 CP/$\overline{\text{RL2}}$ (T2CON.0)和 RCLK + TCLK 来选择。定时器/计数器 T2 可能有三种工作方式：捕获方式、自动重装载方式和波特率发生器方式，如表 4-10 所示。

表 4-10　定时器/计数器 T2 的工作方式

RCLK+TCLK	CP/$\overline{\text{RL2}}$	TR2	工作方式
0	0	1	自动重装载方式
0	1	1	捕获方式
1	X	1	波特率发生器方式
X	X	0	关闭

1) 捕获方式

捕获方式是指在一定条件下，自动将计数器 TH2 和 TL2 的数据读入 RCAP2H 和 RCAP2L，即 TH2 和 TL2 内容的捕获是通过捕获寄存器 RCAP2H 和 RCAP2L 来实现的。其工作原理参见图 4-28。当 CP/$\overline{\text{RL2}}$ =1 时，选择捕获方式。捕获操作发生于下述两种情况下。

(1) 当定时器 2 的寄存器 TH2 和 TL2 溢出时，打开重装载三态缓冲器，把 TH2 和 TL2 的内容自动读入 RCAP2H 和 RCAP2L 中。同时，溢出标志 TF2 置 1，申请中断。

(2) 当 EXEN2 = 1 且 T2EX(P1.1)端的信号有负跳变时，将发生捕获操作。同时标志 EXF2 置 1，申请中断。

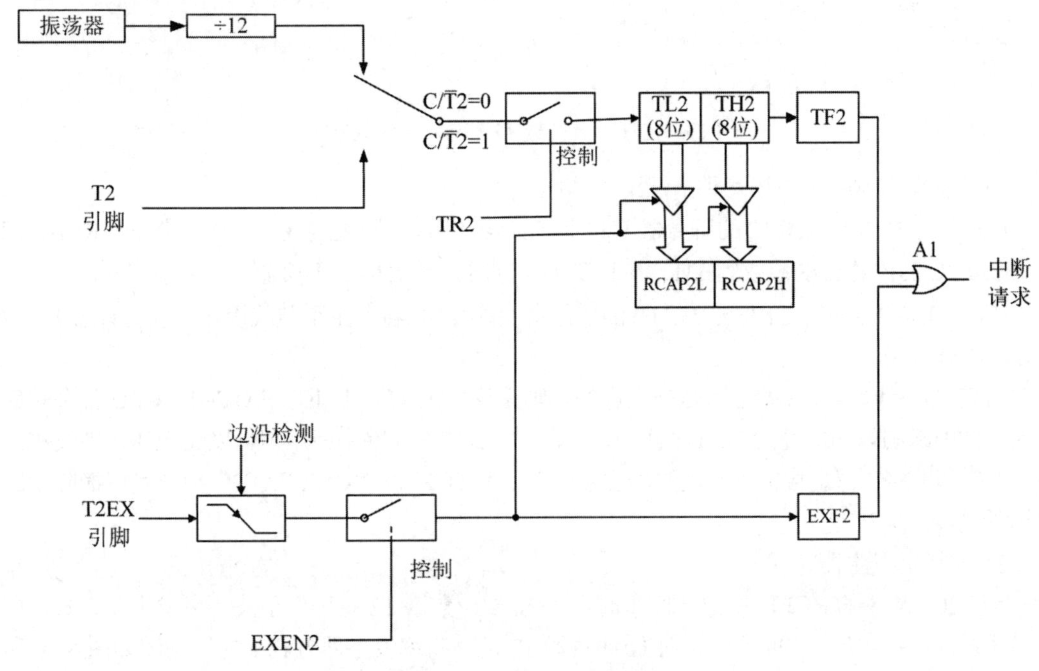

图 4-28　定时器/计数器 T2 的捕获方式

若定时器/计数器 2 的中断是被允许的，则无论发生 TF2 = 1 还是 EXF2 = 1，CPU 都会响应中断，中断向量的地址为 2BH。响应中断后，应靠软件清除中断申请，以免无休止地发生中断。

TF2 和 EXF2 都是直接可寻址位，可采用“CLR TF2”和“CLR EXF2”指令实现清除中断申请的功能。

2) 自动重装载方式

自动重装载方式是指在一定条件下，自动地将 RCAP2H 和 RCAP2L 的数据装入计数器 TH2 和 TL2 中。一般说来，RCAP2H 和 RCAP2L 在这里起预置计数初值的功能。对于 8XC52，其工作原理见图 4-29。

当 CP/$\overline{RL2}$=0 时，选择自动重装载方式。

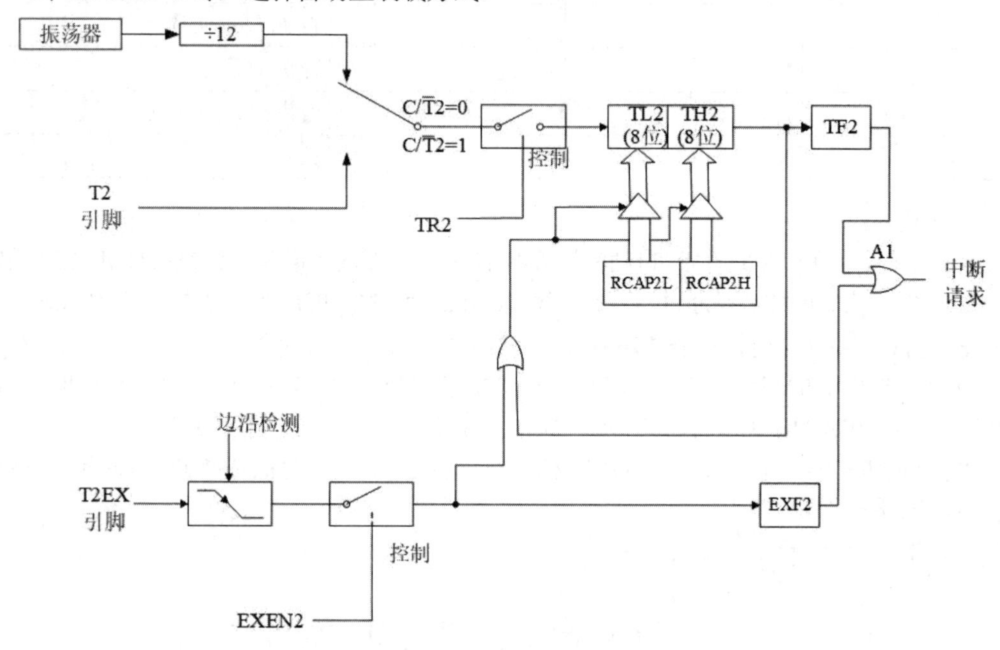

图 4-29 定时器/计数器 T2 的自动重装载方式

重装载操作发生于下述两种情况下。

(1) 当定时器/计数器 T2 的寄存器 TH2 和 TL2 溢出时，打开重装载三态缓冲器，把 RCAP2H 和 RCAP2L 的内容自动装载到 TH2 和 TL2 中。同时，溢出标志 TF2 置 1，申请中断。

(2) 当 EXEN2 =1 且 T2EX(P1.1)端的信号有负跳变时，将发生重装载操作。同时，标志 EXF2 置 1，申请中断。

若定时器/计数器 T2 的中断是被允许的，则无论发生 TF2=1 还是 EXF2=1，CPU 都会响应中断，此中断向量的地址为 2BH。响应中断后，应靠软件撤除中断申请，以免无休止地发生中断。TF2 和 EXF2 都是直接可寻址位，可采用“CLR TF2”和“CLR EXF2”指令实现撤除中断申请的功能。

3) 波特率发生器方式

当 T2CON 中的 RCLK ＋ TCLK=1 时，定时器/计数器 T2 将工作于波特率发生器方式，即其溢出脉冲用作串行口的时钟。定时器/计数器 T2 的波特率发生器方式下的结构图如图 4-30 所示。在 T2CON 中，RCLK 选择串行通信接收波特率发生器，TCLK 选择发送波特率发生器，因此，发送和接收的波特率可以不同。

此时，定时器/计数器 T2 的输入时钟可由内部时钟决定，也可由外部时钟决定。

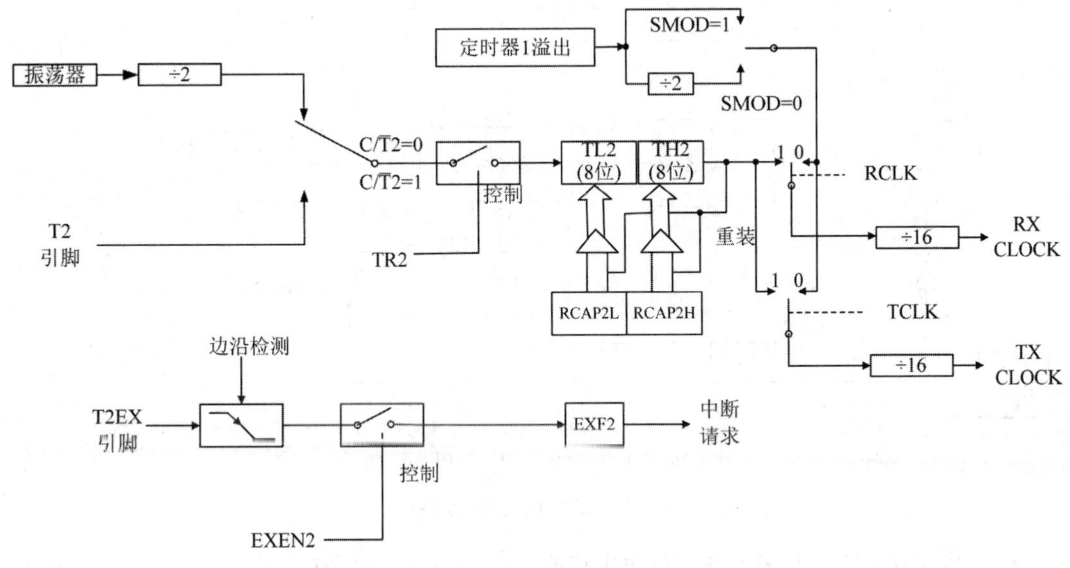

图 4-30　定时器/计数器 T2 的波特率发生器方式

若 C/$\overline{T2}$ = 0，选用内部时钟，计数脉冲的频率为振荡器频率的 1/2。

若 C/$\overline{T2}$ = 1，选用外部时钟，该时钟由 T2(P1.0)端输入，每当外部脉冲负跳变时，计数器值增 1。外部脉冲频率不超过振荡器频率的 1/24。

由于脉冲溢出时，RCAP2H 和 RCAP2L 的内容会自动装载到 TH2 和 TL2 中，故波特率的值还决定于 RCAP2H 和 RCAP2L 的装载初值。

RCLK + TCLK 还用于选择定时器/计数器 T1 还是 T2 作为串行通信的波特率发生器。由图 4-30 可看出，这两位的值用来控制两个电子开关的位置。值为 0 时，选用定时器/计数器 T1；值为 1 时，选用定时器/计数器 T2，用作波特率发生器。

当定时器/计数器 T2 用作波特率发生器时，TH2 的溢出不使 TF2 置位，不产生中断。因此，没有必要禁止中断。

当定时器/计数器 T2 用作波特率发生器时，若 EXEN2 置 1，则 T2EX 端的信号产生负跳变时，EXF2 将置 1，但不会发生重装载或捕获操作。这时，T2EX 可以作为一个附加的外部中断源。

在波特率发生器工作方式下，在 T2 计数过程中(即 TR2 = 1 之后)，不能再读/写 TH2 和 TL2 的内容。如果读，则读出的结果不会精确(因为每个状态加 1)；如果写，则会影响 T2 的溢出而使波特率不稳定。在 T2 计数过程中，可以读出但不能改写 RCAP2H 和 RCAP2L 的内容。若需要访问 RCAP2H 和 RCAP2L，则应事先关闭定时器工作。

4.3.4　看门狗

看门狗(Watchdog)有时又称为定时器 T3，它的作用是强迫单片机进入复位状态，使之从硬件或软件故障中解脱出来。即当单片机的程序进入错误状态后，在一个指定的时间内，用户程序没有重装定时器 T3，将产生一个系统复位。

在 80C52 中，定时器 T3 由一个 11 位的分频器和 8 位定时器 T3 组成，如图 4-31 所示。T3 由外部引脚和电源控制寄存器中的 PCON.4(WLE)和 PCON.1(PD)控制。

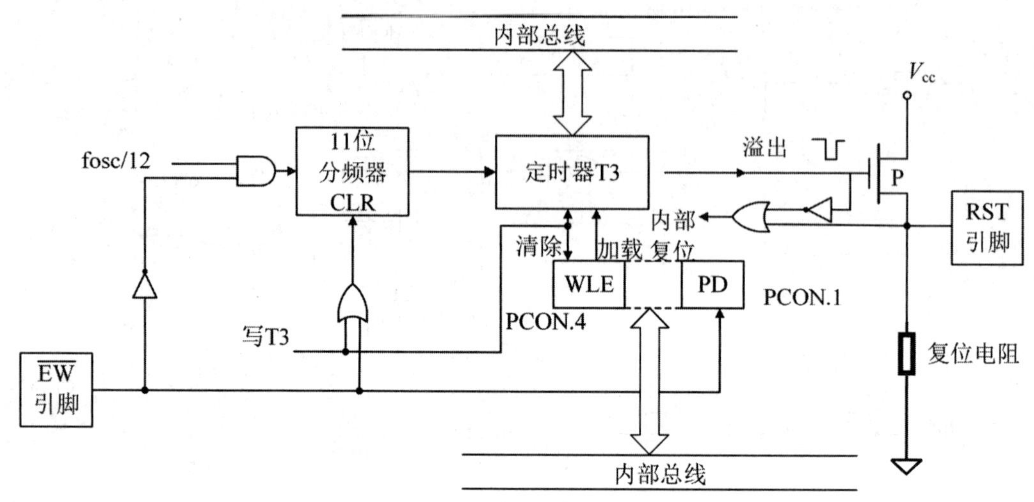

图 4-31　看门狗(定时器 T3)

- $\overline{EW}$：看门狗定时器允许，低电平有效。$\overline{EW}$=0 时，允许看门狗定时器，禁止掉电方式；$\overline{EW}$=1 时，禁止看门狗定时器，允许掉电方式。
- WLE(PCON.4)：看门狗定时器允许重装标志。若 WLE 置位，则定时器 T3 只能被软件装入，装入后 WLE 自动清除。

定时器 T3 的重装和溢出，产生复位的时间间隔，由装入 T3 的值决定。

定时器 T3 的工作过程如下：在 T3 溢出时，复位 8XC552，并产生复位脉冲输出至复位引脚 RST。为防止系统复位，必须在定时器 T3 溢出前，通过软件对其进行重装。如果发生软件或硬件故障，将使软件对定时器 T3 重装失败，从而 T3 溢出导致复位信号的产生。用这样的方法可以在软件失控时，恢复程序的正常运行。

例如，Watchdog 使用的一段程序如下：

```
            T3 EQU0FFH                  ；定时器 T3 的地址
            PCON  EQU87H                ；PCON 的地址
            WATCH_INTV   EQU156         ；看门狗的时间间隔
            LCALL WATCHDOG              ；看门狗的服务程序
WATCHDOG:   ORL PCON，# 10H             ；允许定时器 T3 重装
            MOV T3，# WATCH _ INTV      ；装载定时器 T3
            RET
```

4.3.5　定时器/计数器的编程和使用

1. 定时器/计数器溢出率的计算

定时器/计数器运行前，在其中预先置入的常数，称为定时常数或计数常数(TC)。由于计数器是加 1(向上)计数的，故而预先置入的常数均应为补码。公式如下：

$$t = t_c \times (2^L - \mathrm{TC}) = \frac{12}{\mathrm{fosc}}(2^L - \mathrm{TC})$$

其中：t——定时时间。

t_c——机器周期。

fosc——晶体振荡器频率。

L——计数器的长度。其值如下。

对于 T0 及 T1：

方式 0　L=13　2^{13}=8 192

方式 1　L= 16　2^{16}= 65 536

方式 2　L = 8　2^{8} = 256

对于 T2：

L = 16　2^{16} = 65 536

TC——定时器/计数器初值，即定时常数或计数常数。

定时时间的倒数即为溢出率，即

$$溢出率 = \frac{1}{t} = \frac{\text{fosc}}{12} \times \frac{1}{(2^L - \text{TC})}$$

根据既定的定时时间 t，计算出 TC 值，并将其转换成二进制数 TCB，然后再分别送入 THi 和 TLi(对于 T0，i = 0；对于 Tl，I = l)。

对于定时器/计数器 T0、T1：

方式 0 时，TCB=TCH + TCL。TCH——高 8 位；TCL——低 5 位。

```
MOV THi，#TCH  ；送高 8 位
MOV TLi，# TCL  ；送低 5 位
```

方式 1 时，TCB=TCH + TCL。TCH——高 8 位；TCL——低 8 位。

```
MOV THi，#TCH  ；送高 8 位
MOV TLi，#TCL  ；送低 8 位
```

方式 2 时，TCB——8 位。自动重装。

```
MOV THi，#TCB
MOV TLi，#TCB
```

对于定时器/计数器 T2：与 T0、T1 的方式 1 相同。

2. 定时器/计数器的编程

定时器/计数器的编程可分为以下几步。

(1) 写 TMOD，只能用字节寻址。设置定时器/计数器的工作方式(M1 与 M0)、功能选择($C/\overline{T}$)及是否使用门控(GATE)。

(2) 将时间常数或计数常数写入 THi 及 TLi，只能用字节寻址。根据上面的计算结果写入 THi 及 TLi。

(3) 启动定时或计数，即写 TCON，可用字节寻址也可用位寻址。如：

```
SETB TRi                  ；启动定时器
SETB     TCON.4(T0)
SETB     TCON. 6(T1)
CLR  TRi                  ；停止定时器
```

(4) 定时器中断开放和禁止，即写 IE(IE.7，IE.3，IE.1)。如：

```
SETB    ETi
SETB    EA
CLR     ETi
CLR     EA
```

3. 定时器/计数器的应用举例

例 5. 使用定时器/计数器 T0 的方式 0，设定 1 ms 的定时。在 P1.0 引脚上产生周期为 2 ms 的方波输出，晶体振荡器的频率为 fosc= 6 MHz。

解：

(1) 定时常数计算：

振荡器的频率　　$fosc = 6\text{ MHz} = 6\times10^6\text{ Hz}$

方式 0 计数器长度　　$L=13$，$2^L = 2^{13} = 8192$

定时时间　　$t=1\text{ ms} = 1\times10^{-3}\text{s}$

定时常数　　$TC = 2^L - \dfrac{fosc\times t}{12} = 8192 - \dfrac{6\times10^6\times10^{-3}}{12} = 7692$

定时常数 TC 转换成二进制 TCB=1111000001100B

所以 TCH = 0F0H，TCL= 0CH

(2) TMOD 的设定(即控制字)如下：

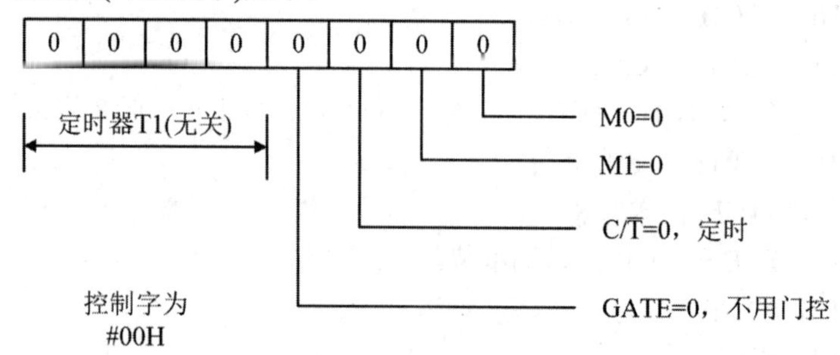

(3) 编程如下：

```
MOV   TMOD，#00H        ；写控制字
MOV   TH0，#0F0H        ；写定时常数
MOV   TL0，#0CH
SETB  TR0               ；启动 T0
SETB  ET0               ；允许 T0 中断
SETB  EA                ；开放 CPU 中断
AJMP  $
ORG   000BH             ；T0 中断矢量地址
MOV   TH0，#0F0H        ；重写定时常数
MOV   TL0，#0CH
```

```
CPL     P1.0                ；P1.0 变反输出
RETI                        ；中断返回
```

注：主程序只有 11 字节，直接从 0000H 开始存放不会覆盖定时 0 的入口地址。

例 6. 使用定时器/计数器 T1 的方式 1，设定 1 ms 的定时。在 P1.0 引脚上产生周期为 2 ms 的方波输出，晶体振荡器的频率为 fosc= 6 MHz。

解：

(1) 定时常数计算：

振荡器的频率 fosc = 6 MHz = 6 × 106 Hz

方式 1 计数器长度 L=16，$2^L = 2^{16}$= 65536

定时时间 t=1 ms = 1×10^{-3}

定时常数 $TC = 2^L - \frac{fosc \times t}{12} = 65536 - \frac{6 \times 10^6 \times 10^{-3}}{12} = 65036$

定时常数 TC 转换成二级制 TCB=1111111000001100B=0FE0CH

所以　　　　TCH=0FEH(高 8 位)，TCL=0CH(低 8 位)

(2) TMOD 的设定(即控制字)如下：

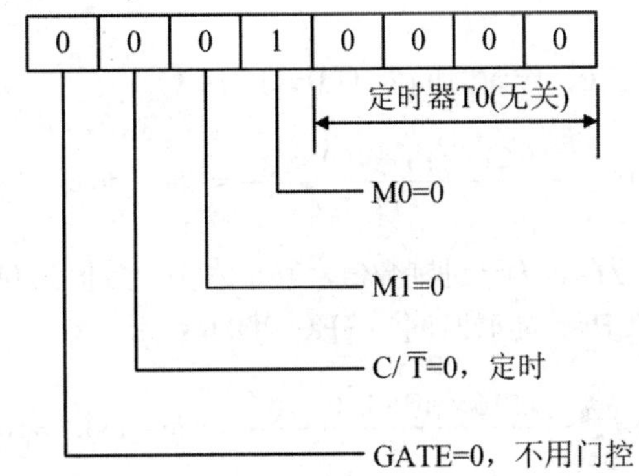

控制字为#10H

(3) 编程如下：

```
       ORG     0000H            ；复位矢量地址
       AJMP    MAIN
       ORG     001BH            ；T1 中断矢量地址
       AJMP    INQP
       ORG     0100H            ；主程序入口
MAIN： MOV     TMOD，#10H       ；写控制字
       MOV     TH1，#0FEH       ；写定时常数
       MOV     TL1，#0CH
       SETB    TR1              ；启动 T1
       SETB    ET1              ；允许 T1 中断
```

```
        SETB    EA                      ; 开放 CPU 中断
        AJMP    $
        ORG     00xx H                  ; 中断服务程序
INQP:   MOV     THI，# 0FEH             ; 重写定时常数
        MOV     TLI，#0CH
        CPL     P1.0                    ; P1.0 变反输出
        RETI                            ; 中断返回
```

例 7. 用 80C51 产生两个方波，其一周期为 200μs，另一周期为 400μs，且该 80C51 使用串行口，并用定时器/计数器作为波特率发生器。试问定时器/计数器该如何设置？

解：

这时应用定时器/计数器 T0 的方式 3 工作，其中：

TL0 产生 200μs 方波，由 P1.0 输出；

TH0 产生 400μs 方波，由 P1.1 输出。

将定时器/计数器 T1 设置为方式 2 作为波特率发生器用。

为了波特率设置的方便，采用晶振频率为 fosc= 9.216 MHz。

(1) 定时常数计算：

- TL0 定时常数为 TCL0，定时时间为 TL0 = 100μs。

$$\mathrm{TCL0} = 2^8 - \frac{9.216\times10^6\times100\times10^{-6}}{12} = 256 - 76.8 = 179.2$$

上式中，TCL0 的单位为 s。为十进制数值，其十六进制数值为 0B3H。

- TH0 定时常数为 TCH0，定时时间为 TH0=200μs。

$$\mathrm{TCH0} = 2^8 - \frac{9.216\times10^6\times200\times10^{-6}}{12} = 256 - 153.6 = 102.4$$

上式中，TCH0 单位为μs，为十进制数值，其十六进制数值为 66 H。

- TH1 的溢出率与波特率。设波特率为 2400，则定时常数为 TC2=0F6H。

(2) 编程如下：

```
        ORG     0000H
        AJMP    MAIN
        ORG     000BH                   ; TL0 的中断入口
        AJMP    ITL0P
        ORG     001BH                   ; TH0 的中断入口
        AJMP    ITH0P
        ORG     0100H
MAIN:   MOV     SP，#60H                ; 设栈指针
        MOV     TMOD，#23H              ; 设 T0 为方式 3，设 T1 为方式
        MOV     TL0，#0B3H              ; 设 TL0 初值
        MOV     TH0，#66H               ; 设 TH0 初值
```

```
        MOV     TL1，#0F6H              ；设 TL1 初值
        MOV     TH1，#0F6H              ；设 TH1 初值
        SETB    TR0                     ；启动 TL0
        SETB    TR1                     ；启动 TH0
        SETB    ET0                     ；允许 TL0 中断
        SETB    ET1                     ；允许 TH0 中断
        SETB    EA                      ；中断开放
        AJMP    $
        ORG     0200H
ITL0P： MOV     TL0，#0B3H              ；重装定时常数
        CPL     P1.0                    ；输出方波
        RETI
ITH0P： MOV     TH0，#66H               ；重装定时常数
        CPL     P1.1                    ；输出方波
        RETI
```

例 8. 设定时器/计数器 T0 为计数方式 2。当 T0 引脚出现负跳变时，向 CPU 申请中断。

解：

(1) 定时常数计算：当 T0 引脚出现负跳变时，即向 CPU 申请中断一次，故此时的定时常数应为 TCB＝0FFH。

(2) TMOD 的控制字为#06H。

(3) 编程如下：

```
        …
        ORG     000BH                   ；T0 的中断入口
                (略)
        RETI
        ORG     0100H
MAIN：  MOV     TMOD，#06H              ；设 T0 为计数方式
        MOV     TL0，#0FFH              ；设 TL0 初值
        MOV     TH0，#0FFH              ；设 TH0 初值
        SETB    TR0                     ；启动计数
        SETB    ET0                     ；允许 T0 中断
        SETB    EA                      ；中断开放
        AJMP    $
        …
```

从此例中可以看出，这时相当于 T0 的计数中断转换为一个外部中断。

4.4 串行接口

4.4.1 概述

80C51 中的串行口是一个全双工的异步串行通信接口，它可作 UART(通用异步接收和发送器)用，也可作同步移位寄存器用。而在其他一些型号中又增加了新的串行口，如 8XC552 中就增加了具有 I2C 总线功能的串行口。

所谓全双工的异步串行通信接口，是指该接口可以同时进行接收和发送数据，因为接口内的接收缓冲器和发送缓冲器在物理上是隔离的，即是完全独立的。可以通过访问特殊功能寄存器 SBUF 来访问接收缓冲器和发送缓冲器。接收缓冲器还具有双缓冲的功能，即它在接收第一数据字节后，还能接收第二数据字节。但是，在它完成接收第二数据字节之后，若第一字节仍未取走，那么该字节数据将丢失。

4.4.2 串行工作原理

1. UART 串行口的结构

UART 串行口的结构如图 4-32 所示，可分为两大部分：波特率发生器和串行口。

1) 波特率发生器

波特率发生器主要由定时器/计数器 T1、T2 及内部的一些控制开关和分频器所组成。它向串行口提供的时钟信号为 TXCLOCK(发送时钟)和 RXCLOCK(接收时钟)。相应的控制波特率发生器的特殊功能寄存器有 TMOD、TCON、T2CON、PCON、TL1、TH1、TL2 和 TH2 等。

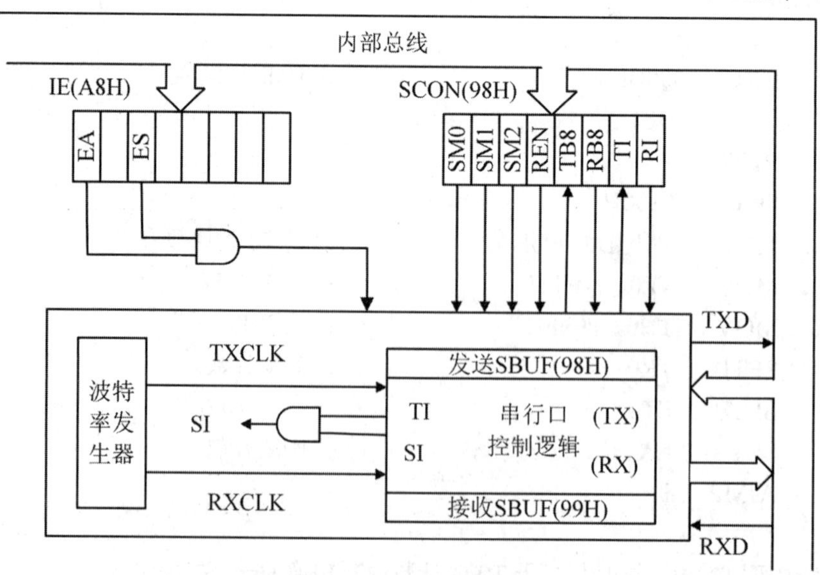

图 4-32 UART 串行口的结构

2) 串行口

串行口的内部组成如下。

- 接收寄存器 SBUF 和发送寄存器 SBUF：它们在物理上是隔离的，但是占用同一个地址，即 99H。
- 串行口控制寄存器：SCON。
- 串行数据输入/输出引脚：TXD(P3. 1)为串行输出，RXD(P3.0)为串行输入。

串行口的工作原理如图 4-33 所示。

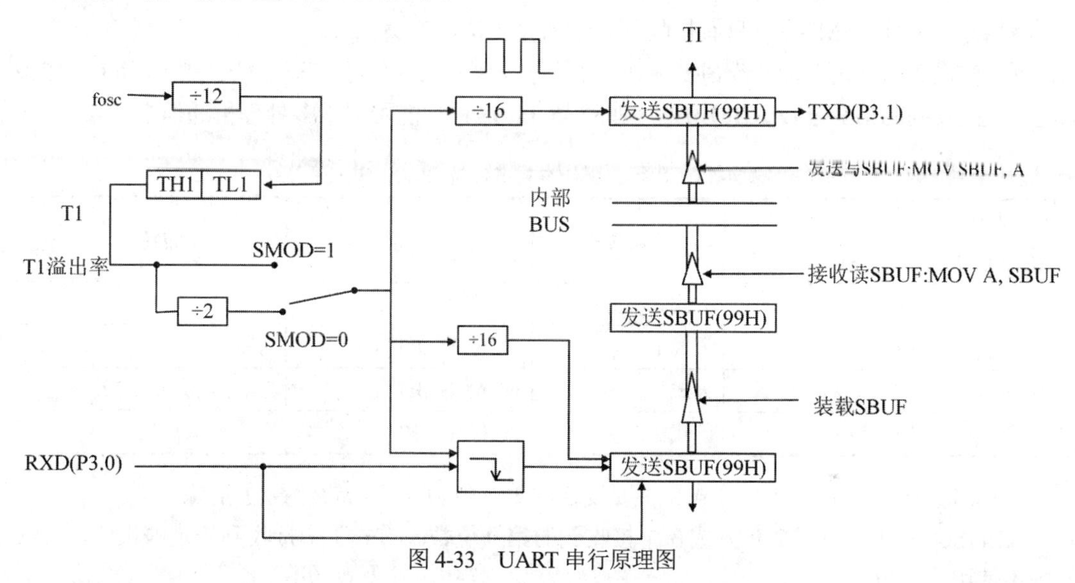

图 4-33　UART 串行原理图

串行发送与接收的速率与移位时钟(TXCLOCK 和 RXCLOCK)同步，80C51 用定时器 T1 作为串行通信的波特率发生器，T1 溢出率经 2 分频(或不分频)后又经 16 分频作为串行口发送或接收的移位脉冲。移位脉冲的速率即波特率。

从图 4-33 中可以看出，接收器是双缓冲结构，在前一字节从接收器 SBUF 被读出之前，第二个字节即开始被接收(串行输入至移位寄存器)，但是，在第二字节接收完毕而前一字节未被 CPU 读取时，会丢失前一字节。

串行口的发送和接收都是以特殊功能寄存器 SBUF 的名义进行读和写的。当执行写 SBUF 命令(指令为 MOV SBUF，A)时，即是向发送缓冲器 SBUF 装载并开始由 TXD 引脚向外发送(移出)一帧数据，发送完毕便使发送中断标志位 TI = 1。

在满足串行口接收中断标志位 RI = 0 的条件下，置 SCON 的接收允许位 REN = 1 就会进入接收状态，当接收到一帧数据进入移位寄存器，并装载到接收 SBUF 中时，使 RI = 1。当执行读 SBUF 命令(指令为 MOV A，SBUF)时，便从接收缓冲器 SBUF 取出信息通过内部总线送 CPU。

2. 串行口的特殊功能寄存器

1) 串行口控制寄存器 SCON

串行口控制寄存器 SCON 是一个逐位定义的 8 位寄存器，由它控制串行通信的方式选择、接收和发送，指示串行口的状态。寄存器 SCON 既可按字节寻址也可按位寻址，字节地址为 98H，位地址为 98H～9FH。其格式如下：

位地址	9FH	9EH	9DH	9CH	9BH	9AH	99H	98H
位功能	SM0	SM1	SM2	REN	TB8	RB8	TI	RI

各位的意义如下。

SM0、SM1：串行口工作方式选择位。其功能见表4-11。

SM2(SCON.5)：方式2、方式3中的多处理机通信允许位(有条件接收允许位)。

- 方式0时，SM2＝0。
- 方式1时，SM2=1，只有接收到有效的停止位，RI才置1。
- 方式2和方式3时，若SM2＝1，如果接收到的第9位数(RB8)为0，则RI清0；如果接收到的第9位数(RB8)为1，则RI置1。这种功能可用于多处理机通信中。

表4-11 串行口工作方式选择位SM0、SM1

SM0 (SCON.7)	SM1 (SCON.6)	工作方式	特点	波特率
0	0	方式0	8位移位寄存器	fosc/12
0	1	方式1	10 位 UART	可变
1	0	方式2	11 位 UART	fosc/64 或 fosc/32
1	1	方式3	11 位 UART	可变

TB8(SCON.3)：方式2和方式3中要发送的第9位数。可用软件置位/清除。

RB8(SCON.2)：方式2和方式3中接收到的第9位数。方式1中接收到的是停止位。方式0中不使用这一位。

TI(SCON.l)：发送中断标志位。硬件置位，软件清除。方式0中，在发送第8位末尾置位；在其他方式时，在发送停止位开始时设置。

RI(SCON.0)：接收中断标志位。硬件置位，软件清除。方式0中，在接收第8位末尾置位；在其他方式时，在接收停止位中间设置。

2) 电源控制寄存器PCON

电源控制寄存器PCON是一个逐位定义的8位寄存器，目前仅有几位有定义，其中仅最高位SMOD与串行口控制有关，其他位与掉电方式有关。其格式如下：

D_7	D_6	D_5	D_4	D_3	D_2	D_1	D_0
SMOD	—	—	—	GF1	GF0	PD	IDL

SMOD即串行通信波特率系数控制位。当SMOD=l时，使波特率加倍。

电源控制寄存器PCON的地址为87H，只能按字节寻址。

3) 串行数据寄存器SBUF

串行数据寄存器SBUF包含在物理上是隔离的两个8位寄存器：发送数据寄存器和接收数据寄存器，但是它们共用一个地址，即99H。其格式如下：

D_7	D_6	D_5	D_4	D_3	D_2	D_1	D_0
SD_7	SD_6	SD_5	SD_4	SD_3	SD_2	SD_1	SD_0

写 SBUF(MOV SBUF，A)，访问发送数据寄存器；读 SBUF(MOV A，SBUF)，访问接收数据寄存器。

3. 串行口的工作方式及多机通信方式

在控制寄存器中，SM0 和 SM1 位决定串行口的工作方式，SM2 位决定串行口应用于多处理机的通信方式。

1) 方式 0

当 SM0=0、SM1=0 时，串行口选择方式 0。这种工作方式实质上是一种同步移位寄存器方式。其数据传输波特率固定为 fosc/12。数据由 RXD(P3.0)引脚输入或输出，同步移位时钟由 TXD(P3.1)引脚输出。接收/发送的是 8 位数据，传输时低位在前，无起始位、奇偶校验位及停止位。图 4-34 是 80C51 工作在方式 0 时的发送时序图。

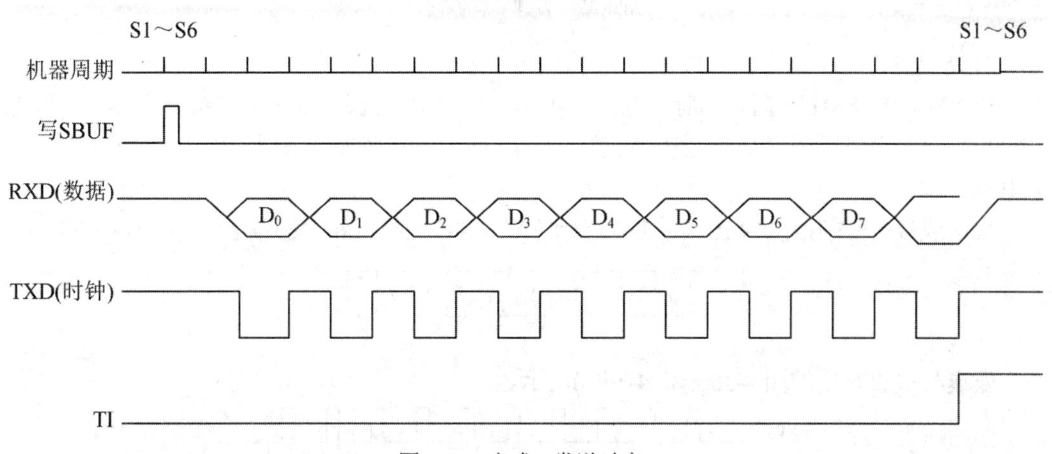

图 4-34　方式 0 发送时序

在方式 0 中，写 SBUF 指令在 S6P1 处产生一个正脉冲，在下一个机器周期的 S6P2 处，RXD 端输出数据的最低位；接着在下一个周期的 S3P1 开始，TXD 端输出移位时钟。移位时钟在一个周期的 S3、S4 和 S5 期间为低电平，S6、S1 和 S2 期间为高电平，在 S6P2(即由低电平上升为高电平时)时，移位寄存器移出数据的下一位。就这样在 TXD 端的移位时钟同步作用下，8 位数据由低到高一位一位顺序通过 RXD 端输出，在写 SPUF 有效后的第 10 个机器周期的 S1P1 将发送中断标志位 TI 置位。

接收时，用指令置 SCON 中的 REN=1(同时，RI=0)，即开始接收，接收时序图如图 4-35 所示。当使 REN=1(同时，RI=0)时，产生一个正的脉冲，在下一个周期的 S3P1 开始，TXD 端输出移位时钟。移位时钟在一个周期的 S3、S4 和 S5 期间为低电平，S6、S1 和 S2 期间为高电平，并在机器周期的 S5P2 对 RXD 端采样，在 S6P2(即由低电平上升为高电平时)把 RXD 端口的电平值移入移位寄存器。就这样在 TXD 端的移位时钟同步作用下，8 位数据由低到高一位一位顺序通过 RXD 端移入移位寄存器，在 REN=1 后的第 10 个机器周期的 S1P1 将接收中断标志位 RI 置位。

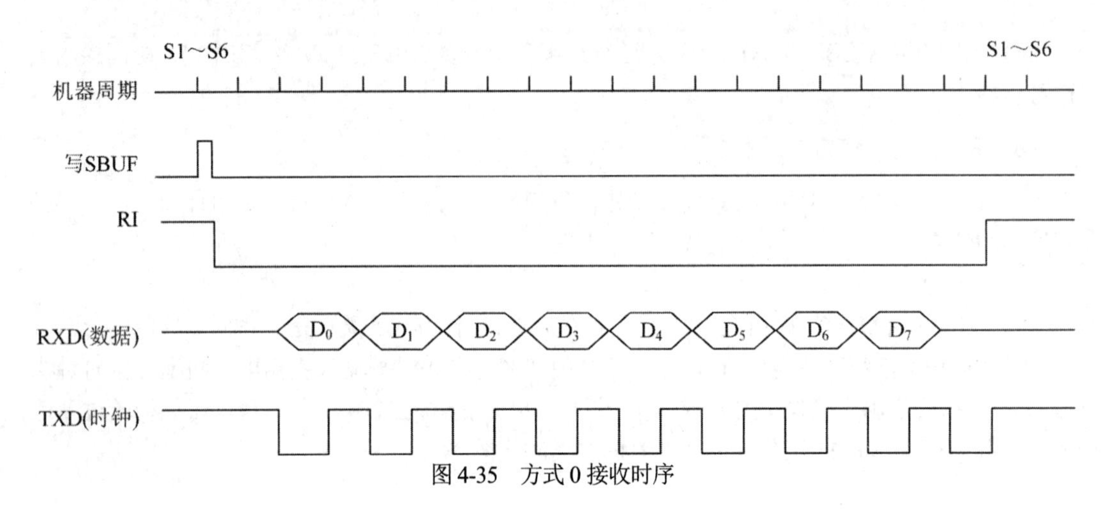

图4-35　方式0接收时序

2) 方式1

当SM0=0、SM1=1时，串行口选择方式1。其数据传输波特率由定时器/计数器T1和T2的溢出率决定，可用程序设定，因此可调。由TXD(P3.1)引脚发送数据，由RXD(P3.0)引脚接收数据。

发送或接收一帧信息为10位：1位起始位(0)、8位数据位和1位停止位(1)。帧格式如下：

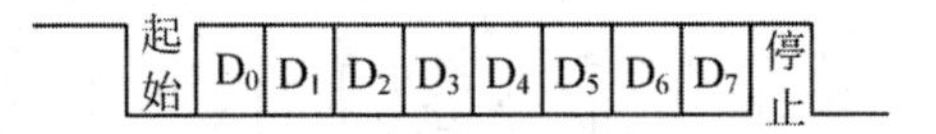

发送与接收时序如图4-36(a)和4-36(b)所示。

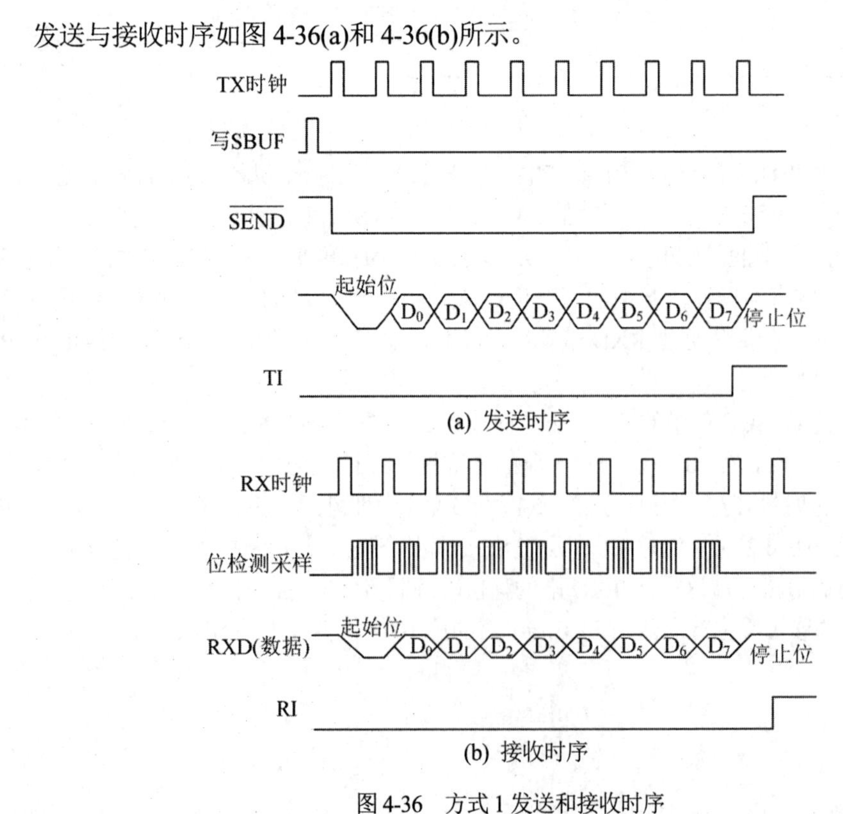

图4-36　方式1发送和接收时序

方式 1 发送时，数据从引脚 TXD 端输出，当执行数据写入发送缓冲器 SBUF 的命令时，就启动了发送器开始发送。发送时的移位时钟(TX 时钟)是由定时器 T1 或 T2 送来的溢出信号(周期脉冲)经过 16 分频或 32 分频(取决于 SMOD 的值)而得到的，TX 时钟就是发送波特率。发送开始时，SEND 变为有效，将起始位向 $\overline{\text{TXD}}$ 端输出；此后每经过一个 TX 时钟周期，由 TXD 输出一个数据位，8 位数据位全部发送完后，置位 TI，同时置 TXD 为 1 作为停止位，再经过一个周期，$\overline{\text{SEND}}$ 信号失效。

方式 1 接收时，数据从引脚 RXD 端输入。接收是在 SCON 寄存器的 REN 位被置位的前提下，并检测到起始位(RXD 端检测到 1→0 的跳变，即起始位)。接收时，定时信号有两种(如图 4-36(b)所示)：一种是接收移位时钟(RX 时钟)；另一种是位检测器采样脉冲，它的频率就是定时器 T1 或 T2 的溢出率，频率是 RX 时钟的 16 倍，为完成检测，以 16 倍于波特率的速率对 RXD 端的电平进行采样。为了接收准确无误，把一个位的时间分为 16 等分，在该位中间(第 7、8、9 等分处)连续采样 3 次，取其中两次相同的值为正确数据。当确认是真正的起始位(0)后，就开始接收一帧数据，当一帧数据接收完毕后，必须同时满足以下两个条件，这次接收才真正有效。

- RI=0，即上一帧数据接收完成后，SBUF 中数据已被取走。
- SM2=0 或接收到的停止位为 1。

3) 方式 2 和方式 3

当 SM0 = 1、SM1= 0 时，串行口选择方式 2；当 SM0=1、SM1=1 时，串行口选择方式 3。由 TXD(P3.1)引脚发送数据，由 RXD(P3.0)引脚接收数据。

发送或接收一帧信息为 11 位：1 位起始位(0)、9 位数据位和 1 位停止位(1)。帧格式如下：

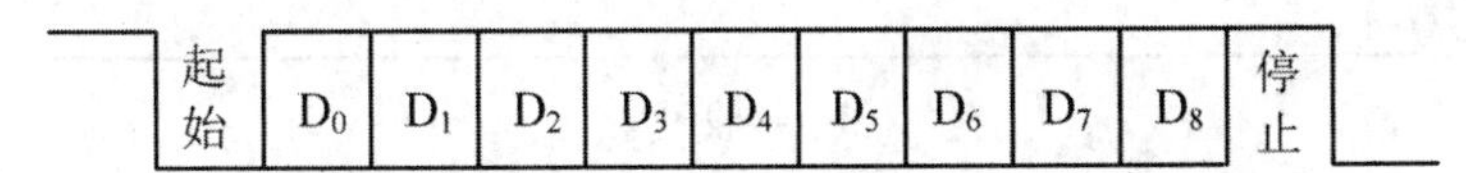

方式 2 和方式 3 的不同在于它们波特率产生方式不同，其他都一样。方式 2 的波特率是固定的，为振荡器频率的 1/32 或 1/64。方式 3 的波特率则由定时器/计数器 T1 和 T2 的溢出率决定，可用程序设定。方式 2 和方式 3 的发送、接收时序如图 4-37 所示。其操作过程与方式 1 类似。

发送前，先根据通信协议由指令设置 TB8(如多机通信的地址/数据标志位，奇偶校验位)，然后将要发送的数据写入 SBUF，即可启动发送。方式 2 和 3 的串行口能自动把 TB8 取出，并装入第 9 位数据位的位置上，再逐一发送出去。发送完毕，使 TI=1。

接收时，使 SCON 中的 REN=1，允许接收。当检测到起始位(RXD 端检测到 1→0 的跳变，即起始位)，开始接收 9 位数据，9 位数据逐一从 RXD 端送入移位寄存器(9 位)。当一帧 9 位数据接收完毕后，必须同时满足以下两个条件，这次接收才真正有效。

- RI = 0。
- SM2 = 0 或接收到的第 9 数据位=1。

若以上两个条件中有一个不满足，则将不可恢复地丢失接收到的这一帧信息；若满足上述两个条件，则前 8 位数据位装入 SBUF，第 9 数据位装入 RB8，并置位 RI。

接收这一帧之后，不论上述两个条件是否满足，即不论接收到的信息是否丢失，串行口将继续检测 RXD(P3.0)引脚上 1 到 0 的跳变，准备接收新的信息。

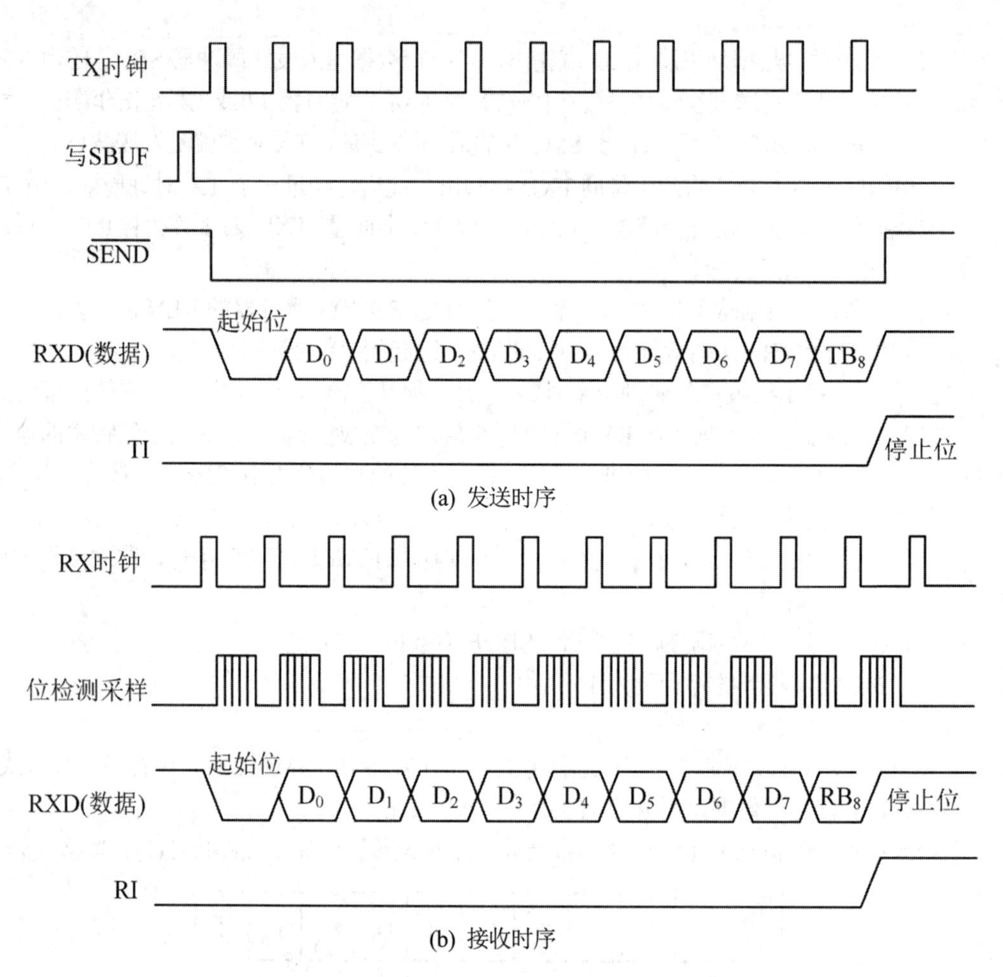

图 4-37 方式 2、3 的发送和接收时序

4) 多处理机通信方式

在串行口控制寄存器 SCON 中设有多处理机通信位 SM2(SCON.5)。当串行口以方式 2 或方式 3 接收时，SM2=1 时，如果接收到的第 9 位数据(RB8)为 1，才将数据送入接收缓冲器 SBUF，并 RI 置 1 发中断；否则数据将丢失。SM2=0 时，无论第 9 位数据(RB8)是 1 还是 0，都能将数据装入 SBUF，并且发中断。利用这一特性，便可实现主机与多个从机之间的串行通信。图 4-38 为多机通信连线示意图，系统中左边的 80C51 为主机，其余的为 1~3 号从机，并保证每台从机在系统中的编号是唯一的。

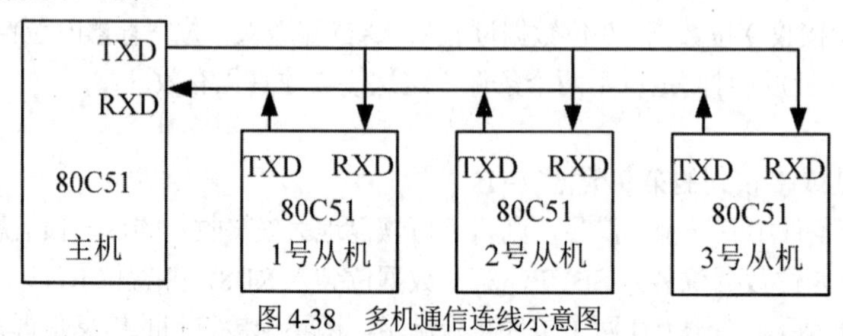

图 4-38 多机通信连线示意图

系统初始化时，将所有从机中的 SM2 均置 1，并处于允许串行口中断接收状态。主机欲与

某从机通信，先向所有从机发出所选从机的地址，然后才发送命令或数据。在主机发地址时，置第 9 位数据(TB8)为 1，表示主机发送的是地址帧。然后再将第 9 位数据(TB8)清 0，发送命令或数据。

各从机由于 SM2 置 1，将响应主机发来的第 9 位数据(RB8)为 1 的地址信息。这之后，从机有以下两种不同的表现。

- 若从机的地址与主机点名的地址相同，则该从机将本机 SM2 清 0，继续接收主机发来的命令或数据。
- 若从机的地址与主机点名的地址不相同，则该从机将继续维持 SM2 为 1，从而拒绝接收主机后面发来的信息，重新等待主机的点名。

这样就保证了实现主机与从机的一对一通信。

4. 串行口的波特率发生器及波特率

波特率(Baud Rate)表示每秒钟传递的信息位的数量。它是原传递代码的最短码元占有时间的倒数。波特率发生器用于控制串行口的数据传输速率。串行口的波特率发生器如图 4-39 所示。

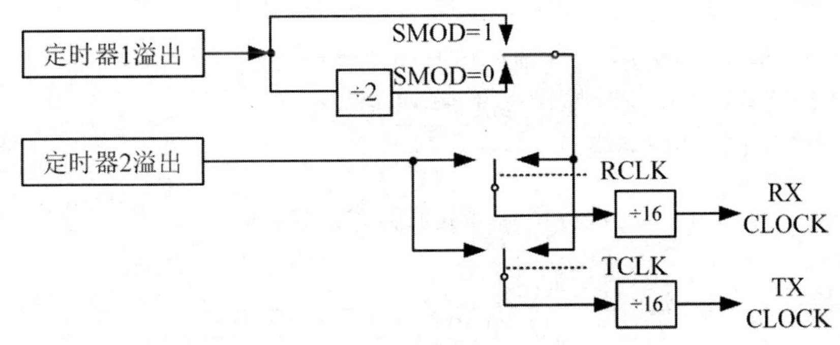

图 4-39　串行口的波特率发生器

波特率的设定情况如下。

(1) 方式 0 时的波特率由振荡器的频率 fosc 所确定：

$$波特率=fosc/12$$

(2) 方式 2 时的波特率由振荡器的频率和 SMOD(PCON.7)所确定：

$$波特率=\frac{fosc}{32}\times\frac{2^{SMOD}}{2}$$

当 SMOD=1 时，波特率 = fosc /32；当 SMOD=0 时，波特率= fosc /64。

(3) 方式 1 和方式 3 时的波特率由定时器 T1 和 T2 的溢出率和 SMOD(PCON.7)所确定。定时器 T1 和 T2 是可编程的，可选择的波特率范围比较大，因此，串行口的方式 1 和方式 3 是最常用的工作方式。

① 用定时器 T1($C/\overline{T}=0$)产生波特率：

$$波特率 = \frac{2^{SMOD}}{32}\times 定时器T1的溢出率$$

定时器 T1 的溢出率与其工作方式有关。

(a) 定时器 T1 工作于方式 0：此时定时器 T1 相当于一个 13 位的计数器。

$$溢出率=\frac{fosc}{12}\times\frac{1}{(2^{13}-TC+X)}$$

式中：TC——13 位计数器初值；

X——中断服务程序的机器周期数，在中断服务程序中重新对定时器置数。

(b) 定时器 T1 工作于方式 1：此时定时器 T1 相当于一个 16 位的计数器。

$$溢出率=\frac{fosc}{12}\times\frac{1}{(2^{16}-TC+X)}$$

(c) 定时器 T1 工作于方式 2：此时定时器 T1 工作于一个 8 位可重装的方式，用 TL1 计数，用 TH1 装初值。

$$溢出率=\frac{fosc}{12}\times\frac{1}{[2^{8}-(TH1)]}$$

方式 2 是一种自动重装方式，无须在中断服务程序中送数。没有由于中断引起的误差，也应禁止定时器 T1 中断。这种方式对于设定波特率最为有用。

② 用定时器 T2 产生波特率：

$$波特率=\frac{1}{16}\times定时器T2的溢出率$$

$$溢出率=\frac{fosc}{12}\times\frac{1}{\left[2^{16}-(RCAP2H,RCAP2L)\right]}$$

式中：(RCAP2H，RCAP2L)为 16 位寄存器的初值(定时常数)。

4.4.3 串行口的编程和应用

1) 方式 0 的编程和应用

80C51 的串行口方式 0 是移位寄存器方式。

2) 方式 1 的编程和应用

例 9. 试编写甲、乙双机利用串行口方式 1，并以定时器 T1 的方式 1 制定波特率的通信程序。

解：(1) 甲机发送。以片内 RAM 的 78H 单元及 77H 单元的内容为首地址，以 76H 单元及 75H 单元的内容为末地址的数据块内容，通过串行口传至乙机。例如：

(78H) = 20H ；首地址高位

(77H) = 00H

(76H) = 20H ；末地址高位

(75H) = 1FH

即要求程序将片外 RAM 的 2000H～201FH 中的内容输出到串行口。

```
        ORG     0000H           ；复位入口地址
        AJMP    TRANS
```

```
        ORG     001BH           ; 定时器T1中断入口
        AJMP    RTINT
        ORG     0023H           ; 串行口中断入口
        AJMP    RSINT
TRANS:  ANL     TMOD，#0FH      ; 置定时器/计数器T1为定时方式1
        ORL     TMOD，#10H      ; 为了不影响T0已设置的方式
        MOV     TL1，#0FCH      ; 置定时常数使之波特率为1200bps
        MOV     TH1，#0FFH      ; (假定时钟频率与之对应)
        SETB    EA              ; 允许中断
        CLR     ES              ; 关串行口中断
        SETB    ET1             ; 允许定时器T1中断
        SETB    PT1             ; 定时器T1中断定为高级别
        CLR     PS              ; 串行口中断定为低级别
        SETB    TR1             ; 启动定时器T1
        CLR     TI              ; 清发送中断标志
        MOV     SCON，#40H      ; 置串行口方式1
        MOV     SBUF，78H       ; 输出首地址的高位地址
WAIT1:  JNB     TI，WAIT1       ; 等待高位首地址发送完毕
        CLR     TI
        MOV     SBUF，77H       ; 输出首地址的低位地址
WAIT2:  JNB     TI，WAIT2       ; 等待首地址的低位地址发送完毕
        CLR     TI
        MOV     SBUF，76H       ; 输出末地址的高位地址
WAIT3:  JNB     TI，WAIT3       ; 等待末地址的高位地址发送完毕
        CLR     TI
        MOV     SBUF，75H       ; 输出末地址的低位地址
WAIT4:  JNB     TI，WAIT4       ; 等待末地址的低位地址发送完毕
        CLR     TI
        SETB    ES              ; 允许串行口中断
        …
T1INT:  CLR     TR1             ; 关定时器T1
        MOV     TL1，#0FCH      ; 重置定时常数
        MOV     TH1，#0FFH
        SETB    TR1
        RETI                    ; 定时器T1中断返回
SINT:   PUSH    DPL             ; 假定主程序中用到DPTR
        PUSH    DPH             ; 保护DPTR的内容
        PUSH    ACC             ; 保护累加器A的内容
LOOP:   MOV     DPH，78H        ; 设置当前取数指针高位(最初是首地址高位)
```

```
          MOV    DPL，77H          ；设置当前取数指针低位(最初是首地址低位)
          MOVX   A，@DPTR          ；根据当前指针到片外 RAM 中取数
          CLR    TI
          MOV    SBUF，A           ；输出所取数据
          MOV    A，DPH            ；取当前指针高位
          CJNE   A，76H，END1      ；高位是否与末地址高位相等？
          MOV    A，DPL            ；取当前指针低位
          CJNE   A，75H，END1      ；低位是否与末地址低位相等？即是否结束？
          CLR    ES                ；结束，关中断
          CLR    ET1
          CLR    TR1

ESCOM：   POP    ACC               ；恢复主程序中的累加器 A 的内容
          POP    DPH               ；恢复主程序中的 DPTR 高位内容
          POP    DPL               ；恢复主程序中的 DPTR 低位内容
          RETI
END1：    INC    77H               ；首地址的低位地址加 1
          MOV    A，77H
          JNZ    ESCOM
          INC    78H               ；进位高位地址加 1
          SJMP   ESCOM
```

(2) 乙机接收。通过 RXD 接收甲机发来的字节。这时接收的波特率必须与发送方的基本一样。接收的第一、二字节是数据块的首地址；第三、四字节是数据块的末地址减 1；第五字节开始是数据，把数据依次存入数据块首地址开始的存储器中。

接收程序如下：

```
          ORG    0000H             ；复位入口地址
          AJMP   RECEIVE
          ORG    001BH             ；定时器 T1 中断入口
          AJMP   RTINT
          ORG    0023H             ；串行口中断入口
          AJMP   RSINT
RECEIVE： ANL    TMOD，#0FH        ；置定时器/计数器 TI 为定时方式 1
          ORL    TMOD，#10H        ；为了不影响 T0 已设置的方式
          MOV    TL1，#0FCH        ；置定时常数使之波特率为 1200bps
          MOV    TH1，#0FFH        ；(假定时钟频率与之对应)
          SETB   EA                ；允许中断
          SETB   ES                ；开串行口中断
          SETB   ET1               ；允许定时器 T1 中断
          SETB   PT1               ；定时器 T1 中断级别高于串行口中断
```

```
         CLR     PS
         SETB    TR1                  ；启动定时器 T1
         MOV     SCON，#50H           ；置串行口方式 1 接收
         CLR     B.0                  ；B.0 作为地址/数据标志，清零表示地址
         MOV     R0，#78H             ；78H 为高位地址首地址
         …
RTINT：  CLR     TR1                  ；关定时器 TI
         MOV     TL1，# 0FCH          ；重置定时常数
         MOV     TH1，# 0FFH
         SETB    TR1                  ；重开定时器 T1
         RETI                         ；定时器 T1 中断返回

RSINT：  PUSH    DPL                  ；保护主程序中的现场
         PUSH    DPH                  ；保护主程序中的现场
         PUSH    ACC                  ；保护主程序中的现场
         MOV     A，R0
         PUSH    ACC
         JB      B.0，DATA            ；判别接收的是地址还是数据
         MOV     A，SBUF              ；是地址，分别送入 78H～76H 中
         MOV     @R0，A
         DEC     R0
         CLR     RI
         CJNE    R0，#74H，RETURN     ；第 4 个地址接收完毕，转结束
         SETB    B.0
RETURN： POP     ACC                  ；恢复现场
         MOV     R0，A
         POP     ACC
         POP     DPH
         POP     DPL
         RETI
DATA：   MOV     DPH，78H             ；是数据，转入此处
         MOV     DPL，77H             ；设置当前存数指针(最初为首地址低位)
         MOV     A，SBUF
         MOVX    @DPTR，A             ；将数据送入片外 RAM
         CLR     RI
         INC     77H                  ；低位地址加 1
         MOV     A，77H
         JNZ     DATA
         INC     78H                  ；有进位，高位地址加 1
```

```
        MOV     A，76H
        CJNE    A，78H，RETURN
        MOV     A，75H
        CJNE    A，77H，RETURN
        CLR     ES                  ；结束，关所有中断
        CLR     ET1
        SETB    PSW.5               ；置传送结束标志
        AJMP    RETURN
```

(3) 波特率的计算。这里使用6MHz晶振，以定时器T1的方式1制定波特率。此时定时器T1相当于一个16位的计数器。

$$溢出率=\frac{fosc}{12}\times\frac{1}{(2^{16}-TC+X)}$$

式中：X为中断服务程序的机器周期数，在中断服务程序中重新对定时器置数。

```
    CLR   TR1                   1个机器周期
    MOV   TL1，#0AAH            2个机器周期
    MOV   TH1，#0AAH            2个机器周期
    SETB  TR1                   1个机器周期
    从主程序转入中断服务程序    3个机器周期
```

从响应中断到退出中断服务共需$X=9$个机器周期。

$TC=2^{16}+X-fosc/(12\times溢出率)$

$=2^{16}+X-fosc/(12\times波特率\times32)$

$=65536+9-6\times10^{6}/(12\times1200\times32)$

$=65536+9-13=0FFFCH$

3) 方式2的编程和应用

方式2和方式1有以下两方面不同。

(1) 方式2接收/发送11位信息：第0位为起始位(0)；第1~8位为数据位；第9位为程控位，可由用户置TB8决定；第10位为停止位(1)。而方式1只接收/发送10位信息。

(2) 方式2的波特率变化范围比方式1小，方式2的波特率为：

波特率 = 振荡器频率/n

其中：当SMOD=0时，n= 64；当SMOD=l时，n = 32。

由于方式2和方式3基本一样，仅波特率设置不同，因此具体使用方法见方式3的编程。

4) 方式3的编程和应用

方式3和方式1的不同在于接收/发送的信息位数不同，而与方式2的不同仅在于波特率设置不同。

例10. 以双机通信为例。串行口以方式3进行接收和发送，以T1为波特率发生器，选择定时器方式2。

解：程序首先发送数据存放地址，而地址的高位存放在78H单元中，地址的低位存放在77H单元中；然后发送00，01，02，…，FE共255个数据；最后结束。

(1) 甲机发送。程序段如下：

```
TRANSFER: MOV   TL1，#0F0H          ；置定时常数
          MOV   TH1，#0F0H
          MOV   TMOD，#20H          ；置定时方式 2
          SETB  EA                  ；允许中断
          CLR   ES                  ；禁止串行口中断
          CLR   ET1                 ；禁止定时器 T1 中断
          SERB  TR1                 ；启动定时器 T1
          MOV   SCON，#0E0H         ；置串行口方式 3
          SETB  TB8                 ；表示发送的是地址
          MOV   SBUF，78H           ；发送地址
          JNB   TI，$
          CLR   TI
          MOV   SBUF，77H
          JNB   TI，$
          CLR   TI
          MOV   IE，#90H            ；允许串行口中断
          CLR   TB8                 ；以后发送的是数据
          MOV   A，#00H
          MOV   SBUF，A
WAIT:     CJNE  A，# 0FEH，WAIT     ；判断是否结束
          CLR   ES                  ；结束，禁止串行口中断
          CLR   EA                  ；关中断
HERE:     AJMP  HERE
          ORG   0023H               ；串行口中断入口
PINT:     INC   A
          CLR   TI
          MOV   SBUF，A
          RETI
```

(2) 乙机接收。先把接收到的头两个字节作为存放数据的首地址，再将接收到的 255 字节的数据存放入相应的单元中。程序段如下：

```
RECEIVE: MOV   TL1，#0F0H           ；置定时常数
         MOV   TH1，#0F0H
         MOV   TMOD，#20H           ；置定时方式 2
         SETB  ES                   ；允许串行口中断
         CLR   ET1                  ；禁止定时器 T1 中断
         SETB  EA                   ；开中断
         SETB  TR1                  ；启动定时器 T1
         MOV   SCON，#0F0H          ；置串行口方式 3 接收
```

```
         MOV    R0，#00H        ；数据个数储值
RWAIT：  AJMP   RWAIT
         ORG    0023H           ；串行口中断入口
PINT：   MOV    C，RB8
         JNC    PD2             ；输入是否为地址
         MOV    A，R0
         DEC    R0              ；执行 2 次后为 0FEH 即传送数据个数
         JNZ    PD              ；判断地址高低字节
         MOV    DPH，SBUF       ；输入的是高位地址
         AJMP   PD1
PD：     MOV    DPL，SBUF       ；输入的是低位地址
         CLR    SM2             ；下一次输入是数据
PD1：    CLR    RI
         RETI
PD2：    MOV    A，SBUF         ；是数据
         MOVX   @DPTR，A
         INC    DPTR
         CLR    RI
         DJNZ   R0，RETURN      ；判断是否结束
         CLR    ES              ；结束，关中断
RETURN： RETI
```

一般来说，用定时器方式 2 来制定波特率是比较理想的，它不需要用中断服务程序来置数，且算出的波特率也比较准确。在使用的波特率不太低的情况下，宜用定时器 1 的方式 2 来制定波特率。

习题

1. 80C51 有几个中断源，各中断标志是如何产生的，又如何清 0 的？CPU 响应中断时，其中断入口地址各是多少？

2. 定时器作定时用时，定时时间与哪些因素有关？作计数用时，对外界计数频率有何限制？

3. 定时器 T0 为方式 3 时，由于 TR1 位已被 T0 占用，如何控制定时器 T1 的开启和关闭？

4. 在 80C51 单片机系统中，已知时钟频率 6MHz，选用定时器 T0 设置方式。请编写一个程序实现 P1.0 和 P1.1 口分别输出周期为 1ms 和 400μs 方波。

5. 用 80C51 的定时器测量某正单脉冲的宽度，采用何种方式可得到最大量程？若时钟频率为 6 MHz，求允许测量的最大脉冲宽度是多少？

6. 请简述 80C51 的串行口的几种工作方式及其功能特点。简述各种工作方式的适用场合。

7. 串行通信中涉及的波特率是什么？定时器的溢出率指什么？如何计算和设置 80C51 串行通信的波特率？

8. 为什么定时器 T1 用作串行口波特率发生器时，常采用方式 2？若已知系统时钟频率和通信波特率，则如何计算其初始值？

9. 某异步通信接口，其帧格式由 1 个起始位(0)、7 个数据位、1 个奇偶校验位和 1 个停止位组成，当该口每分钟传送 1800 个字符时，计算其传送波特率。

10. 在 80C51 的应用系统中时钟频率为 6MHz，现需利用定时器 T1 产生的波特率为 1200，请计算初值并分析波特率误差。

ꨄ 第5章 ꨄ

80C51单片机的程序设计

程序设计语言是开发软件的工具，它的发展经历了由低级语言到高级语言的过程。本章主要介绍 80C51 单片机的程序设计的相关内容。按照程序设计语言的分类，介绍汇编语言与 C 语言的程序设计知识。此外，单片机程序设计及程序结构也是讨论的重点。

5.1 概述

程序是为计算某一算式或完成某一工作的若干指令的有序集合。计算机的全部工作概括起来，就是执行这一指令序列的过程，这一指令序列称为程序。为计算机准备这一指令序列的过程称为程序设计。通常，由于计算机的配置不同，设计程序时所使用的语言也不同。目前，可用于程序设计的语言基本上可分为三种：机器语言、汇编语言和高级语言。

在系统程序开发初期，系统工程师面临着一个选择：是采用汇编语言编写程序，还是采用高级语言编写程序。采用汇编语言编写的程序，其代码效率最高，即代码量小，计算机运行起来速度也最快，但编写烦琐，不能在不同的机器间移植。而高级语言不受具体机器的限制，而且使用了许多数学公式和习惯用语，从而简化了程序设计的过程，因此面向问题或者面向过程编写一直都很方便。因此，为了兼顾两者的优点，许多程序采用汇编语言和高级语言混编的方式。

C 语言是唯一可以直接与底层硬件交换信息的高级语言，也是嵌入式系统中使用最广泛的程序语言。和汇编语言相比，用 C 语言这样的高级语言有很多优势，比如，对微处理器的基本结构无须过多了解，对处理器的指令集也不必了解，寄存器的分配以及各种变量和数据的寻址都由编译器去完成。程序拥有了正式的结构(由 C 语言带来的)，并且能被分成多个单独的子函数。这使整个应用系统的结构变得清晰，同时让源代码变得可重复使用。选择特定的操作符来操作变量的能力提高了源代码的可读性。可以运用与人的思维很接近的词汇和算法表达式，在很大程度上缩短了编写程序和调试程序的时间。由于程序的模块结构技术，使得现有的程序段可以很容易地包含到新的程序中去。ANSI 标准的 C 语言是一种非常方便并获得广泛应用，在绝大部分系统中都能够很容易得到的语言。如果需要，现有的程序还可以很快地移植到其他处理器上，大大地节省了投资。

因此，本书针对单片机“面向控制”这一使用的特点，仍以汇编语言为主进行讲解。同时为了适应 C 语言广泛应用的形势发展，也对 80C51 单片机常用的 Keil C51 语言相对于 ANSI

标准的 C 语言所做的扩展和补充进行必要的介绍。

5.2 程序设计及程序结构

要使用计算机求解某一问题或完成某一特定功能，就要先对问题或特定功能进行分析，确定相应的算法和步骤，然后选择相应的指令和语句，按一定的顺序排列起来，这样就构成了求解某一问题或实现特定功能的程序。通常把这一编制程序的工作称为程序设计。

程序设计有时可能是一个很复杂的工作，为了能把复杂的工作条理化，就要有相应的步骤和方法。其步骤可概括为以下三点。

(1) 分析题意，确定算法。对复杂的问题进行具体的分析，找出合理的计算方法及适当的数据结构，从而确定解题步骤。这是能否编制出高质量程序的关键。

(2) 根据算法画出程序框图。画程序框图可以把算法和解题步骤逐步具体化，以减少出错的可能性。

(3) 编写程序。根据程序框图所表示的算法和步骤，选用适当的指令和语句排列起来，构成一个有机的整体，即程序。

程序设计的一种理想方法是结构化程序设计方法。所谓结构化程序设计是对用到的控制结构类程序做适当的限制，特别是限制转向语句(或指令)的使用，从而控制了程序的复杂性，力求程序的上下文顺序与执行流程保持一致，使程序可读性好，易于理解，逻辑错误减少，并易于修改、调试。

采用结构化方式的程序设计已成为软件工作的重要方法。它使程序结构具有简单清晰、易读/写、调试方便、生成周期短及可靠性高等特点。这种规律性极强的编程方法，正日益被程序设计者所重视和广泛应用。

根据结构化程序设计的观点，功能复杂的程序结构可采用三种基本控制结构，即顺序结构、选择结构和循环结构来组成。

1. 顺序结构程序

顺序结构是按照逻辑操作顺序，从某一条指令或语句开始逐条顺序执行，直至某一条指令或语句为止。顺序结构是所有程序设计中最基本、最单纯的程序结构形式，在程序设计中使用最多，因而是一种最简单、应用最普遍的程序结构。一般实际应用程序远比顺序结构复杂得多，但它是组成复杂程序的基础、主干。

2. 选择结构程序

选择结构程序的主要特点是程序执行流程必然包含条件判断，选择符合条件要求的处理路径。选择结构程序有单分支选择结构和多分支选择结构两种形式。

1) 单分支选择结构

当程序的判别仅有两个出口时，两者选一，称为单分支选择结构。

单分支选择结构程序有三种典型的形式，如图 5-1 所示。

(1) 当条件满足时，执行分支 1，否则执行分支 2，如图 5-1(a)所示。

(2) 当条件满足时，跳过程序段 1，从程序段 2 开始继续顺序执行，否则顺序执行程序段 1

和程序段 2，如图 5-1(b)所示。

(3) 当条件满足时程序顺序执行程序段 2，否则重复执行程序段 1，直到条件满足为止，如图 5-1(c)所示。

在第三种形式中，若以程序段 1 重复执行的次数作为判断条件，则当重复次数达到条件满足时，停止重复，程序顺序往下执行。这是分支结构的一种特殊情况，即循环结构程序。

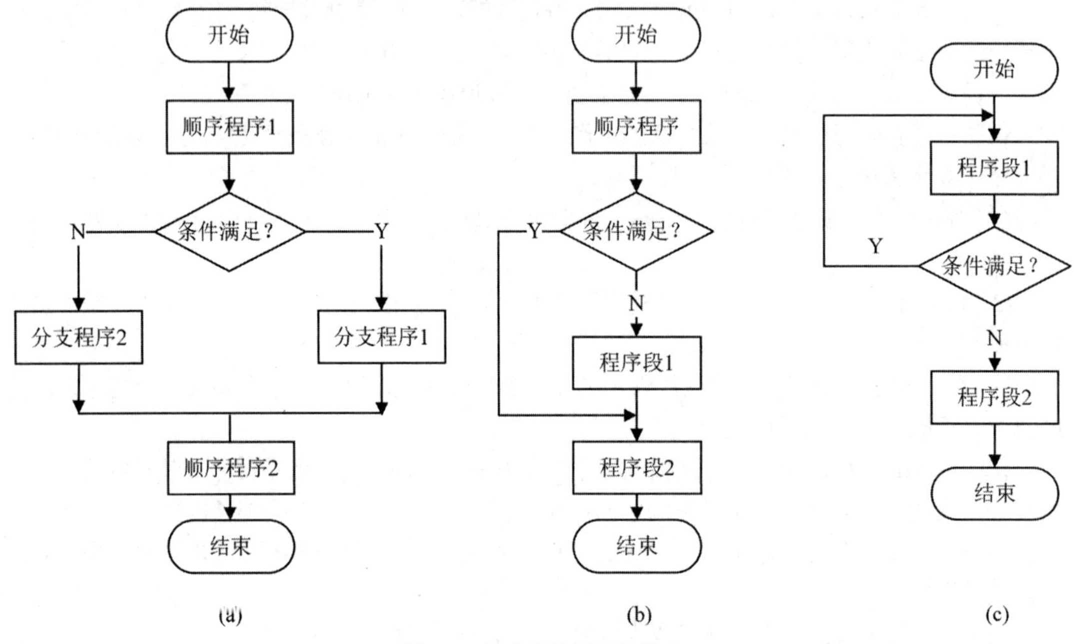

图 5-1　单分支选择结构形式

2) 多分支选择结构

当程序的判别部分有两个以上的出口流向时，称为多分支选择结构。一般微机需由几个两分支判别进行组合来实现多分支选择，这不仅复杂，执行速度慢，而且分支数有一定限制。

多分支选择结构通常有两种形式，如图 5-2 所示。

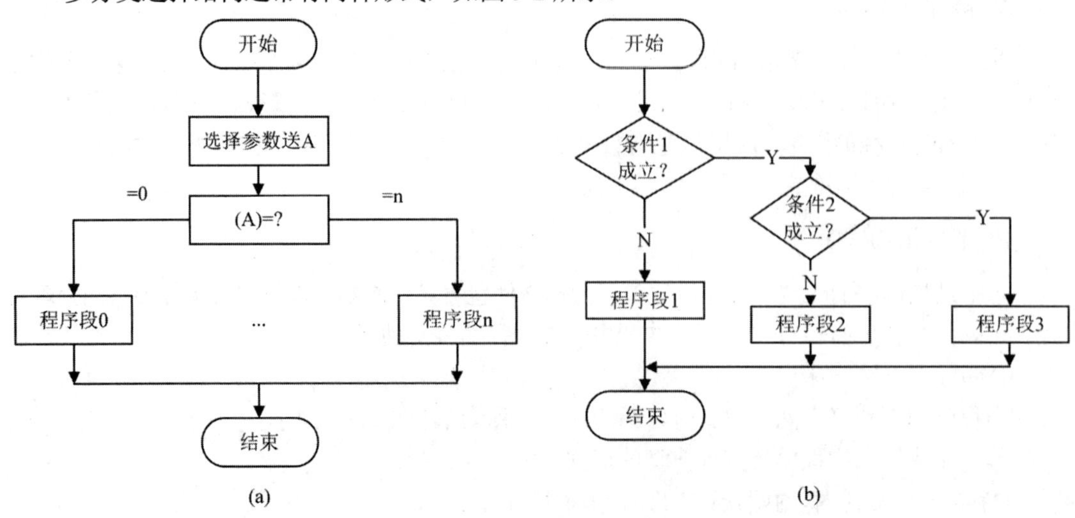

图 5-2　多分支选择结构形式

分支结构程序允许嵌套，即一个程序的分支又由另一个分支程序所组成，从而形成多级分支程序结构。这种嵌套的层次数并不限制，但过多的嵌套层次将使程序的结构变得复杂和臃肿，以致造成逻辑上的混乱，因而应该尽力避免。

一个较复杂的程序，总是包含多个分支程序段，为防止分支流向的混乱，应采用程序流程图具体标明每个分支的确切流向。

3. 循环结构程序

循环是强制 CPU 重复多次地执行一串指令或语句的基本程序结构。从本质上看，循环程序结构只是分支程序中的一个特殊形式而已。只是由于在程序设计中的重要性，才把它单独作为一种程序结构的形式进行设计。循环结构如图 5-3 和图 5-4 所示，由下述 4 个主要部分组成。

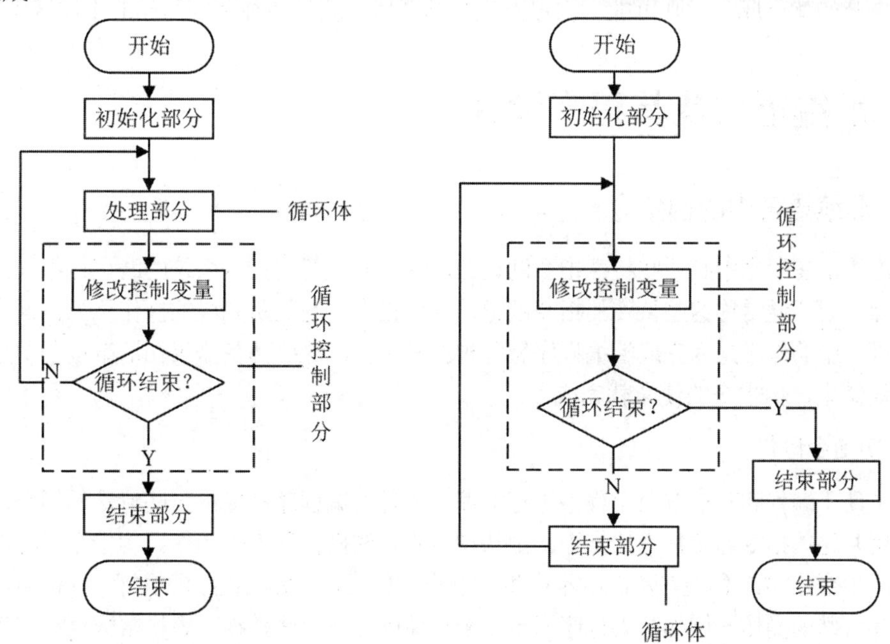

图 5-3　计数循环结构形式　　　　图 5-4　条件循环结构形式

(1) 初始化部分。在进入循环程序体之前所必要的准备工作：需给用于循环过程的工作单元设置初值。如循环控制计数初值的设置、地址指针起始地址的设置、变量初值的预置等，都属于循环程序初始化部分。它是保证循环程序的正确执行所必需的。

(2) 处理部分。这是循环结构程序的核心部分，完成实际的处理工作，是需反复循环执行的部分，故又称为循环体。这部分的程序内容，取决于实际需处理的问题本身。

(3) 循环控制部分。这是控制循环程序的循环与结束部分，通过循环变量和结束条件进行控制。在重复执行循环体的过程中，不断修改循环变量，直到符合结束条件时，结束循环程序的执行。在循环过程中，除不断修改循环变量外，还需修改地址指针等有关参数。循环处理程序的结束条件不同，相应的循环控制部分的实现方法也不一样，分为循环计数控制法和条件控制法。例如，计算结果达到给定的精度要求或找到某一个给定值时就结束循环等，这时循环的次数是不确定的。

(4) 结束部分。这部分对循环程序执行的结果进行分析、处理和存放。由图 5-4 可见，主机对循环程序的初始化和结束部分均只执行一次，而对循环体和循环控制部分则常需重复执行多次。这两部分是循环程序的主体，它影响着循环程序的效率，是循环程序设计的重点所在，应精心设计，正确编程。

上述 4 部分有时能被较明显地划分，有时则相互包含，不能被明显区分。

根据控制部分的不同，循环可分为计数控制循环和条件控制循环两种。

图 5-3 是计数循环结构形式。计数循环结构程序受循环计数值的控制，不管条件如何，至少执行一次循环体，当循环计数为 0 时，结束循环。

图 5-4 是条件循环结构形式。条件循环先检查控制条件是否成立，决定循环程序的执行。当条件一开始就已成立，则可能一次也不执行循环体。这是两种不同结构的本质区别。

5.3 汇编语言及其程序设计

5.3.1 汇编语言中的伪指令

在汇编语言程序中有一些特殊指令助记符，这些助记符与指令系统的助记符不同，没有相对应的操作码，通常称这些特殊的指令助记符为伪指令，它们所完成的操作称为伪操作。伪指令在源程序中的作用是为完成汇编程序做各种准备工作，这些伪指令仅在汇编过程中起作用，一旦汇编结束，伪指令的使命就完成了。

1. 伪指令语句

为了便于编程和对汇编语言程序进行汇编，各种汇编程序都提供一些特殊的指令，供人们编程使用，这些指令通常称为伪指令。由伪指令确定的操作称为伪操作。伪指令又称汇编程序控制译码指令，“伪”体现在汇编时不产生机器指令代码，不影响程序的执行，仅指明在汇编时执行一些特殊的操作。例如，为程序指定一个存储区，将一些数据、表格常数存放在指定的存储单元，说明源程序结束等。不同的单片机开发装置所定义的伪指令不全相同，下面简单介绍一下 MASM-51 汇编程序中常用的几类伪指令语句。

1) 标号定义伪指令

(1) 等值伪指令(EQU)

指令格式为：<标号>EQU<表达式>

其含义是标号等值于表达式，这里的标号和表达式是必不可少的。例如：

```
TTY   EQU   1080H
```

是向汇编程序表明，标号 TTY 的值为 1080H。又如：

```
LOOP1   EQU   TTY
```

如果 TTY 已被赋值为 1080H，则相当于 LOOP1 = TTY，即 LOOP1 也为 1080H，在程序中 TTY 和 LOOP1 可以互换使用。

用 EQU 语句给一个标号赋值以后，在整个源程序中该标号的值是固定的，不能更改。若要更改，需用伪指令 DL 重新定义。

(2) 定义标号值伪指令(DL)

指令格式为：<标号>DL <表达式>

其含义也是说明标号等值于表达式。同样，标号和表达式是必不可少的。例如：

```
COUNT   DL   2300H          ; 定义标号 COUNT 的值为 2300H
COUNT   DL   COUNT + 1      ; 重新定义 COUNT 的值为 2300H + 1
```

DL 和 EQU 的功能都是将表达式值赋予标号，但两者有差别：可用 DL 语句在同一源程序中给同一标号赋予不同的值，即可更改已定义的标号值；而用 EQU 语句定义的标号在整个源程序中不能更改。

2) 数据说明伪指令

数据说明伪指令的作用是把数据存入指定的存储单元。

(1) 定义字节伪指令(DB)

指令格式为：(<标号>)DB<表达式或表达式表>

其含义是将表达式或表达式表所表示的数据或数据串存入从标号开始的连续存储单元中。标号为可选项，它表示数据存储单元地址。表达式或表达式表是指一个字节或用逗号分开的字节数据。例如：

```
FIRST    DB   73，04，53，38，00，46
SECON    DB   02，36，48，75，34，46，97，08
```

表示字节串数据存入由 FIRST 和 SECON 标号为起始地址的连续存储器单元中。

(2) 定义字伪指令(DW)

指令格式为：<标号>DW<表达式或表达式表>

其含义是把字或字串值存入由标号开始的连续存储单元中，且把字的高字节数存入高地址单元，低字节数存入低地址单元，按顺序连续存放。表达式表或表达式的值为一个字(一个或多个字节的二进制数)。

3) 存储区说明伪指令(DS)

存储区说明伪指令的指令格式为：<标号>DS<表达式>

其含义是通知汇编程序，在目标代码中，以标号为首地址保留表达式值的若干存储单元，以备源程序使用。例如：

```
BASE   DS   100H
```

是通知汇编程序，从标号 BASE 开始，保留 100H 个存储单元，以备源程序另用。

4) 程序段说明伪指令(ORG)

程序段说明伪指令的指令格式为：ORG<表达式>

其含义是向汇编程序说明，下述程序段的起始地址由表达式指明。表达式通常为 16 位二进制地址码。例如：

```
        ORG   1000H
START： MOV   A，#12H
```

ORG 伪指令通知汇编程序，从START开始的程序段，其起始地址由1000H开始。由于1000H是立即数型地址码，因此还隐含地指明该程序段是绝对地址段。跟在ORG伪指令后面的程序段或数据段是绝对地址还是浮动地址段，依赖ORG右边的表达式性质。假定ORG右边的表达式是在浮动程序段中定义的标号RELOCA，则

ORG　RELOCA

SUBROU：…

表明SUBROU起始于RELOCA(它是相对地址)浮动地址的程序段。

一般规定，在由ORG伪指令定位时，其地址应当由小到大，不能重叠。它的有效范围一直到下一条ORG伪指令出现为止。

5) 汇编结束伪指令

汇编结束伪指令一般格式为：<标号>END

其含义是通知汇编程序该程序段汇编至此结束。因此，在设计的每一个程序中必须要有END语句，且END语句应设置在整个程序(包括伪指令在内)的后面。

当源程序为主程序时，END伪指令中可有标号，这个标号应是主程序第一条指令的符号地址。若源程序为子程序，则在END伪指令中不需要使用标号。

除了一般的汇编程序之外，还有一些高性能的汇编程序，可在汇编时进行表达式赋值、条件汇编和宏汇编。

① 表达式赋值可允许汇编语言程序的指令操作数使用表达式，例如“ADD A，#ALFA*BETA/2”，其中ALFA和BETA是两个已定义的标号。这样为用户编程带来了很大的方便。

② 条件汇编可使用户在汇编时根据需要对源程序进行汇编，这样有利于程序的调试，特别是为用户系统(或大的应用)程序的调试带来方便。

③ 宏汇编允许用户在编写源程序时使用宏指令。一条宏指令往往包括若干条汇编语言指令，这样在使用宏指令之后可使源程序缩短，简化程序设计。

5.3.2 汇编语言程序设计

本节结合80C51单片机指令集，简要介绍5种基本结构的设计方法。

1. 顺序结构程序

在实际编程中，能正确选择指令、寻址方式和合理使用工作寄存器，包括数据存储器单元等，都是基本的汇编语言程序设计技巧。

1) 数据传送和交换

任何程序，都必须进行数据的传输。这些程序段虽然很简单，但在任何程序中都会频繁出现，所占比例极大。因此，其设计的好坏涉及整个程序的质量和效率。一个好的传送程序段，应该长度短，占用存储空间少，执行速度快。

例1. 下面采用立即寻址方式置初值。

```
        ORG     1000H
START： MOV     R0，#00H              ；(R0)←0
        MOV     R1，#00H              ；(R1)←0
        MOV     R2，#00H              ；(R2)←0
```

```
        MOV     R3，#00H            ；(R3)←0
        MOV     P1，#00             ；(P1)←0
        MOV     R4，#0FFH           ；(R4)←0FFH
        MOV     R5 ，# 0FFH         ；(R5)←0FFH
        MOV     30H，#00H           ；(30H)←0
        MOV     40H，#00H           ；(40H)←0
        END                         ；结束
```

这段程序共占用 21 个存储单元，执行时间为 12 个机器周期。若采用寄存器寻址，则可大大缩短所占用的存储器空间。

8 位数据交换在程序设计中是经常遇到的。一般的处理方法是使用中间单元(或寄存器)，以保证交换双方的数据不被破坏。在 80C51 指令集中设有一组字节交换指令，为实现这类问题提供了方便。

例 2. 设将 R3 与 R5 内容互换，R4 与 35H 单元内容互换，其程序段如下：

```
XCHR：  XCH     A，R3
        XCH     A，R5
        XCH     A，R3               ；R3 与 R5 内容互换
        XCH     A，R4
        XCH     A，35H
        XCH     A，R4               ；R4 与 35H 单元内容互换
```

数据传送在程序设计中是大量的，80C51 具有丰富的传送类指令，以满足各种形式和多种要求的数据传送。这类程序简单直观，易于编写。

2) 简单运算程序

80C51 系列单片机的运算功能较强，设有加、减、乘、除算术运算指令，为四则运算编程提供了很大方便。所有运算均在 CPU 的运算器中进行。为了暂存参加运算的数和运算结果，总是要用到累加器 ACC(乘、除运算时还有 B 寄存器)和若干工作寄存器等，其中累加器 ACC 是最活跃的寄存器。在进行某项运算操作之前，应先对有关工作寄存器进行分配和定义。

在进行算术运算时，将影响标志位。可通过标志位的变化正确判断运算结果的正确性和状态。

例 3. 双字节加法程序段。

设被加数存放于片内 RAM 的 ADDR1(低位字节)、ADDR2(高位字节)，加数存放于 ADDR3(低位字节)和 ADDR4(高位字节)，运算结果和数存放于 ADDR1 和 ADDR2 中。其程序段如下：

```
START： PUSH    ACC                 ；将 A 中内容进栈保护
        MOV     R0，#ADDR1          ；将 ADDR1 地址值送 R0
        MOV     R1，#ADDR3          ；将 ADDR3 地址值送 R1
        MOV     A，@R0              ；将被加数低字节内容送 A
        ADD     A，@R1              ；低字节数相加
        MOV     @R0，A              ；将低字节数和存放在 ADDR1 中
        INC     R0                  ；指向被加数高位字节
```

```
        INC     R1              ；指向加数高位字节
        MOV     A，@R0          ；将被加数高位字节送 A
        ADDC    A，@R1          ；高字节数相加
        MOV     @R0，A          ；将高字节数和存放在 ADDR2 中
        POP     ACC             ；恢复 A 原内容
```

这里将 A 中的原内容进栈保护，如果原 R0、R1 内容有用，则也需进栈保护。如果相加结果高字节的最高位产生进位且有意义时，则应对标志 CY 位检测并处理。

3) 查表程序

在微机应用系统中，一般使用的表均为线性表，它是一种最常用的数据结构。一个线性表是 n 个数据元素 a1，a2，…，an 的集合，各元素之间具有线性(一维)的位置关系，即数据元素在线性表中的位置取决于它们自己的序号。在比较复杂的线性表中，一个元素可以由若干个数据项组成。

线性表可以有不同的存储结构，而最简单最常用的是用一组连续的存储单元顺序存储线性表的各个元素，这种方法称为线性表的顺序分配。

查表就是根据变量 x 在表格中查找对应的 y 值，使 $y = f(x)$。y 与 x 的对应关系可有各种形式，表格也可以有各种结构。

一般表格常量设置在程序存储器的某一区域内。在 80C51 指令集中，设有两条查表指令：

```
MOVC    A，@A + DPTR
MOVC    A，@A+ PC
```

这两条指令有如下特点。

(1) 这两条指令均从程序存储器的表格区域读取表格值。

(2) DPTR 和 PC 均为基址寄存器，指示表格首地址。但两者的区别在于：采用 DPTR 作为表首地址指针，表域可设置在程序存储器 64 KB 范围内的任何区域；采用 PC 作为表首地址指针，表域必须紧跟在该查表指令之后，这使表域设置受到限制；因此，一般只用于单用表格，且编程较难，但可节省存储空间。

(3) 在指令执行前，累加器 A 的内容指示查表值距表首地址的无符号偏移量，因而由它限制表格的长度，一般不超过 256 字节单元。

(4) 当上述查表指令执行完，自动恢复原 PC 值，仍指向查表指令的下一条指令继续顺序执行。

下面举例说明，根据查表参数(或序号)查找对应值的查表方法。

例 4. 设有一个巡回检测报警装置，需对 16 路输入进行控制，每路有一个最大额定值，为双字节数。控制时需根据检测的路数，找出该路对应的最大额定值进行比较，检查输入量是否大于最大允许额定值，如超过则报警。设 16 路最大额定值列表于 ROM 中，R2 用于寄存检测路号，找出对应的最大额定值存放于 31H 和 32H 单元中。查找最大允许额定值子程序如下：

```
TBPCL： MOV     A，R2           ；检测路号送 A
        ADD     A，R2           ；(R2)×2
        MOV     31H，A
        ADD     A，#09H         ；距表首址偏移量
        MOVC    A，@A+ PC       ；查表，读取第一字节内容
```

```
        XCH    A，31H            ；第一字节内容存入 31H 单元
        ADD    A，#03H           ；偏移量
        MOVC   A，@A+ PC         ；查表，读取第二字节
        MOV    32H，A            ；第二字节内容存入 32H 单元
        RET                      ；返回
TBPC2： DW     1230H，1540H，…    ；最大允许额定值
        DW     2340H，2430H，…
        DW     3210H，3320H，…
```

上述程序的表格长度不能超过 256 字节(包括距表首址的偏移量)。如果表格长度超过 256 字节，则应选用数据指针 DPTR 作为基址寄存器，且需对 DPH 和 DPL 分别进行运算，求出数据元素地址。

以上举例限于简单的顺序结构程序。程序顺序与算法的逻辑顺序密切相关，即不同的顺序将得出不同的运行结果。顺序结构程序虽然设计简单，但它在整个程序中所占比重极大。因此，这部分设计的好坏将直接影响整个程序的质量和效率。这是编制汇编语言应用程序的基础。

2. 选择结构程序

选择结构程序的主要特点是程序执行流程必然包含条件判断，选择符合条件要求的处理路径。编程的主要方法和技术是合理选用具有逻辑判断功能的指令。由于选择结构程序不像顺序结构程序那样程序走向单一，因此在程序设计时，必须借助程序框图(判断框)来指明程序的走向。

一般情况下，每个选择分支均需要单独的一段程序，在程序的起始地址赋予一个地址标号，以便当条件满足时转向指定地址单元去执行。

80C51 的判跳指令极其丰富，功能极强，特别是位处理判跳指令，为复杂问题的编程提供了极大方便。

选择结构程序的形式，有单分支选择结构和多分支选择结构两种。

1) 单分支选择结构

当程序的判别仅有两个出口，两者选一时，称为单分支选择结构。通常用条件判跳指令来选择并转移。由于条件判跳指令均属相对寻址方式，其相对偏移量 rel 是个带符号的 8 位二进制数，可正可负。因此，它可向高地址方向转移，也可向低地址方向转移。

单分支选择在结构程序设计中应用极为普遍。单分支选择的程序设计一般由运算结果的状态标志或者根据某种状态的检测，选用对应的条件转移指令来实现。

例 5. 求双字节补码程序。

设对 addr1 和 addr1 +1 的双字节读数取补后存入如 addr2 和 addr2 +1 单元中，其中高位字节在高地址单元中。图 5-5 为双字节取补流程图。8 位微机对双字节数取补需分两次进行。首先对低字节数取补，然后判其结果是否为全 0。若为全 0，则高字节数取补；否则，高字节数取反。

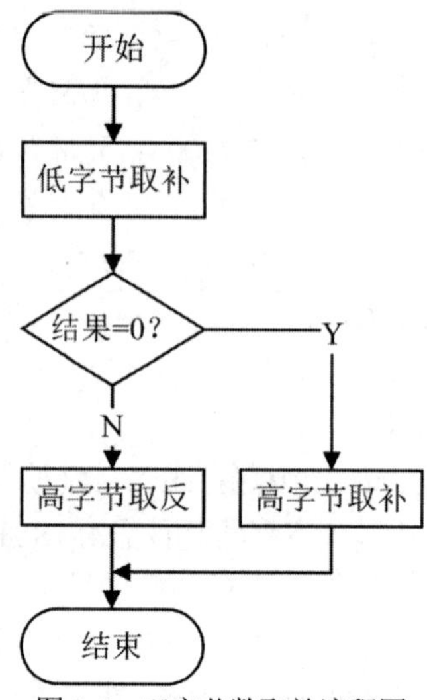

图 5-5　双字节数取补流程图

双字节数取补程序段如下：

```
START：MOV    R0，#addr1        ；原码低字节地址码送 R0
       MOV    R1，#addr2        ；补码低字节地址码送 R1
       MOV    A，@R0            ；原码低字节内容送 A
       CPL    A                 ；A 内容取反加 1，即取补
       INC    A
       MOV    @R1，A            ；低字节补码存 addr2 单元
       INC    R0                ；指向原码高字节
       INC    R1                ；指向补码高字节
       JZ     LINE1             ；判断(A) = 0? (A) = 0，转 LINE1
       MOV    A，@R0            ；原码高字节送 A
       CPL    A                 ；高字节内容取反
       MOV    @R1，A            ；高字节反码存 addr2 + 1 单元
       SJMP   LINE2             ；转 LINE2，结束
LINE1：MOV    A，@R0            ；低字节补码为 0
       CPL    A                 ；对高字节数取补
       INC    A
       MOV    @R1，A            ；高字节补码存 addr2 +1 单元
       LINE2：RET               ；结束
```

上述程序采用判 0 指令(JZ)进行分支的选择。80C51 还可根据具体条件选用 JC(判断进位标志位)、JB(判断某位状态)等指令，进行分支的选择，这给实时系统的应用带来极大方便。所有条件判跳指令均属相对寻址方式，其相对偏移量是一个带符号的 8 位二进制数，常以补码形式出现，其寻址范围为-128～+ 127 字节单元，应用时应特别注意。

2) 多分支选择结构

当程序的判别部分有两个以上的出口流向时，称为多分支选择结构。一般微机要实现多分支选择需由几个两分支判别进行组合来实现。这不仅复杂，执行速度慢，而且分支数有一定限制。80C51 的多分支选择指令给这类应用提供了方便。

在实际应用中，常常需要从两个以上的流向中选一。例如两个数的比较，必然存在大于、等于、小于三种情况，这时就需从三个分支中选一；再如散转，将根据运算结果值在多个分支中选一，这就形成了多分支选择结构。

80C51 设有两条多分支选择指令：

散转指令　　　　　　JMP　@A+DPTR

比较指令(共有 4 条)CJNE　A，direct，rel

散转指令由数据指针 DPTR 决定多分支转移程序的首地址，由累加器 A 内容动态地选择对应的分支程序。因此，最多可从 256 个分支中选一。

例 6. 由 40H 单元中动态运行结果值来选择分支程序，其对应关系如：

(40h) = 0，转处理程序 0

(40h) = 1，转处理程序 1

…

(40h) = n，转处理程序 n

其程序段如下：

```
START：  MOV   DPTR，#ADDR16       ；多分支转移程序首址送 DPTR
         MOV   A，40H              ；40H 单元内容送 A
         CLR   C                   ；清 CY
         MOV   B，#03H             ；乘数 3 送 B
         MUL   AB                  ；40H 内容乘 3，相乘结果高位放在 B，
                                     低位放在 A，并影响溢出标志
         JNB   OV，Nadd            ；相乘无溢出，转 Nadd
         MOV   40H，A              ；相乘溢出，暂存 A 值
         MOV   A，B                ；B 中存放乘积高字节内容
         ADD   A，DPH              ；DPH+乘积高字节内容
         MOV   DPH，A              ；和送 DPH
         MOV   A，40H              ；将暂存 A 值送回 A
Nadd：   JMP   @A + DPTR           ；转选择分支
ADDR16： LJMP  LOOP0
         LJMP  LOOP1
         LJMP  LOOPn
```

上述程序中，分支选择参量值乘 3 后，积的高位字节值应为 0，DPH 值不应超过最大寻址范围。

在 80C51 的指令集中，还有一组功能极强的比较转移指令：

```
CJNE    A，direct，rel        ；将 A 的内容与直接寻址单元内容比较，并转移
CJNE    A，#data，rel         ；将 A 的内容与立即数比较，并转移
CJNE    Rn，#data，rel        ；将寄存器的内容与立即数比较，并转移
CJNE    data，rel             ；将间址单元的内容与立即数比较，并转移
```

这 4 条指令能对所指的单元内容进行比较，当两者不相等时程序进行相对转移，并指出其大小，以备作第二次判断；若两者相等，则程序按顺序往下执行。

例 7. 存放于 addr1 和 addr2 中的两个无符号二进制数，求其中的大数并存放于 addr3 中，其程序流程如图 5-6 所示，程序段如下：

```
START：  MOV    A，addr1             ；将 addr1 中内容送 A
         CJNE   A，addr2，LINEl      ；两数比较，不相等则转移
LINE3：  RET                         ；结束
LINE1：  JC     LINE2                ；当 CY＝1，转 LINE2
         MOV    addr3，A             ；CY= 0，(A)>(addr2)
         SJMP   LINE3                ；转结束
LINE2：  MOV    addr3，addr2         ；CY=1，(addr2) >(A)
         SJMP   LINE3
```

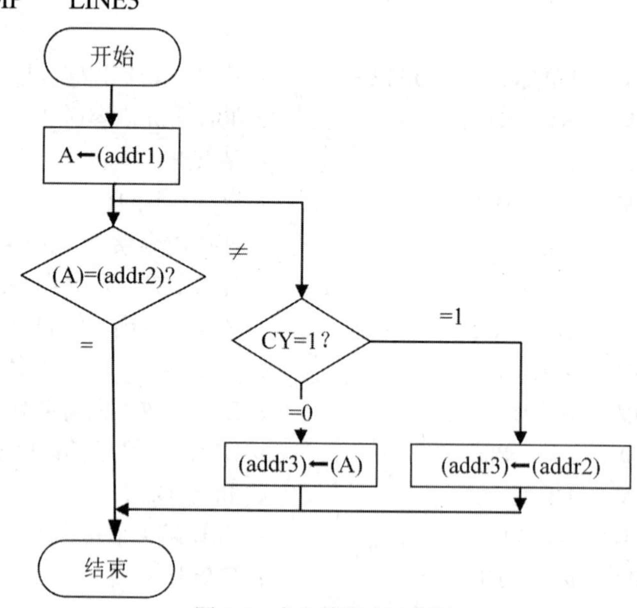

图 5-6　求大数程序流程图

从上可见，CJNE 是一组功能极强的比较指令，它可指出两数的大小并比较两数是否相等。通过寄存器和直接寻址方式，可派生出很多条比较指令。同样，它也属于相对转移。

3. 循环结构程序

用汇编语言进行循环程序的设计，允许从循环体外部直接进入循环体内，但必须在进入循环之前设置好循环参数、变量，这将使程序难以编制、阅读，且易出错。应避免这种直接进入循环体的设计方法。

1) 计数控制循环结构

计数循环程序的特点是在初始化部分设定计数的初值，循环控制部分依据计数器的值决定循环次数。一般均为减 1 计数器，每循环一次自动减 1，直到为 0 时结束循环。

80C51 设有功能极强的循环转移指令：

```
DJNZ    Rn，rel                  ；以工作寄存器作为控制计数器
DJNZ    direct，rel              ；以直接寻址单元作为控制计数器
```

这两条基本指令可派生出很多条不同控制计数器的循环转移指令，大大扩充了应用范围和多重循环层次。

循环程序在实际应用程序设计中应用极广。现简略举例并加以说明。对前面举例的程序，如果采用循环程序设计方法，可大大简化源程序。

例 8. 采用循环程序进行软件延时，延时子程序如下：

```
DELAY：   MOV    R2，#datc         ；预置循环控制常数
DELAY1：  DJNZ   R2，DELAY1        ；当(R2)≠0，转向本身
          RET
```

根据 R2 的不同初值，可实现 3～513 个机器周期的延时(第一条为单周期指令，第二条为双周期指令)。

一般可以实现任意延时要求，但是需要牺牲 CPU 的工作。

例 9. 工作单元区清 0 程序段。

设 R1 中存放被清 0 工作单元区首地址，R3 中存放欲清 0 的字节数。程序如下：

```
START：  MOV    R3，#data          ；清 0 的字节数送 R3
         MOV    R1，#addr          ；被清 0 字节的首地址
         CLR    A                  ；清 0 累加器
LOOP：   MOV    @R1，A             ；指定单元清 0
         INC    R1
         DJNZ   R3，LOOP           ；(R3) – 1≠0，继续清 0
         RET
```

2) 条件控制循环结构

根据非计数性的条件，决定是否继续循环程序的执行称为条件控制循环程序。一般常用条件判跳指令进行控制和实现。

例 10. 设某系统 ADC0809 的转换结束信号 EOC 与 80C51 的 P1.7 相连。若 EOC(P1.7)的状态由低变高，则结束循环等待，读取转换结果值，其程序段如下：

```
START：  MOV    DPTR，#addrl6      ；0809 端口地址送 DPTR
         MOV    A，#00H            ；启动 0809 的 0 号通道
         MOVX   @DPTR，A
LOOP：   JNB    P1.7，LOOP         ；检测 P1.7 状态
         MOVX   A，@DPTR           ；读取转换结果值送 A
```

上述程序段无循环处理部分，控制部分以 P1.7 口输入高电平为条件。条件控制方式的循环结构程序应用极为普遍，可处理各种复杂问题。

3) 多重循环结构

从上面可知，单重循环的结构特点是循环体为顺序结构或分支结构，每循环一次，执行一次循环体程序。对某些复杂问题，尚不能较方便地解决问题，必须采用在循环内套循环的结构形式。这种循环内套循环的结构称为多重循环，或称为循环嵌套。

若把每重循环的内部看作一个整体，则多重循环的结构与单重循环的结构是一样的，也由四部分组成。

例 11. 实现较长时间的延时。

设 R2 为内层循环控制计数器，R3 为外层控制计数器。程序流程图如图 5-7 所示。

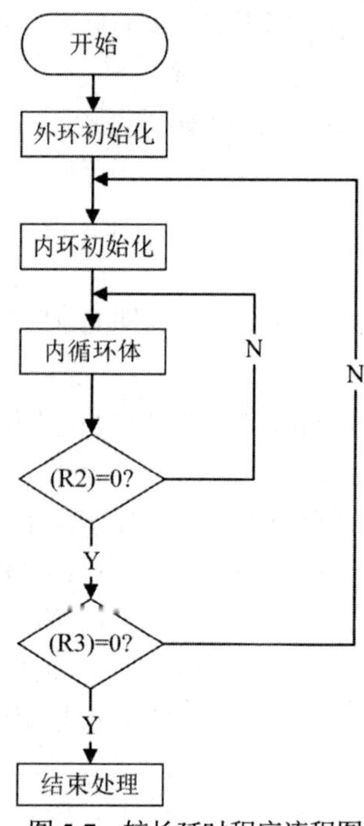

图 5-7　较长延时程序流程图

延时程序段如下：

```
START：MOV    R3，# data1       ；外层循环计数初值
LOOP1：MOV    R2，# data2       ；内层循环计数初值
LOOP2：NOP
       NOP
       DJNZ   R2，LOOP2         ；(R2) – 1≠0，转 LOOP2
       DJNZ   R3，LOOP1         ；(R3) – 1≠0，转 LOOP1
       RET
```

此例是最典型的双重循环程序。根据实际延时需要，分别对 R2 和 R3 预置合适的初值。若需延时更长时间，可扩充多层循环。多重循环的执行过程是从内向外逐层展开的。内层执行完全部循环后，外层则完成一次循环，以此类推。因此，每执行一次外层循环，内层必须重新设置初值，故每层均包含完整的循环程序结构。层次必须分明，层次之间不能有交叉，否则将产生错误。

4. 子程序

1) 子程序的调用和设计

(1) 子程序的调用

在实际的程序设计中，将那些需多次应用、完成某种相同的基本运算或操作的程序段从整个程序中独立出来，单独编制成一个程序段，尽量使其标准化，并存放于某一存储区域，需要时通过指令进行调用，这样的程序段称为子程序。调用子程序的程序称为主程序或调用程序。

使用子程序的过程称为子程序调用，可由专门的指令来实现，这种指令称为子程序调用指令或转子指令(如 ACALL 或 LCALL)。

子程序执行完后，返回到原来程序的过程称为子程序返回，也由专门的指令来实现，这种指令称为子程序返回指令(RET)。

子程序与主程序之间的关系如图 5-8 所示，主程序两次调用子程序。第一次调用是当主程序执行“ACALL addr1”后，程序转向 addr1 子程序。

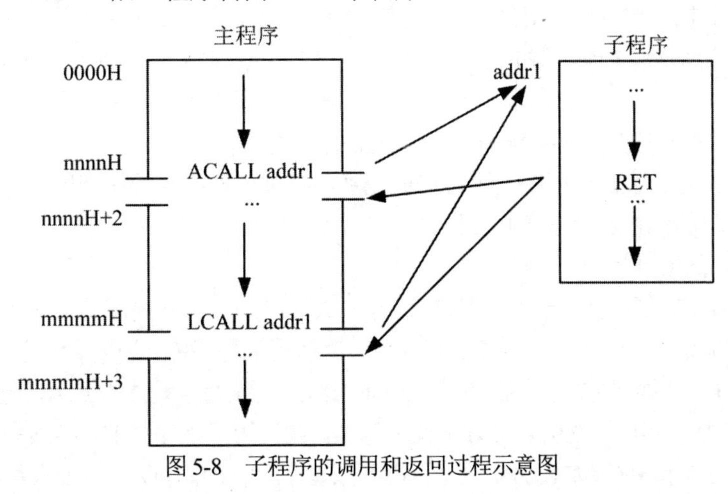

图 5-8　子程序的调用和返回过程示意图

能供调用的子程序，必须具有以下两个特点。

① 子程序的第一条指令地址称子程序首地址或称入口地址，必须用标号标明，以便调用指令正确调用。

② 子程序的末尾用 RET 返回指令结束，以便正确返回主程序或调用子程序继续执行。由于子程序在程序设计中应用极为普遍，因此，一般在指令集中均设有调用和返回指令配套使用。

在 80C51 指令集中，为了尽可能地节省存储空间，特设有如下指令。

① 绝对调用指令：ACALL addr11。这是一条双字节指令，它提供低 11 位调用目标地址，高 5 位地址不变。这意味着被调用的子程序首地址与调用指令的下一条指令在同一个 2KB 范围内。

② 长调用指令：LCALL addr16。这是一条三字节指令，它提供 16 位目标地址码。因此，子程序可设置在 64KB 的任何存储器区域。调用指令自动将断点地址(当前 PC 值)压入堆栈保护，以便子程序执行完毕能正确返回源程序，从断点处继续往下执行。

③ 返回指令：RET。常设置在子程序的末尾，表示子程序执行完毕。它的功能是自动将断点地址从堆栈弹出送 PC，从而实现程序返回源程序断点处继续往下执行。

子程序的第一条指令地址通常称为子程序首地址或入口地址。调用(转子)指令的下一条指令地址，通常称为返回地址或断点。

子程序的调用和返回过程如图 5-8 所示。

设子程序 addr1 的入口地址为 addr15～addr0，并以 RET 指令结束。在主程序中有两处调用该子程序。当主程序执行到“ACALL addr1”指令时，将 nnnnH + 2 的断点地址从 PC 送入堆栈中保护，而将 addr1 的入口地址中 addr10～addr0 送入 PC 的对应位，PC 中的位 15～11 值保持不变。这样，程序就转向以 addr1 子程序中去执行。当子程序执行到 RET 指令时，自动将 nnnnH+2 的断点地址弹出，送入 PC，从而实现程序返回原断点处继续往下执行。

当程序到第二条调用指令“LCALL addr1”时，自动将 PC 中的 mmmmH + 3 断点地址进栈保护，然后将 addr1 子程序的入口地址 addr15～addr0 送 PC，从而使程序转到 addr1 子程序中执行。当程序执行到 RET 指令时，自动将断点地址 mmmmH + 3 弹出送 PC，从而程序返回原断点处，继续往下执行。

在子程序的执行过程中，可能出现子程序再次调用其他子程序的情况，这种现象通常称为子程序嵌套。主程序执行时，调用子程序 1，子程序 1 执行过程中又去调用子程序 2，子程序 2 执行时还可再去调用子程序 3，即一级一级地调用。子程序执行完毕返回时也是一级一级地返回，即子程序 3 执行完后返回到子程序 2，子程序 2 执行完后返回到子程序 1，最后由子程序 1 返回到主程序。为了不在子程序返回时造成混乱，必须处理好子程序调用与返回之间的关系，处理好有关信息的保护和交换工作。

(2) 子程序的设计

子程序从结构上看，与一般程序相比没有多大的区别。唯一的区别是在子程序的末尾有一条子程序返回指令，其功能是子程序执行完后，返回到主程序中。为了能够正确地使用子程序，并在子程序执行完返回到主程序后又能正确地工作，在编写子程序时需要注意以下两点。

① 数据连接。例如，调用开平方子程序计算。在调用子程序之前，必须先将 x 送到主程序与子程序的某一交接处(例如累加器 A)，调用子程序后，子程序从交接处取得被开方数，并进行开方计算，求出后，在返回主程序之前，子程序还必须把计算结果送到交接处。这样在返回主程序之后，主程序才可能从交接处得到的值。

② 保护现场与恢复现场。在调用子程序中，由于程序转入子程序执行，将可能破坏主程序或调用程序的有关状态寄存器(PSW)、工作寄存器和累加器等的内容。因此，必要时应将这些单元内容保护起来，即保护现场。对于 PSW、A、B 等可通过压栈指令进栈保护。

当子程序执行完后，即返回主程序时，应先将上述内容送回到原来的寄存器中，这后一过程称为恢复现场。对于 PSW、A、B 等内容可通过弹栈指令来恢复。

80C51 单片机应用系统由于片内 RAM 容量小，限制了堆栈的深度。为了提高程序执行速度和实时性，工作寄存器不采用进栈保护的办法，而采用选择不同工作寄存器组的方式来达到保护的目的。一般主程序选用工作寄存器组 0，而子程序选用工作寄存器的其他组。这样既节省了入栈/出栈操作，又减少了堆栈空间的占用，且速度快。这是 80C51 单片机的特点。一般保护/恢复方式有以下两种。

① 调用前保护，返回后恢复之前进行现场保护；在调用指令之后，即返回断点后进行现场恢复。其主程序结构如下所示：

```
PUSH    PSW                     ；将 PSW、ACC、B 等压栈保护
PUSH    ACC
PUSH    B
MOV     PSW，#10H               ；选用工作寄存器组 2，将组 0 保护
ACALL   addr11                  ；调用子程序 addr11
POP     B                       ；恢复 PSW、ACC、B 内容
POP     ACC
POP     PSW
```

② 调用后保护，返回前恢复。这种方式是在主程序调用后，在子程序的开始部分，进行必要的现场保护；而子程序结束，返回指令前进行现场恢复。这是常用方式，设子程序首地址为 addr，其子程序段如下所示：

```
addr：  PUSH    PSW             ；现场保护
        PUSH    ACC
        PUSH    B
        MOV     PSW，#14H       ；选用工作寄存器组 3，组 0 保护
        …
        POP     B
        POP     ACC             ；现场恢复
        POP     PSW
```

上述两种方式，若每次调用需保护的内容不同，则可采用前者。但每次调用均需在主程序中编写保护和恢复程序，增加程序量，多占用存储空间。对每次调用保护内容固定，则应采用后者，这样不仅减少程序量，且有利于程序的读、写、修改和调试。故一般情况下均采用后者。

在编写子程序时，还应注意保护(压栈)和恢复(弹出)的顺序，即先压入栈后弹出，否则将出错。

2) 子程序的特性

随着程序设计技术的发展，子程序在程序设计中越来越重要。因此，对编制子程序应有较高要求，除通常在程序设计中应遵循的原则(程序应尽量简练，占用存储空间少，执行速度快等)外，还应具备以下特性。

(1) 通用性。为使子程序能适应各种不同程序、不同条件下的调用，子程序应具有较强的通用性。例如数制转换子程序、多字节运算子程序等应能适应各种不同应用程序的调用。有些子程序只适合对应主程序的需要，也应尽量做到在本程序范围内通用。

(2) 可浮动性。可浮动性是指子程序段可设置在存储器的任何地址区域。若子程序段只能设置在固定的存储器地址段，则在编制主程序时，要特别注意存储器地址空间的分配，以防止两者重叠。为了能使子程序段浮动，必须在子程序中避免选用绝对转移地址，而应选用相对转移类指令，子程序首地址也应采用符号地址。

(3) 可递归和可重入性。子程序能自己调用自己的性质，称为子程序的可递归性。而子程序能同时被多个任务(或多个用户程序)调用的性质，称为子程序的可重入性。这类子程序常在庞大而复杂的程序中应用，单片机应用程序设计中很少用到。

3) 子程序说明文件

对于通用子程序，为便于各种用户程序的选用，要求在子程序编制完成后提供一个说明文件，使用户不必详读源子程序，只需阅读说明文件就能了解其功能及应用。子程序说明文件一般包含如下内容。

- 子程序名：标明子程序功能的名称。
- 子程序功能：简要说明子程序能完成的主要功能。
- 初始和结果条件：初始条件说明有哪些参量、参量传送和存储单元，结果条件说明执行结果及其存储单元。
- 所用的寄存器：提示主程序对那些寄存器内容是否需要进栈保护。
- 子程序调用：指明本子程序需调用哪些子程序。

有些复杂而庞大的子程序还需说明占用资源情况、程序算法及程序结构流程图等。随子程序功能的复杂程度不同，其说明文件的要求也各不相同。

4) 常用子程序举例

子程序的设计除它本身的特殊性外，其余同上述的程序结构与设计方法完全相同。因为一个子程序只是完成总任务中某一个单一而独立的任务，故而其程序量少，结构简单，易于编写。现以数制转换子程序为中心，举部分实例说明子程序的结构及设计方法。

例 12. 单字节无符号二进制整数转换成三位压缩型 BCD 码。

采用 80C51 的除法指令，可以很方便地实现单字节二进制整数转换成三位压缩型 BCD 码。三位 BCD 码需占用 2 字节，将百位 BCD 码存于高位地址字节单元，十位和个位 BCD 码存于低地址字节单元中。

入口参数：8 位无符号二进制整数存放于 R4 中。

出口参数：三位 BCD 码存放于 R4、R5 中。

转换方法：采用除法指令。

子程序如下：

```
BINBCD: PUSH   PSW
        PUSH   ACC            ; 现场保护
        PUSH   B
        MOV    A，R4          ; 二进制整数送 A
        MOV    B，#100        ; 十进制数 100 送 B
        DIV    AB             ; (A)/100，以确定百位数
        MOV    R5，A          ; 商(百位数)存放于 R5 中
        MOV    A，#10         ; 将 10 送 A 中
        XCH    A，B           ; 将 10 和 B 中余数互换
        DIV    AB             ; (A)/10 得十、个位数
        SWAP   A              ; 将 A 中商(十位数)移入高 4 位
        ADD    A，B           ; 将 B 中余数(个位数)加到 A 中
```

```
        MOV     R4，A           ；将十、个位 BCD 码存入 R4 中
        POP     B
        POP     ACC             ；恢复现场
        POP     PSW
        RET                     ；返回
```

也可采用乘法指令来实现这一转换。

子程序可列举很多，针对任一问题，均可编成子程序形式，把子程序的参量设置、有关内容保护和返回部分删去，即可作为程序段引用于主程序中。

5. 中断程序

80C51 单片机的中断系统在第 4 章中做了介绍，下面仅说明在中断服务程序设计时应注意的一些问题。

在 80C51 单片机中，共有 5 个中断源：外部中断请求 INT0、INT1，定时器/计数器溢出中断请求 TF0、TF1 和串行接口中断请求 TI/RI。

这 5 个中断源由 4 个特殊功能寄存器 TCON、SCON、IE 和 IP 进行管理和控制。其中：

- TCON 是定时器/计数器控制寄存器，SCON 是串行接口控制寄存器，这两个寄存器用来锁存 5 个中断源的中断请求信号。
- IE 是中断请求允许寄存器，用来控制 CPU 和 5 个中断源的中断请求允许和禁止(屏蔽)。
- IP 是中断请求优先寄存器，用来对 5 个中断源的优先级别进行管理。另外，还有特殊功能寄存器 TCON 的第 0 位(IT0)和第 2 位(IT1)，用来控制外部中断请求是边沿触发方式还是电平触发方式。

80C52/80C32 单片机增加了一个 16 位的定时器/计数器 T2。由特殊功能寄存器 T2CON 进行控制，中断请求标志位是 T2CON 的第 7 位(TF2)和第 6 位(EXF2)，中断允许控制是 IE 寄存器的第 5 位(ET2)，中断优先级控制是 IP 寄存器的第 5 位(PT2)。

从软件的角度来看，中断控制实质上就是对这几个寄存器的管理和控制。只要这些寄存器的相应位按照要求进行了状态预置，CPU 就会按照用户的意图对中断源进行管理和控制。在 80C51 单片机中，管理和控制的项目如下。

- CPU 开中断与关中断。
- 某一中断源中断请求的允许与禁止(屏蔽)。
- 各中断源优先级别的设定(即中断源优先排队)。
- 外部中断请求的触发方式的设定。

中断程序一般包含中断控制程序和中断服务程序两部分。

1) 中断控制程序

中断控制程序即中断初始化程序一般不独立编写，而是包含在主程序中，根据需要通过几条指令来实现。

例如，CPU 开中断可由指令“SETB EA”或“ORL IE，#80H”来实现；关中断可由指令“CLR EA”或“ANL IE，#7FH”来实现。其中 EA 是中断允许寄存器 IE 第 7 位的位地址，也可直接用指令“SETB 0AFH”。

又如，设置外部中断源 INT0 为高优先级、INT1 为低优先级，可由指令“SETB PX0”和“CLR PX1”或“MOV IP，#000XX0X1B”来实现。在第一条指令中，PX0 是中断请求优先寄存器 IP 第 1 位的地址，PX1 是 IP 第 2 位的地址；而在第三条指令中，IP 是中断优先控制寄存器的字节地址 0B8H。

下面通过一个具体的例子来说明中断控制程序的设计。

例 13. 试编写设置外部中断 INT0 和串行接口中断为高优先级，外部中断 INT1 为低优先级。屏蔽定时器/计数器 T0 和 T1 中断请求的程序。

根据题目要求，只要能将中断请求优先寄存器 IP 的第 0、4 位置 1，其余位置 0，将中断请求允许寄存器 IE 的第 0、2、4、7 位置 1，其余位置 0 即可。为此编程如下：

```
MOV   IP，#00010001B
MOV   IE，#10010101B
```

2) 中断服务程序

中断服务程序是一种为中断源的特定事态要求服务的独立程序段，以中断返回指令 RETI 结束，中断服务结束后返回到原来被中断的地方(即断点)，继续执行原来的程序。

在程序存储器中设置有 5 个固定的单元作为中断服务程序的入口，即 0003H、000BH、0013H、001BH 及 0023H 单元。

0003H 单元是外部 INT0 的中断服务程序入口。CPU 响应外部中断 INT0 的中断请求后，就转向 0003H 单元执行中断服务程序。但是由于 0003H 单元离其他的中断入口地址太近，因此一般将中断服务程序存放在程序存储器的其他部位，而在 0003H 单元安排一条无条件转移指令。这样，当 CPU 响应外部的请求后，就执行 0003H 单元的无条件转移指令，转向实际的中断服务程序的入口。

000BH 单元是内部定时器/计数器 T0 的中断服务程序入口，其作用与 0003H 类似。一般在此处仅安排一条转向定时器/计数器 T0 中断服务程序入口的无条件转移指令。当 CPU 响应定时器/计数器 T0 的中断请求后，就执行 000BH 单元的无条件转移指令，转向实际定时器/计数器 T0 的中断服务程序入口。

中断服务程序和子程序一样，在调用和返回时，也有一个保护断点和现场的问题。在中断响应过程中，断点的保护主要由硬件电路自动实现。它将断点压入堆栈，再将中断服务程序的入口地址送入程序计数器(PC)，使程序转向中断服务程序，即中断源的请求服务。

中断时，现场保护却要由中断服务程序来进行。因此在编写中断服务程序时，必须考虑保护现场的问题。在 80C51 单片机中，现场一般包括累加器 A、工作寄存器 R0～R7 以及程序状态字 PSW 等。保护的方法与子程序相同。

80C51 单片机具有多级中断功能(即多重中断嵌套)，为了不至于在保护现场或恢复现场时，由于 CPU 响应其他中断请求而使现场破坏，一般规定，在保护和恢复现场时，CPU 不响应外界的中断请求，即关中断。因此，在编写程序时，应在保护现场和恢复现场之前，关闭 CPU 中断；在保护现场和恢复现场之后，再根据需要使 CPU 开中断。

下面通过一个具体的例子来说明中断服务程序的设计。

例 14. 试编写串行接口以工作方式 2 发送数据的中断服务程序。串行接口发送数据时，由 TXD 端输出。工作方式 2 发送的一帧信息为 11 位：1 位起始位，8 位数据位，1 位可编程为 1 或 0 的第 9 位(可用作奇偶校验位或数据/地址标志位)和 1 位停止位。在串行数据传送时，设工作寄存器区 2 的 R0 作为发送数据区的地址指示器。因此，在编写中断服务程序时，除了保护和恢复现场之外，还涉及寄存器工作区的切换、奇偶校验位的传送、发送数据区地址指示器的加 1 以及清除 SCON 寄存器中的发送中断请求 TI 位。奇偶校验位的发送是在将发送数据写入发送缓冲器 SBUF 之前，先将奇偶标志写入 SCON 的 TB8 位。另外，假设中断响应之前，CPU 选择在寄存器工作组 0。其程序设计如下：

```
SPINT：  CLR     0AFH              ；关中断
         PUSH    PSW               ；保护现场
         PUSH    ACC
         SETB    0AFH              ；开中断
         SETB    PSW. 4            ；切换寄存器工作组
         CLR     TI                ；清除发送中断请求标志
         MOV     A，@R0            ；取数据，且置奇偶标志位.
         MOV     C，P              ；送奇偶校验位
         MOV     TB8，C
         MOV     SBUF，A           ；数据写入发送缓冲器，启动发送
         INC     R0                ；数据地址指针 R0 加 1
         CLR     0AFH              ；恢复现场
         POP     ACC
         POP     PSW
         SETB    0AFH
         CLR     PSW. 4            ；切换寄存器工作组
         RETI                      ；中断返回
```

应该注意的是，中断服务程序必须以 RETI 为返回指令。

总之，通过以上 5 种程序结构的组合，可实现各种各样的应用程序设计。程序结构是程序设计的基础，必须理解、掌握，并在实际中应用。

5.4 C 语言及其程序设计

5.4.1 Keil C 语言

1. 概述

Keil C 语言软件开发平台是目前国内嵌入式系统开发者最常用的工具之一，它不仅内含许多高档嵌入式处理器的 C 语言编译器，也具有 C51 语言编译器，因此使它成为使用 C51 语言开发 51 系列单片机的最常用的工具之一，其编译器及编译过程如图 5-9 所示。

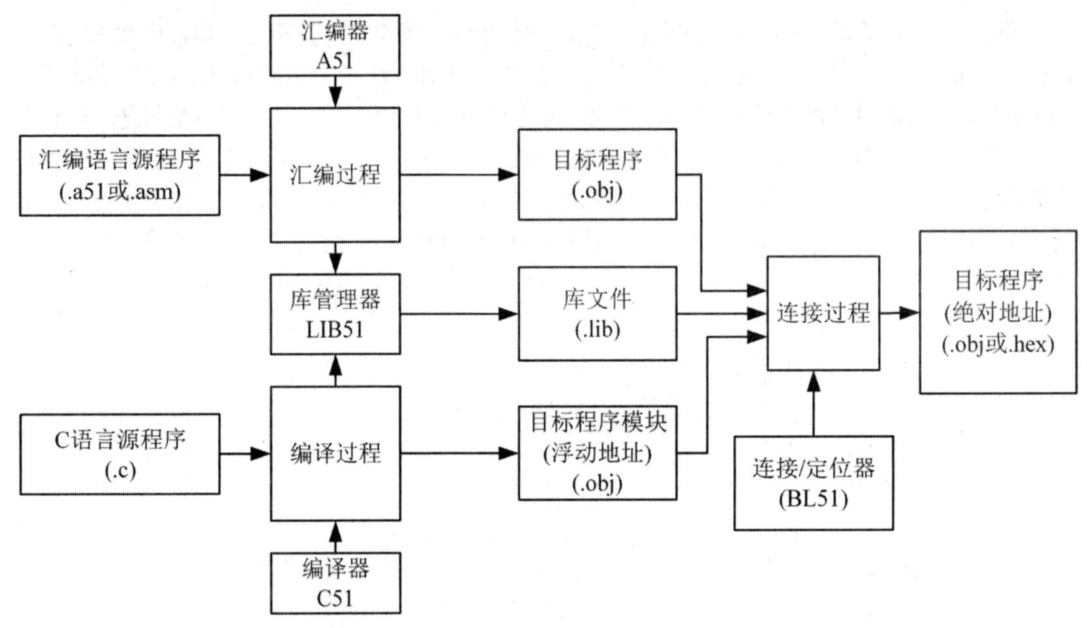

图 5-9　Keil C 语言的编译器及编译过程

2. Keil C51 支持的数据类型

表 5-1 所列的数据类型中，bit、sbit、sfr 和 sfrl6 这 4 种类型在 ANSI C 中没有，是 C51 编译器中新增的。sbit、sfr 和 sfrl6 类型的数据用于操作 80C51 的特殊功能寄存器。例如，表达式：

```
sfr P0 = 0x80;    /* 定义 80C51 P0 口的特殊功能寄存器 */
```

声明了一个变量 P0，并且把它和位于 0x80(80C51 的 P0 口)处的特殊功能寄存器绑定在一起。

表 5-1　Keil C51 支持的数据类型

数据类型	位数	字节	数值范围
signed char	8	1	－128～+ 127
unsigned char	8	1	0～255
signed short	16	2	－32768～+ 32767
unsigned short	16	2	0～65535
signed int	16	2	－32768～+ 32767
unsigned int	16	2	0～65535
signed long	32	4	－2 147 483 648～+ 2 147 483 647
unsigned long	32	4	0～4 294 967 295
float	32	4	±1. 175 494E－38～±3. 402 823E+38
bit	1		0 或 1
sbit	1		0～1
sfr	8	1	0 或 255
sfrl6	16	2	0～65 535

1) bit 类型

bit 数据类型可能在变量声明参数列表和函数返回值中有用。一个 bit 变量的声明与其他数据类型相似，例如：

```
static bit done_flag = 0;       /* 位变量 */
bit testfunc();                 /* 位函数 */
bit flagl;                      /* 位参数变量 */
bit flag2;
{
    ……
    return(0);                  /* 位返回值 */
}
```

所有的 bit 变量放在 80C51 内部存储区的位段。因为这个区域只有 16 字节长，所以在某个范围内最多只能声明 128 个位变量。

bit 变量的声明中，应包含存储类型。但是因为 bit 变量存储在 80C51 的内部数据区，只能用 data 和 idata 存储类型，不能用别的存储类型。

bit 变量及其声明有以下限制：

① 禁止中断的函数“#pragma disable”和用一个明确的寄存器组“using n”声明的函数，不能返回一个位值。C51 编译器对这类想要返回一个 bit 类型的函数会产生一个错误信息。

② 一个位不能被声明为一个指针，例如：

```
bit *ptr;     /* 非法 */
```

③ 不能用一个 bit 类型的数组，例如：

```
bit ware[5] /* 非法 */
```

2) sbit、sfr 和 sfrl6 数据类型

80C51 系列 MCU 用特殊功能寄存器 SFR 来控制计时器、计数器、串口、并口和外围设备。它们可以用位、字节和字访问。与此对应，编译器提供 sbit、sfrs 和 frl6 数据类型访问 SFR。下面加以说明。

(1) sfr 类型

sfr 与 C 的其他变量的声明方式一样。例如：

```
sfr  P0 = 0x80          /* P0 口，地址为 80H */
sfr  P1 = 0x90          /* P1 口，地址为 90H */
sfr  P2 = 0xA0          /* P2 口，地址为 0A0H */
sfr  P3 = 0xB0          /* P3 口，地址为 0B0H */
```

P0、P1、P2 和 P3 是声明的 SFR 名。在等号(=)后指定的地址必须是一个常数值，不允许用带操作数的表达式。传统的 80C51 系列支持 SFR 地址范围为 0x80～0xFF。

(2) sfrl6 类型

编译器提供 sfrl6 数据类型，将两个 8 位的 SFR 作为一个 16 位的 SFR 来访问。访问该 16 位的 SFR 只能是低字节跟着高字节，即将低字节的地址用作 sfrl6 声明的地址。例如：

```
sfr16  T2 = 0xCC        /* 定时器 2，T2L 的地址为 0CCH，T2H 的地址为 0CDH */
```

```
sfr16   RCAP2 = 0xCA   /* RCAP2L 的地址为 0CAH，RCAP2H 的地址为 0CBH */
```

在这个例子中，T2 和 RCAP2 被声明为 16 位 SFR。

sfrl6 声明和 sfr 声明遵循相同的原则。任何符号名可用在 sfrl6 的声明中。等号(=)指定的地址，必须是一个常数值。不允许使用带操作数的表达式，而且必须是 SFR 的低位和高位字节中的低位字节的地址。

(3) sbit 类型

编译器用 sbit 数据类型来访问可按位寻址的 SFR 中的位。例如：

```
sbit   EA= 0xAF;
```

3. 存储器类型

80C51 的存储区域有以下两个特点。

- 程序存储器和数据存储器是截然分开的。
- 特殊功能寄存器与内部数据存储器是统一编址的。

C51 编译器支持 80C51 的这种存储器结构，能够访问 80C51 的所有存储器空间。针对 80C51 存储空间的多样性，提出了修饰存储空间的修饰符，用以指明所定义的变量应分配在什么样的存储空间，如表 5-2 所示。

表 5-2　存储空间修饰符说明

存储器类型	说明
code	程序空间(64 KB)，通过“MOVC　@A+DPTR”访问
data	直接访问的内部数据存储器，访问速度最快(128 字节)
idata	间接访问的内部数据存储器，以访问所有的内部存储器空间(256 字节)
bdata	可按位寻址的内部数据存储器，可用字节方式也可用位方式访问(16 字节)
xdata	外部数据存储器(64 KB)，通过“MOVX　@DPTR”访问
pdata	分页的外部数据存储器(256)字节 通过“MOVX　@Rn”访问

1) 程序存储区

程序的代码存储区是只读的，不能写入。硬件决定最多可能有 64KB 的程序存储区。

用 code 标识符来访问片内、片外统一编址的程序存储区，寻址范围为 0～65535。在此空间存放程序编码、数据及表格。用间接寻址的方式访问程序存储区数据，如“MOVC A，@A + DPTR”或“MOVC A，@A + PC”。

2) 内部数据存储区

内部数据存储区是可读/写的。80C51 系列最多可有 256 字节的内部数据存储区。内部数据区可以分成 3 个不同的存储类型，即 data、idata 和 bdata。

- data：该标识符通常是指低 128 字节的内部数据区，为片内直接寻址的 RAM 空间，寻址范围为 0～127。在此空间内，存取速度最快。
- idata：该标识符是指全部 256 字节的内部存储区，为片内间接寻址的 RAM 空间，寻址范围为 0～255。寻址方式为“MOV @Ri”。由于只能间接寻址，访问速度比直接寻址慢。

- bdata：该标识符是指可按位寻址的 16 字节内部存储区(20H～2FH)，位地址范围为 0～127。本空间允许按字节和按位寻址。在本区域可以声明可按位寻址的数据类型。

(3) 外部数据存储区

外部数据存储区是可读/写的，可通过一个数据指针加载一个地址来间接访问外部数据区。因此，访问外部数据存储区比访问内部数据存储区慢。

外部数据存储区最多可有 64 KB。由于硬件设计可能把外围设备映射到该存储区，因此这些地址不一定都用来作为数据存储区。

编译器提供两种不同的存储类型来访问外部数据，即 xdata 和 pdata。

- xdata 标识符是指外部数据存储区(64 KB)内的任何地址，寻址范围为 0～65535。寻址方式为“MOVX @DPTR”。
- pdata 标识符仅指一页或 256 字节的外部数据存储区，寻址范围为 0～255。寻址方式为“MOVX @Ri”。

在定义变量时，通过指明存储器类型，可以将所定义的变量存储在指定的存储区域中。访问内部数据存储器将比访问外部数据存储器快得多。因此，应该把频繁使用的变量放置在内部数据存储器中，把很少使用的变量放在外部数据存储器中。

在变量的声明中，可以包括存储器类型和 signed 或 unsigned 属性。如：

```
char data varl;
char code text[ ] = "ENTER PARAMETER";
unsigned long xdata array[l00];
float idata x，y，z;
unsigned int pdata dimension;
unsigned char xdata vector[10][4][4];
char bdata flags;
```

如果在变量的定义中没有包括存储器类型，那么将自动选用默认的存储器类型。

4. 存储模式

在 C51 编译器中，可以在命令行用 SMALL、COMPACT 和 LARGE 参数定义存储模式。存储模式决定了默认的存储器类型。

定义变量时，若指定了存储器类型，将屏蔽掉由存储模式所决定的默认存储器类型。

(1) 小(SMALL)模式。在这种模式下，所有变量都被默认定义在内部数据存储器中。这和用 data 显式定义变量作用相同。该模式的特点是变量访问速度非常快。然而，此时所有的数据对象包括堆栈都必须放在内部 RAM 中。堆栈空间面临溢出，因为堆栈占用空间的多少依赖于各个子程序调用嵌套的深度。在典型应用中，如果将 BL51 连接/定位器配置成可覆盖内部数据存储器中的变量，那么这种模式将是最好的选择。

(2) 紧凑(COMPACT)模式。在这种模式下，所有变量都默认存放在外部数据存储器的一页中。这和用 pdata 显式定义变量作用相同。该页地址的高字节往往通过 P2 口输出。编译器不会设置 P2 口的输出值，必须在启动代码中设置。

此模式最多只能提供 256 字节的变量，这种限制来自于间接寻址所使用的 R0、R1 (MOVX @R0/R1)。紧凑模式不如小模式高效，所以变量的访问不够快，不过要比大模式快。

(3) 大(LARGE)模式。在大模式下，所有的变量都默认在外部存储器 xdata 中。这和用 xdata 显式定义变量作用相同。数据指针(DPTR)用来寻址。通过 DPTR 进行存储器的访问的效率很低。此数据访问类型比小模式和紧凑模式需要更多的代码。

一般情况下，应该使用小(SMALL)模式，它产生最快、最紧凑、效率最高的代码。在定义变量时，最好要指定存储器类型。只有当应用不可能在小模式下操作时，才需要往上增加存储模式。

5. 指针

C51 编译器支持用星号(*)进行指针声明。可以用指针完成在标准 C 语言中有的所有操作。由于 80C51 及其派生系列所具有的独特结构，C51 编译器支持两种不同类型的指针：通用指针和存储器指针。

1) 通用指针

通用或未定型的指针的声明和标准 C 语言中一样。如：

```
char *s;              / * string ptr * /
int *numptr  ;        / * int ptr * /
long *state  ;        / * long ptr * /
```

通用指针需要 3 字节来存储：第一字节用来表示存储器类型，第二字节是指针的高字节，第三字节是指针的低字节。

通用指针可以用来访问所有类型的变量，而不管变量存储在哪个存储空间中，因而许多库函数都使用通用指针。通过使用通用指针，一个函数可以访问数据，而不用考虑它存储在什么存储器中。

通用指针很方便，但是也很慢。在所指向目标的存储空间不明确的情况下，它们用得最多。

2) 存储器指针

存储器指针或类型确定的指针在定义时要包含一个存储器类型说明，并且总是指向此说明的特定存储器空间。例如：

```
char   data   * str;          /*  指向 data 区域的字符串*/
int    xdata   * numtab;      /*  指向 xdata 区域的 int */
long   code   * powtab;       /*  指向 code 区域的 long */
```

正是由于存储器类型在编译时已经确定，就不再需要通用指针中用来表示存储器类型的字节了。指向 idata、data、bdata 和 pdata 的存储器指针使用 1 字节来保存；指向 code 和 xdata 的存储器指针用 2 字节来保存。

由此可见，使用存储器指针比通用指针效率要高，速度要快。当然，存储器指针的使用不是很方便，只有在所指向目标的存储空间明确并不会变化的情况下才用到它。

6. 函数

1) 可重入函数

函数的嵌套调用是指当一个函数正被调用，尚未返回时，又被本函数或其他函数再次调用的情况，只有等到后次调用返回到本次，本次被暂时搁置的程序才得以恢复接续原来的正常运行，直到本次返回。允许被嵌套调用的函数必须是可重入函数，即函数应具有可重入性。

通常情况下，C51 函数一般是不能被递归调用的。这是由于函数参数和局部变量是存储在固定的地址单元中。可重入函数需要使用重入堆栈，这种堆栈是在存储模式所指的空间内从顶端另行分配的一个非覆盖性的堆栈。该堆栈将被嵌套调用的每层参数及局部变量一直保留到由深层返回到本层，而又终止本层的返回。

在一个基本函数的基础上添加 reentrant 说明，从而使它具有可重入特性。如：

```
int calc (char i，int b) reentrant
{
    int x;
    x = table [i];
    return (x * b);
}
```

在实时应用以及中断服务程序代码和非中断程序代码必须共用一个函数的场合中，经常用到可重入函数。

需要注意的是，不应将全部程序声明为可重入函数。把全部程序声明为可重入函数，将增加目标代码的长度并减慢运行速度。应该选择那些必需的函数作为可重入函数。

2) 函数使用指定的寄存器组：using　n

函数使用指定寄存器组的定义性说明如下：

```
viod 函数标识符(形参表)using　n
```

其中 n = 0～3 为寄存器组号，对应 80C51 中的 4 个寄存器组。函数使用了“using n”后，C51 编译器自动在函数的汇编码中加入如下的函数头段和尾段：

```
{   push   psw          /* 加在头段 */
    mov    psw，        #与寄存器组号 n 有关的常量      /* 加在头段 */
    pop    psw          /* 加在尾段 */
}
```

应该注意的是，“using n”不能用于有返回值的函数。因为，C51 的返回值是放在寄存器中的，而返回前寄存器组却改变了，将会导致返回值发生错误。

3) 函数使用指定的存储模式

针对 80C51 存储空间的多样性，提出了修饰存储空间的修饰符，用以指明所定义的变量应分配在什么样的存储空间，其定义性格式为：

```
类型说明符函数标识符(形参表)存储模式修饰符{small，compact，large}
```

其中，修饰符可用 small、compact、large 三者中的一个。

存储模式为本函数的参数和局部变量指定的存储空间，在指定了存储模式之后，该空间将再也不随编译模式而变。如：

```
extern int func (int i，int j) large ；/* 修饰为大模式 */
```

4) 中断服务程序

C51 编译器允许用 C 语言创建中断服务程序，我们只需关心中断号和寄存器组的选择。编译器自动产生中断向量和程序的入栈及出栈代码。

在函数声明时，“interrupt m”将把所声明的函数定义为一个中断服务程序。其格式为：

```
void 函数标识符(void) interrupt m
```

其中，m = 0～31:

- 0 对应于外部中断 0；
- 1 对应于定时器 0 中断；
- 2 对应于外部中断 1；
- 3 对应于定时器 1 中断；
- 4 对应于串行口中断；
- 其他为预留。

从定义中可以看出，中断的函数必须是无参数、无返回值的函数。如：

```
unsigned int interruptcnt;
unsigned char second;
void timer0 (void) interrupt 1 using 2
{
if ( ++ interruptcnt == 4000)
{      /* 计数到 4000 */
second++;          /* 秒计数器 */
interruptcnt =0;   /* 清除中断计数器 */
}
}
```

5.4.2 C 语言与汇编语言的混合编程

C 语言编程与汇编语言编程各有所长。使用 C 语言开发速度快，可读性、可维护性、可移植性都好；而使用汇编语言，则可以更为充分地利用芯片的软、硬件资源，使程序代码的执行效率较高。为了发挥 C 语言与汇编语言两种语言各自的优势，希望能够实现它们的混合编程。这一点特别适用于要求占用空间小、有严格时间限制的子程序设计，这类子程序总是希望用汇编语言来编写，然后由 C 语言主程序来调用。

要创建有正确接口的汇编语言子程序，首先通过 C51 编译器创建汇编语言源程序的框架，看一看为了创建有正确接口的汇编语言子程序所需要考虑的问题。

例 15. 试用 C51 编译器产生名为 mod. c 的模块的汇编语言程序。

```
int func(int i，int j)
{
char c;
i++ ;       /* 访问 i  */
j++ ;       /* 访问 j  */
c++ ;       /* 访问 c  */
return(i);
}
```

执行“C51 mod.c SRC”，产生的汇编语言程序模块为：

```
; MOD. SRC generated from: MOD. C
; COMPILER INVOKED BY:
; F:\C51.EXE MOD.C SRC
NAME MOD?
?  PR?_func?  MOD  SEGMENT  CODE
?  DT?_func?  MOD  SEGMENT  DATA  OVERLAYABLE
?  PR? func1?  MOD SEGMENT CODE
 PUBLIC_func

RSEG  ? DT? _func? MOD
?  _func? BYTE:
c? 042: DS 1
 RSEG ?  PR? _func? MOD
_func:
USINGO
INC R7
CJNE R7, #00H,? C0003
INC R6
? C0003:
 INC R5
CJNE R5, #00H,? C0004
? C0004:
INC c? 042
? C0001:
 RET
; END OF _func ;
 END
```

通过本例可以看出，为了要创建有正确接口的汇编语言子程序，必须注意以下几个问题。

1) 函数名的命名规则

C51 的编译器在编译过程中，将模块的名字转换为大写字符；对所有的定义说明的函数，应按函数有无寄存器参数传送和函数是否具有可重入性进行换名。函数换名的规则如表 5-3 所示。

表 5-3　函数换名的规则

C 语言函数类型	转换后的函数名	说明
Func (void)	func	
Func (参数表)	func	
Func (参数表)	_func	有寄存器参数传送的函数将函数名加前缀“_”
Func (void) reentrant	? func	无参数和可重入的函数将函数加前缀“? ”
Func (参数表)reentrant	? _func	有寄存器参数传送和可重入的函数将函数名加前缀“?_”

在例 15 中，将整个模块的名字由 mod 转换为 MOD。函数 int func(int i，int j)由于有寄存器参数的传送，将其函数名换为“_func”。

2) 函数段名的命名规则

函数经编译之后，有程序部分和数据部分，它们分别放在独立的段中。表 5-4 给出的是在不同存储模式下函数所使用的段名。

表 5-4　不同存储模式下函数的段名

存储模式	段名	段空间名	用 途
SMALL	?PR?函数名?模块名	CODE 段	放函数代码
	?DT?函数名?模块名	DATA 段	放局部变量
	?BI?函数名?模块名	BIT 段	放局部位变量
COMPACT	?PR?函数名?模块名	CODE 段	放函数代码
	?PD?函数名?模块名	PDATA 段	放局部变量
	?BI?函数名?模块名	BIT 段	放局部位变量
LARGE	?PR?函数名?模块名	CODE 段	放函数代码
	?XD?函数名?模块名	XDATA 段	放局部变量
	?BI?函数名?模块名	BIT 段	放局部位变量

在例 15 中，由于是处于默认的存储模式(SMALL)下，则相应的段名为:

```
?PR? _func? MOD      SEGMENT CODE
?DT? _func? MOD      SEGMENT DATA OVERLAYABLE
```

段“?PR?_func? MOD”存放函数_func 的代码；段“?DT? _func? MOD”存放局部变量“c”，且该区域是可覆盖的(OVERLAYABLE)。

3) 参数传递规则

C51 编译器能在 CPU 寄存器中传递最多 3 个参数，由于不用从存储器中读出和写入参数，从而显著提高了系统性能。表 5-5 列出了不同的参数和数据类型所占用的寄存器。

表 5-5　不同的参数和数据类型占用的寄存器

数目	参数			
	Char 一字节指针	Int 二字节指针	Long 浮点	Generic 指针
1	R7	R6、R7	R4～R7	R1～R3
2	R5	R4、R5		
3	R3	R2、R3		

如果没有 CPU 寄存器供参数传递所用或太多的参数需要传递时，地址固定的存储器将用来存储这些额外的参数。

在例 15 中，有 3 个局部变量，其中，i、j 和 c、i、j 为 int 型变量，各占 2 字节，分别由 R7/R6 和 R5/R4 传递；c 为 char 型变量，需占 1 字节，这由地址 c? 042 所保留的存储区来存储。

4) 函数返回值

函数返回值总是通过 CPU 寄存器进行。表 5-6 列出了返回各种数据时所用的 CPU 寄存器。

表 5-6　不同返回数据类型占用的寄存器

返回数据类型	寄存器	说明
bit	Carry Flag	
char，unsigned char　一字节指针	R7	
int，unsigned int　二字节指针	R6 &R7	MSB 在 R6 中，LSB 在 R7 中
long，unsigned long	R4～R7	MSB 在 R4 中，LSB 在 R7 中
float	R4～R7	32 位 IEEE 格式
generic pointer	RI～R3	存储类型在 R3 中，MSB 在 R2 中，LSB 在 R1 中

在例 15 中，函数 func 是有返回值的，通过寄存器 R7/R6 返回变量 i，它是一个 int 型变量，占 2 字节。

从例 15 中可以得出，编写被 C 语言调用的汇编语言程序需要通过以下步骤。

① 要获得由 C 输入的函数参数，前 3 个参数一般应从寄存器中取得。寄存器不够或参数多于 3 个时，则放在与模式有关的缺省数据段中传入。数据是按定义说明的先后顺序安放的，对于位变量另有位段。

② 汇编子程序的主体部分放在 code 段中。主体部分的一开始一定要把寄存器中的参数保存起来，因为函数内部可能要使用到这些寄存器。函数的内部变量应安排在与参数相同的段内。

③ 函数的主体部分用汇编语言编写。

④ 函数的结尾部分应考虑是否有返回量。如有，则在 RET 指令之前放入合适的寄存器中；否则，直接写 RET 指令返回。

⑤ 应将函数地址和数据段及位段的首址均说明为汇编的 public。

⑥ 将程序段、数据段和位段均加上 overlayable(覆盖)的连接属性。

以下试举例说明。

例 16. 试编写能被 C 函数调用的汇编语言延时子程序。

```
void delay (unsigned vd)
? PR? _delay? MOD SEGMENT CODE
    PUBLIC   _func
    RSEG  ?   PR? _delay? MOD
    _delay:
              USING 0
    Delay：MOV        A，#0FFH
    Del  ：  NOP
              NOP
              DJNZ       A，Del
              DJNZ       R7，Delay
              MOV        A，R6
              JZ         EXIT
              DJNZ       R6，Delay
```

```
EXIT：  RET
        END
```

5.4.3 80C51 功能单元的 C 语言编程

1. I/O 的功能

I/O 的功能编程如下：

```
include <reg51. h>
void main()
{
    delay();                    /* 调用延时子程序 /*
    do{                         /* 置 P1 口状态为 11011011 */
        P1 = 0xDB;
        delay();                /* 延时 */
        P1= 0x6D;               /* 置 P1 口状态为 01101101 */
        delay();                /* 延时 */
        P1=0xB6;                /* 置 P1 口状态为 10110110 */
        delay();                /* 延时 */
    } while(l);
}
void delay()
{
    int x= 20000;
    do {
        x = x – 1;
    } while(x>l);
}
```

2. 定时器 T0

例 17. 设单片机的 fosc= 12MHz，要求在 P1.0 脚上输出周期为 2 ms 的方波。周期为 2 ms 的方波要求定时间隔为 1ms，每次时间到 P1.0 变反。由于 fosc=12MHz，机器周期为 12/fosc = lus。1 ms=l 000 us，即为 1 000 个机器周期。

(1) 用定时器 T0 的方式 1 编程，采用查询方式。程序如下：

```
# include <reg51. h>
sbit  P1_0 = P1^0  ;
void main(void)
{
    TMOD= 0x01;                 /* T0 的方式 1 */
    TR0 = 1;                    /* 启动定时器 T0 */
    for(;;){
        TH0 = - 1000/256;       /* 装计数器初值 */
        TL0 = - 1000 % 256;
        do {} while(!TF0);      /* 查询等待 TF0 位 */
        P1_0 = !P1_0  ;         /* 查询时间到，P1.0 变反 */
        TF0 = 0;                /* 软件清除 TF0 位 */
```

```
    }
}
```

(2) 用定时器 T0 的方式 1 编程，采用中断方式。程序如下:

```
#include <reg51. h>
sbit P1_0 = Pl^0 ;
void timer0(void) interrupt 1 using 1        /* 定时器 T0 的中断服务程序 */
{
    P1_0 = !P1_0;                            /* P1.0 变反 */
    TH0 = - 1000/256;                        /* 计数器初值重装 */
    TL0=-1000 % 256;
}

void main(void)
{
    TMOD= 0x01;                              /* T0 的方式 1 */
    P1_0 = 0 ;
    TH0 = - 1000/256;                        /* 装计数器初值 */
    TL0 = - 1000 % 256;
    EA= 1;                                   /* 开中断、T0 中断允许、启动 T0 */
    ET0 = 1;
    TR0 = 1;
    do {} while(l);
}
```

3. 串行口

例 18. 两单片机通过串行口进行点对点通信，如图 5-10 所示。有 A、B 两台单片机，A 机的发送端和接收端与 B 机的接收端和发送端分别相连，并实现双机的共地连接。假定 A 机是发送者，B 机是接收者。两机的晶振均采用 11.0592MHz。

试用查询方式编写传输 16 字节数据的通信程序。

1) 通信协议

(1) 当 A 机发送时，先发送联络信号“AA”，B 机在接收到该信号后回答一个“BB”，表示同意接收。

(2) A 机收到“BB”后，开始发送数据，每发送一次求一次“校验和”。设数据长度为 16 字节，数据缓冲区为 BUF，数据发送完马上发送“校验和”。

(3) B 机接收数据，并将其转储到数据缓冲区 BUF，每接收一个数据计算一次“校验和”，当收齐一个数据块之后，再接收 A 机发送来的“校验和”。

(4) 将 A 机发送来的“校验和”与 B 机求出的“校验和”进行比较。若两者相等，则说明数据接收正确，B 机向 A 机回答“00H”；若两者不等，则说明接收不正确，B 机回答“0FFH”，请求 A 机重发。

(5) A 机收到“00H”的回答后，则结束发送；若收到“0FFH”的回答，则需将数据重发一次。

(6) 双方约定的数据传输速率为 1200 bps。为协调双方工作，串行口均工作在模式 1，以 T1 为波特率发生器，工作在模式 2。

故 TH1 = TL1 = 0E8H，PCON 的 SMOD 为 0。

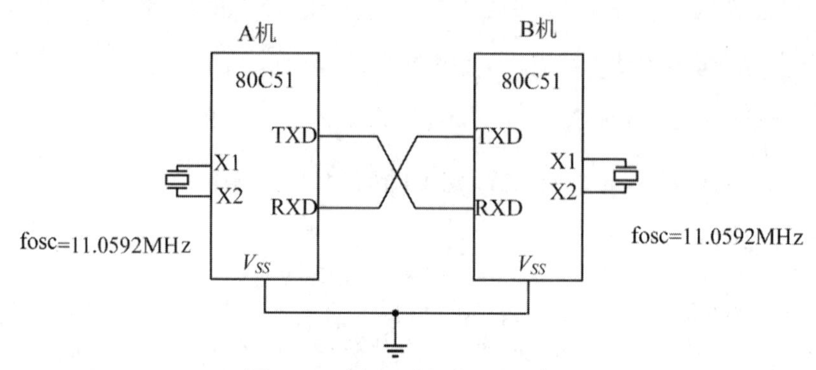

图 5-10　串行口进行点对点通信

2) 通信程序

(1) A 机发送程序如下：

```
#include<reg51. h>
#define uchar unsighed char
#define TR 1                              /* TR=1：A 机程序；TR=0：B 机程序 */
uchar idata buf [16];
uchar pf;
void init (void)                          /* 串行口初始化 */
{     TMOD = 0x20;                        /* T1 为定时模式 2 */
      TH1 = 0xe8;                         /* 设定波特率 */
      TL1 = 0xe8;
      PCON= 0x00;
      TR1 = 1;                            /* 启动波特率发生器 */
      SCON =0x50;                         /* 串行口工作在方式 1 并允许发送 */
}
void send( uchar idata *d)
{
      uchar i;
      do{
            SBUF = 0xaa;                  /* 发送联络信号“0AAH” */
            while(TI==0);                 /* 等待发送出去 */
            TI = 0;
            while(RI == 0);               /* 等待 B 机回答 */
            RI = 0;
      }while((SBUF^0xbb) !=0 );           /* B 机已准备好，继续联络 */
      do{
            pf=0;                         /* 清校验和 */
            for(i= 0; i<16; i + + ){
                  SBUF = d[i];            /* 发送一个数据 */
                  pf + =d[i];             /* 求校验和，前提是数组 d[]已被设置 */
                  while(TI==0);
                  TI = 0;
            }
            SBUF = pf;                    /* 发送校验和 */
            while(TI==0);
```

```
            TI = 0;
            While(RI==0);
            RI = 0;                                /* 等待 B 机回答 */
      }while(SBUF !=0);                            /* 回答出错，则重发 */
}
```

(2) B 机接收程序如下：

```
void receive( uchar idata * d)
{
      uchar i ;
      do{
            while(RI = = 0);
            RI = 0;
      } while((SBUF^0xaa) != 0) ;                  /* 判 A 机是否请求 */
      SBUF = 0xbb;
      while(TI==0);
      TI = 0;
      while(l){
            pf=0;                                  /* 清校验和 */
            for(i= 0; i<16; i++ ){
                  while(RI==0);
                  RI = 0;
                  d[i] = SBUF;                     /* 接收一个数据 */
                  pf += d[i];                      /* 求校验和 */
            }
            while(RI== 0);
            RI = 0;                                /* 接收 A 机校验和 */
            if((SBUF^pf) ==0){                     /* 比较校验和 */
                  SBUF= 0x00;
                  break;
            }                                      / * 校验和相同，发“00” */
            else{
                  SBUF = 0xff;                     /* 出错，发“ff”，准备重新接收 */
                  while(TI = =0);
                  TI = 0;
            }
      }
}
void main (viod)                                   /* A 机或 B 机主程序 */
{
      init();
      if (TR== 0){
            send(buf);
      }
      else{
            receave(buf);
      }
}
```

习题

1. 简述下列基本概念：指令、指令系统、程序、程序设计、机器语言、汇编语言及高级语言。

2. 在单片机领域，目前最广泛使用的是哪种语言？有哪些优越性？这种语言单片机能否直接执行？

3. 什么是结构化程序设计？它包含哪些基本结构程序？

4. 80C51有哪些查表指令？它们有何本质区别？当表的长度超过256字节时，应如何处理？

5. 什么是汇编语言伪指令？伪指令执行什么功能？

6. 什么是顺序程序设计？已知16位二进制存放在R1R0中，编写汇编顺序程序求其补码，并将结果存在R3R2中。

7. 某智能仪器的键盘程序中，编写汇编程序实现根据命令的键值(0，1，2，3，4)转换成相应的双字节16位命令操作入口地址。假设键值存放在20H单元中，出口地址值存放在22H、23H单元中，其键值与对应入口地址的关系如下：

键值：0　　1　　2　　3　　4

入口地址：0123H　0186H　0234H　0316H　0415H

8. 与8051汇编语言相比，C51语言有哪些优点？

9. 针对8051的硬件特点，C51在标准C基础上扩展了哪些数据类型？根据8051的存储结构，C51有哪些存储类型？

10. 写出C51中断服务函数的一般形式，并解释关键字interrupt和using的作用。

11. 单片机P1口连接一个共阳LED数码管，编写C51程序实现：利用51单片机控制数码管自动循环显示0、1、2、3、4、5、6、7、8、9。

12. 8051单片机的T1采用计数模式，方式1中断，计数输入引脚T1(P3.5)上外接按钮开关，作为计数信号输入。编写C51程序实现：按4次按钮开关后，P1口的8只LED闪烁不停，再按4次按钮开关后闪烁停止。

参考文献

[1] 张毅刚. 单片机原理及接口技术(C51 编程)(微课版)[M]. 3 版. 北京：人民邮电出版社，2020.

[2] 李朝青，卢晋，王志勇，等. 单片机原理及接口技术[M]. 5 版. 北京：北京航空航天大学出版社，2017.

[3] 王云. 51 单片机 C 语言程序设计教程[M]. 北京：人民邮电出版社，2018.

[4] 袁涛，任佳丽，蔚晨月，等. 单片机原理及其应用[M]. 2 版. 北京：清华大学出版社，2023.

[5] 王博. 单片机原理及应用——深入理解 51 单片机体系结构、程序设计与 Proteus 仿真(C 语言版) [M]. 北京：清华大学出版社，2022.

[6] 张东阳，李洪奎，岳明凯. 单片机原理与应用系统设计[M]. 北京：清华大学出版社，2017.

[7] 牟琦. 微机原理与接口技术[M]. 北京：清华大学出版社，2018.

[8] 楼顺天，周佳社，张伟涛. 微机原理与接口技术[M]. 3 版. 北京：科学出版社，2022.

[9] 王娟，张全新. 微机原理与接口技术[M]. 北京：清华大学出版社，2016.

[10] 周明德. 微机原理与接口技术[M]. 3 版. 北京：人民邮电出版社，2018.

[11] 宋跃，任斌. 单片微机原理与接口技术[M]. 3 版. 北京：电子工业出版社，2022.

[12] 陈忠平，刘琼. 51 单片机 C 语言程序设计经典实例[M]. 3 版. 北京：电子工业出版社，2021.

附录 A

80C51指令

80C51 的指令如表 A-1～表 A-6 所列。

表 A-1　80C51z 指令一览表

低位	高位															
	0	1	2	3	4	5	6	7	8	9	A	B	C	D	E	F
0	NOP	JBC bad,rel	JB bad,rel	JNB bad,rel	JC rel	JNC rel	JZ rel	JNZ rel	SJMP rel	MOV DP,#adl6	ORL C,/bad	ANL C,/bad	PUSH dir	POP dir	MOVX A,@DP	MOVX @DP,A
1	AJMP adl1	ACALL adl1	AJMP adl1	ACALI adl1	AJMP adl1	ACALL adl1	AJMP adl1	ACALL adl1	AJMP adl1	ACALL adl1	AJMP adl1	ACALL adl1	AJMP adl1	ACALL adl1	AJMP adl1	ACALL adl1
2	LJMP ad16	LCALL ad16	RET	RETI	ORL dir,A	ANL dir,A	XRL dir,A	ORL C,bad	ANL C,bad	MOV bad,C	MOV C,bad	CPL bad	CLR bad	SETB bad	MOVX A,@R0	MOVX @R0,A
3	RR A	RRC A	RL A	RLC A	ORL dir,#ad	ANL dir,#ad	XRL dir,#ad	JMP @A,+DF	MOVC A,@A+PC	MOVC A @A+DF	INC DPTR	CPL C	CLR C	SETB C	MOVX A,@R1	MOVX @R1,A
4	INC A	DEC A	ADD A,#da	ADDC A,#da	ORL A,#da	ANL A,#d9	XRL A,#da	MOV A,#da	DIV AB	SUBB A,#da	MUL AB	CJNE A,# #da,rel	SWAP A	DA A	CLR A	CPL A
5	INC dir	DEC dir	ADD A,dir	ADDC A,dir	ORL A,dir	ANL A,dir	XRL A,dir	MOV dir,#da	MOV dir,dir	SUBB A,dir		CJNE dir, #da,rel	XCH A,dir	DJNZ Dir,rel	MOV A,dir	MOV dir,A
6	INC @R0	DEC @R0	ADD A,@R0	ADDC A,@R0	ORL A,@R0	ANL A,@R0	XRL A,@R0	MOV @R0,#da	MOV dir,@R0	SUBB A,@R0	MOV @R0,dir	CJNE@R0, #da,rel	XCH A,@R0	XCHD A,@R0	MOV A,@R0	MOV @R0,A
7	INC @R1	DEC @1	ADD A,@R1	ADDC A,@R1	ORL A,@R1	ANL A,@R1	XRL A,@R1	MOV @R1,#da	MOV dir,@R1	SUBB A,@R1	MOV @R1,dir	CJNE@ R1,#da,rel	XCH A,@R1	XCHD A,@R1	MOV A,@Rl	MOV @R1,A
8	INC R0	DEC R0	ADD A,R0	ADDC A,R0	ORL A,RO	ANL A,R0	XRL A,R0	MOV R0,#da	MOV dir,R0	SUBB A,R0	MOV R0,dir	CJNE R0, #da,rel	XCH A,R0	DJNZ R0,rel	MOV A,R0	MOV R0,A
9	INC R1	DEC R1	ADD A,R1	ADDC A,R1	ORL A,R1	ANL A,R1	XRL A,R1	MOV R1,#da	MOV dir,R1	SUBB A,R1	MOV R1,dir	CJNE R1, #da,rel	XCH A,R1	DJN2 R1,rel	MOV A,R1	MOV Rl,A
A	INC R2	DKC R2	ADD A,R2	ADDC A,R2	ORL A,R2	ANL A,R2	XRL A,R2	MOV R2,#da	MOV dir,R2	SUBB A,R2	MOV R2,dir	CJNE R2, #da,rel	XCH A,R2	DJNZ R2,rel	MOV A,R2	MOV R2,A
B	INC R3	DEC R3	ADD A,R3	ADDC A,R3	ORL A,R3	ANL A,R3	XRI A,R3	MOV R3,#da	MOV dir, R3	SUBB A,R3	MOV R3,dir	CJNE R3, #da,rel	XCH A,R3	DJNZ R3,rel	MOV A,R3	MOV R3,A
C	INC R4	DEC R4	ADD A,R4	ADDC A,R4	ORL A,R4	ANL A,R4	XRL A,R4	MOV R4,#da	MOV dir,R4	SUBB A,R4	MOV R4,dir	CJNE R4, #da,rel	XCH A,R4	DJNZ R4,rel	MOV A,R4	MOV R4,A
D	INC R5	DEC R5	ADD A,R5	ADDC A,R5	ORL A,R5	ANL A,R5	XRL A,R5	MOV R5,#da	MOV dir,R5	SUBB A,R5	MOV R5,dir	CJNE R5, #da,rel	XCH A,R5	DJNZ R5,rel	MOV A,R5	MOV R5,A
E	INC R6	DEC R6	ADD A,R6	ADDC A,R6	ORL A,R6	ANL A,R6	XRL A,R6	MOV R6,#da	MOV dir,R6	SUBB A,R6	MOV R6,dir	CJNE R6, #da,rel	XCH A,R6	DJNZ R6,rel	MOV A,R6	MOV R6,A
F	INC R7	DEC R7	ADD A,R7	ADDC A,R7	ORL A,R7	ANL A,R7	XRL A,R7	MOV R7,#da	MOV dir, R7	SUBB A,R7	MOV R7,dir	CJNE R7, #da,rel	XCH A,R7	DJNZ R7,rel	MOV A,R7	MOV R7,A

注：dir——直接地址；da——8 位数据；da16——16 位数据；rel——带符号的 8 为偏移地址；adl1——11 位目的地址；bad——直接寻址为地址。

表 A-2 数据传送类指令汇总

指令名称		编号	助记符	字节数	周期数
一般传送指令		1	MOV A，Rn	1	1
		2	MOV A，direct	2	1
		3	MOV A，@Ri	1	1
		4	MOV A，#data	2	1
		5	MOV Rn，A	1	1
		6	MOV Rn，direct	2	2
		7	MOV Rn，#data	2	2
		8	MOV direct，A	2	1
		9	MOV direct，Rn	2	2
		10	MOV direct，direct	3	2
		11	MOV direct，@Ri	2	2
		12	MOV direct，#data	3	2
		13	MOV @Ri，A	1	1
		14	MOV @Ri，direct	2	2
		15	MOV @Ri，#data	2	1
目标地址传送指令		16	MOV DPTR，#data16	3	2
累加器传送指令	字节交换指令	17	XCH A，Rn	1	1
		18	XCH A, direct	2	2
		19	XCH A，@Ri	1	1
	半字节交换指令	20	XCHD A，@Ri	1	1
	片外 RAM 数据传送指令	21	MOVX A，@Ri	1	2
		22	MOVX A, @DPTR	1	2
		23	MOVX @Ri,A	1	2
		24	MOVX @DPTR,A	1	2
	程序存储器数据传送指令	25	MOVC A，@A+PC	1	2
		26	MOVC A，@A+DPTR	1	2
栈操作指令		27	PUSH direct	2	2
		28	POP direct	2	2

表 A-3　算术运算类指令汇总

指令名称	编号	助记符	字节数	周期数
加法指令	1	ADD A，Rn	1	1
	2	ADD A，direct	2	1
	3	ADD A，@Ri	1	1
	4	ADD A，#data	2	1
带进位加法指令	5	ADDC A,Rn	1	1
	6	ADDC A，direct	2	1
	7	ADDC A，@Ri	1	1
	8	ADDC A，#data	2	1
加 1 指令	9	INC A	1	1
	10	INC Rn	1	1
	11	INC direct	2	1
	12	INC @Ri	1	1
	13	INC DPTR	1	2
二—十进制调整指令	14	DA A	1	1
带进位减法指令	15	SUBB A，Rn	1	1
	16	SUBB A，direct	2	1
	17	SUBB A，@Ri	1	1
	18	SUBB A，#data	2	1
减 1 指令	19	DEC A	1	1
	20	DEC Rn	1	1
	21	DEC direct	2	1
	22	DEC @Ri	1	1
乘法指令	23	MUL AB	1	4
除法指令	24	DIV AB	1	4

表 A-4 逻辑运算类指令汇总

指令名称		编号	助记符	字节	周期
单操作数逻辑运算指令		1	CLR A	1	1
		2	CPL A	1	1
		3	RL A	1	1
		4	RLC A	1	1
		5	RR A	1	1
		6	RRC A	1	1
		7	SWAP A	1	1
双操作数逻辑运算指令	逻辑“与”	8	ANL A，Rn	1	1
		9	ANL A，direct	2	1
		10	ANL A，@Ri	1	1
		11	ANL A，#data	2	1
		12	ANL direct，A	2	1
		13	ANL direct，#data	3	1
	逻辑“或”	14	ORL A，Rn	1	1
		15	ORL A，direct	2	1
		16	ORL A，@Ri	1	1
		17	ORL A，#data	2	1
		18	ORL direct，A	2	1
		19	ORL direct，#data	3	2
	逻辑“异或”	20	XRL A，Rn	1	1
		21	XRL A，direct	2	1
		22	XRL A，@Ri	1	1
		23	XRL A，#data	2	1
		24	XRL direct，A	2	1
		25	XRL direct，#data	3	2

表 A-5　控制转移类指令汇总

指令名称			编号	助记符	字节数	周期数
调用和返回指令	调用	绝对调用指令	1	ACALL addr11	2	2
		长调用指令	2	LCALL addr16	3	2
	返回	从子程序返回指令	3	RET	1	2
		从中断返回指令	4	RETI	1	2
无条件转移指令		绝对转移指令	5	AJMP addr11	2	2
		长转移指令	6	LJMP addr16	3	2
		短转移指令	7	SJMP rel	2	2
		间接转移指令	8	JMP @A+DPTR	1	2
条件转移指令		判零转移指令	9	JZ rel	2	2
			10	JNZ rel	2	2
		比较转移指令	11	CJNE A，direct，rel	3	2
			12	CJNE A，#data，rel	3	2
			13	CJNE Rn，#data，rel	3	2
			14	CJNE @Ri，#data，rel	3	2
循环转移指令			15	DJNZ Rn，rel	2	2
			16	DJNZ direct，rel	3	2
空操作			17	NOP	1	1

表 A-6　布尔(位)操作类指令汇总

<table>
<tr><th colspan="2">指令名称</th><th>编号</th><th>助记符</th><th>字节数</th><th>周期数</th></tr>
<tr><td colspan="2" rowspan="2">布尔传送指令</td><td>1</td><td>MOV C，bit</td><td>2</td><td>1</td></tr>
<tr><td>2</td><td>MOV bit，C</td><td>2</td><td>2</td></tr>
<tr><td rowspan="6">布尔状态控制指令</td><td rowspan="2">位清 0</td><td>3</td><td>CLR C</td><td>1</td><td>1</td></tr>
<tr><td>4</td><td>CLR bit</td><td>2</td><td>1</td></tr>
<tr><td rowspan="2">位置 1</td><td>5</td><td>SETB C</td><td>1</td><td>1</td></tr>
<tr><td>6</td><td>SETB bit</td><td>2</td><td>1</td></tr>
<tr><td rowspan="2">位相反</td><td>7</td><td>CPL C</td><td>1</td><td>1</td></tr>
<tr><td>8</td><td>CPL bit</td><td>2</td><td>1</td></tr>
<tr><td rowspan="4">布尔逻辑运算指令</td><td rowspan="2">位逻辑“与”</td><td>9</td><td>ANL C，bit</td><td>2</td><td>2</td></tr>
<tr><td>10</td><td>ANL C，/bit</td><td>2</td><td>2</td></tr>
<tr><td rowspan="2">位逻辑“或”</td><td>11</td><td>ORL C，bit</td><td>2</td><td>2</td></tr>
<tr><td>12</td><td>ORL C，/bit</td><td>2</td><td>2</td></tr>
<tr><td rowspan="5">布尔条件转移指令</td><td rowspan="2">判布尔累加器 C 转移</td><td>13</td><td>JC rel</td><td>2</td><td>2</td></tr>
<tr><td>14</td><td>JNC rel</td><td>2</td><td>2</td></tr>
<tr><td rowspan="2">位测试条件转移</td><td>15</td><td>JB bit，rel</td><td>3</td><td>2</td></tr>
<tr><td>16</td><td>JNB bit, rel</td><td>3</td><td>2</td></tr>
<tr><td>位测试条件转移并清 0</td><td>17</td><td>JBC rel</td><td>3</td><td>2</td></tr>
</table>

附录 B

8086指令

表 B-1　8086 指令系统一览表

类型	助记符	汇编指令格式	功能	备注
数据传送类	MOV	MOV dst, src	(dst) ← (src)	Imm、CS、IP 不能为 Dest Opr 位数必须一致 Opr 不能同为 Mem Opr 不能同为 Sreg
	PUSH	PUSH src	(SP) ← (SP) − 2 ((SP)+1, (SP)) ← (src)	Opr 只能 16 位 Opr 不能为 Imm、CS PUSH CS 合法 一般配对使用
	POP	POP dst	(dst) ← ((SP)+1, (SP)) (SP) ← (SP)+2	
	XCHG	XCHG op1, op2	(op1) ←→ (op1)	Opr 不能为 Imm、Sreg Opr 位数必须一致 Opr 不能同为 Mem Opr 不能为 CS(或 IP)
	IN	IN acc, port IN acc, DX	(acc) ← (port) (acc) ← ((DX))	最多 64K 个 8 位端口地址 或 32K 个 16 位端口地址; 端口地址≥256 时，应采用 DX 间接寻址
	OUT	OUT port, acc OUT DX, acc	(port) ← (acc) ((DX)) ← (acc)	
	XLAT	XLAT	(AL) ← ((BX) + (AL))	BX=首地址 AL=偏移量
	LEA	LEA reg, src	(reg) ← src	Dest 为 16 位 Reg Dest 不能为 Sreg src 为 32 位 Mem
	LDS	LDS reg, src	(reg) ← src (DS) ← (src+2)	
	LES	LES reg, src	(reg) ← src (ES) ← (src+2)	
	LAHF	LAHF	(AH) ← (FR 低字节)	相反操作 一般配对使用 SAHF 标志位=-----rrrrr
	SAHF	SAHF	(FR 低字节) ← (AH)	

(续表)

类型	助记符	汇编指令格式	功能	备注
数据传送类	PUSHF	PUSHF	(SP) ← (SP)−2 ((SP)+1, (SP)) ← (FR 低字节)	相反操作 一般配对使用 POPF 标志位=rrrrrrrr
	POPF	POPF	(FR 低字节) ← ((SP)+1, (SP)) (SP) ← (SP)+2	
算术运算类	ADD	ADD dst, src	(dst) ← (src) + (dst)	ODITSZAPC=x---xxxxx
	ADC	ADC dst, src	(dst) ← (src) + (dst) + CF	ODITSZAPC= x---xxxxx
	INC	INC op1	(op1) ← (op1)+1	ODITSZAPC= x---xxxx-
	SUB	SUB dst, src	(dst) ← (src) − (dst)	ODITSZAPC= x---xxxxx
	SBB	SBB dst, src	(dst) ← (src) − (dst) − CF	ODITSZAPC= x---xxxxx
	DEC	DEC op1	(op1) ← (op1) − 1	ODITSZAPC= x---xxxx-
	NEG	NEG op1	(op1) ← 0 − (op1)	求相反数 ODITSZAPC= x---xxxxx
	CMP	CMP op1, op2	(op1) − (op2)	结果不回送 后边一般跟 JXX ODITSZAPC= x---xxxxx
	MUL	MUL src	(AX) ← (AL) * (src) (DX, AX) ← (AX) * (src)	单操作数指令 Src 为乘数 Opr 不能为 Imm Ac 为隐含的被乘数 ODITSZAPC= x---uuuux
	IMUL	IMUL src	(AX) ← (AL) * (src) (DX, AX) ← (AX) * (src)	
	DIV	DIV src	(AL) ← (AX) / (src)的商 (AH) ← (AX) / (src)的余数 (AX) ← (DX, AX) / (src)的商 (DX) ← (DX, AX) / (src)的余数	单操作数指令 Src 为除数 Src 不能为 Imm AX(DX,AX)为隐含的被除数 ODITSZAPC= u---uuuuu
	IDIV	IDIV src	(AL) ← (AX) / (src)的商 (AH) ← (AX) / (src)的余数 (AX) ← (DX, AX) / (src)的商 (DX) ← (DX, AX) / (src)的余数	
	DAA	DAA	(AL) ← AL 中的和调整为组合 BCD	紧接在加减指令后 ODITSZAPC= u---xxxxx
	DAS	DAS	(AL) ← AL 中的差调整为组合 BCD	
	AAA	AAA	(AL) ← AL 中的和调整为非组合 BCD (AH) ← (AH)+调整产生的进位值	紧接在加减指令后 ODITSZAPC= u---uuxux
	AAS	AAS	(AL) ← AL 中的差调整为非组合 BCD (AH) ← (AH) −调整产生的进位值	

(续表)

类型	助记符	汇编指令格式	功能	备注
算术运算类	AAM	AAM	(AX) ← AX 中的积调整为非组合 BCD	紧接在 MUL 后 ODITSZAPC= u---uuxux
	AAD	AAD	(AL) ← (AH) * 10 + (AL) (AH) ← 0 (注意是除法进行前调整被除数)	DIV 指令之前用 AAD DIV 之后用 AAM ODITSZAPC= u---xxuxu
逻辑运算类	AND	AND dst, src	(dst) ← (dst) ∧ (src)	使 Dest 的某些位强迫清 0 ODITSZAPC= 0---xxux0
	OR	OR dst, src	(dst) ← (dst) ∨ (src)	使 Dest 的某些位强迫置 1 ODITSZAPC= 0---xxux0
	NOT	NOT op1	(op1) ← ($\overline{op1}$)	不允许使用 Imm
	XOR	XOR dst, src	(dst) ← (dst) ⊕ (src)	使某些位变反 判断两个 Opr 是否相等 ODITSZAPC= 0---xxux0
	TEST	TEST op1, op2	(op1) ∧ (op2)	测试某位是否为 0 ODITSZAPC= 0---xxux0
	SHL	SHL op1, 1 SHL op1, CL	逻辑左移	Dest 不能为 Imm Cnt 是移位数 Cnt>1，其值要先送到 CL ODITSZAPC= x---xxuxx
	SAL	SAL op1, 1 SAL op1, CL	算术右移	
	SHR	SHR op1, 1 SHR op1, CL	逻辑右移	
	SAR	SAR op1, 1 SAR op1, CL	算术右移	
	ROL	ROL op1, 1 ROL op1, CL	循环左移	Dest 不能为 Imm Cnt 是移位数 Cnt>1，其值要先送到 CL ODITSZAPC= x-------x
	ROR	ROR op1, 1 ROR op1, CL	循环右移	
	RCL	RCL op1, 1 RCL op1, CL	带进位的循环左移	
	RCR	RCR op1, 1 RCR op1, CL	带进位的循环右移	

(续表)

类型	助记符	汇编指令格式	功能	备注
串操作类	MOVSB MOVSW	MOVSB MOVSW	((DI)) ← ((SI)) (SI) ← (SI)±1, (DI) ← (DI)±1 ((DI)) ← ((SI)) (SI) ← (SI)±2, (DI) ← (DI)±2	SI=DS 中源串首地址 DI=ES 中目的串首地址 CX=数据串的长度 CLD/TD 建立方向标志 DF=0，地址增量 DF=1，地址减量 CMPS 标志位= x---xxxxx SCAS 标志位= x---xxxxx
	STOSB STOSW	STOSB STOSW	((DI)) ← (AL) (DI) ← (DI)±1 ((DI)) ← (AX) (DI) ← (DI)±2	
	LODSB LODSW	LODSB LODSW	(AL) ← ((SI)) (SI) ← (SI)±1 (AX) ← ((SI)) (SI) ← (SI)±2	
	CMPSB CMPSW	CMPSB CMPSW	((SI)) - ((DI)) (SI) ← (SI)±1, (DI) ← (DI)±1 ((SI)) - ((DI)) (SI) ← (SI)±2, (DI) ← (DI)±2	
	SCASB SCASW	SCASB SCASW	(AL) - ((DI)) (DI) ← (DI)±1 (AX) ← ((DI)) (DI) ← (DI)±2	
	REP	REP string_instruc	(CX)=0 退出重复，否则(CX) ←(CX) - 1 并执行其后的串指令	串处理指令的重复前缀 LODS 之前不能添加前缀
	REPE REPZ	REPE/REPZ string_instruc	(CX)=0 或(ZF)=0 退出重复，否则(CX)←(CX) - 1 并执行其后的串指令	
	REPNE REPNZ	REPNE/REPNZ string_instruc	(CX)=0 或(ZF)=1 退出重复，否则(CX)←(CX) - 1 并执行其后的串指令	
控制转移类	JMP	JMP SHORT op1 JMP NEAR PTR op1 JMP FAR PTR op1 JMP WORD PTR op1 JMP DWORD PTR op1	无条件转移	

(续表)

类型	助记符	汇编指令格式	功能	备注
控制转移类	JXX	JZ/JE op1	ZF=1 则转移	相等/等于零
		JNZ/JNE op1	ZF=0 则转移	不相等/不等于零
		JS op1	SF=1 则转移	是负数
		JNS op1	SF=0 则转移	是正数
		JP/JPE op1	PF=1 则转移	有偶数个“1”
		JNP/JPO op1	PF=0 则转移	有奇数个“1”
		JC op1	CF=1 则转移	有进位/借位
		JNC op1	CF=0 则转移	无进位/借位
		JO op1	OF=1 则转移	有溢出
		JNO op1	OF=0 则转移	无溢出
		JB/JNAE op1	CF =1 且 ZF=0 则转移	无符号数 A<B
		JNB/JAE op1	CF =0 或 ZF=1 则转移	无符号数 A≥B
		JBE/JNA op1	CF =1 或 ZF=1 则转移	无符号数 A≤B
		JNBE/JA op1	CF =0 且 ZF=0 则转移	无符号数 A>B
		JL/JNGE op1	SF⊕OF=1 则转移	有符号数 A<B
		JNL/JGE op1	SF⊕OF=0 则转移	有符号数 A≥B
		JLE/JNG op1	SF⊕OF=1 或 ZF=1 则转移	有符号数 A≤B
		JNLE/JG op1	SF⊕OF=0 且 ZF=0 则转移	有符号数 A>B
		JCXZ op1	(CX) = 0 则转移	不影响 CX 的内容
	LOOP	LOOP op1	(CX) ≠ 0 则循环	段内直接短转移
	LOOPZ LOOPE	LOOPZ/LOOPE op1	(CX) ≠ 0 且 ZF=1 则循环	
	LOOPNZ LOOPNE	LOOPNZ/LOOPNE op1	(CX) ≠ 0 且 ZF=0 则循环	
	CALL	CALL dst	段内直接：(SP) ← (SP) - 2 ((SP)+1, (SP)) ← (IP) (IP) ← (IP) + D16 段内间接：(SP) ← (SP) - 2 ((SP)+1, (SP)) ← (IP) (IP) ← EA 段间直接：(SP) ← (SP) - 2 ((SP)+1, (SP)) ← (CS) (SP) ← (SP) - 2 ((SP)+1, (SP)) ← (IP) (IP) ← 目的偏移地址 (CS) ← 目的段基址	

(续表)

类型	助记符	汇编指令格式	功能	备注
控制转移类	CALL	CALL dst	段间间接：(SP) ← (SP) - 2 ((SP)+1, (SP)) ← (CS) (SP) ← (SP) - 2 ((SP)+1, (SP)) ← (IP) (IP) ← (EA) (CS) ← (EA+2)	
	RET	RET	段内：(IP) ← ((SP)+1, (SP)) (SP) ← (SP)+2 段间：(IP) ← ((SP)+1, (SP)) (SP) ← (SP)+2 (CS) ← ((SP)+1, (SP)) (SP) ← (SP)+2	
		RET exp	段内：(IP) ← ((SP)+1, (SP)) (SP) ← (SP)+2 (SP) ← (SP)+D16 段间：(IP) ← ((SP)+1, (SP)) (SP) ← (SP)+2 (CS) ← ((SP)+1, (SP)) (SP) ← (SP)+2 (SP) ← (SP)+D16	
	INT	INT N	(SP) ← (SP) − 2 ((SP)+1, (SP)) ← (FR) (SP) ← (SP) − 2 ((SP)+1, (SP)) ← (CS) (SP) ← (SP) − 2 ((SP)+1, (SP)) ← (IP) (IP) ← (type * 4) (CS) ← (type * 4+2)	ODITSZAPC=--00-----
	INTO	INTO	若 OF=1，则 (SP) ← (SP) − 2 ((SP)+1, (SP)) ← (FR) (SP) ← (SP) − 2 ((SP)+1, (SP)) ← (CS) (SP) ← (SP) − 2 ((SP)+1, (SP)) ← (IP) (IP) ← (10H) (CS) ← (12H)	ODITSZAPC=--00-----

(续表)

类型	助记符	汇编指令格式	功能	备注
控制转移类	IRET	IRET	(IP) ← ((SP)+1, (SP)) (SP) ← (SP)+2 (CS) ← ((SP)+1, (SP)) (SP) ← (SP)+2 (FR) ← ((SP)+1, (SP)) (SP) ← (SP)+2	ODITSZAPC=rrrrrrrrr
处理器控制类	CBW	CBW	(AL)符号扩展到(AH)	
	CBD	CBD	(AX)符号扩展到(DX)	
	CLC	CLC	CF 清 0	ODITSZAPC=--------0
	CMC	CMC	CF 取反	ODITSZAPC=--------x
	STC	STC	CF 置 1	ODITSZAPC=--------1
	CLD	CLD	DF 清 0	ODITSZAPC=-0-------
	STD	STD	DF 置 1	ODITSZAPC=-0-------
	CLI	CLI	IF 清 0	ODITSZAPC=--0------
	STI	STI	IF 置 1	ODITSZAPC=--1------
	NOP	NOP	空操作	
	HLT	HLT	停机	CPU 最大模式时，用于处理主机和协处理器及多处理器之间的同步关系
	WAIT	WAIT	等待	
	ESC	ESC mem	换码	
	LOCK	LOCK	总线封锁前缀	
	seg:	seg:	段超越前缀	

注：(1) 影响标志位的指令已作特殊说明，没作特殊说明的均不影响标志位。

(2) 附录中各缩写或符号含义如下：

缩写	含义	缩写	含义	缩写	含义
Dest	目的操作数	Ac	AL 或 AX	x	根据结果设置标志位
Src	源操作数	Mem	存储器	-	不影响标志位
Opr	操作数	Imm	立即数	u	对标志位无定义
Reg	寄存器	Port	端口地址	r	恢复原先标志位的值
Sreg	段寄存器	EA	有效地址	Cnt	移位数

表 B-2　8086 宏汇编常用伪指令表

类型	助记符	汇编指令	功能
数据及结构定义	ASSUME	ASSUME segreg:seg_name[,…]	说明段所对应的段寄存器
	COMMENT	COMMENT delimiter_text	后跟注释(代替；)
	DB	[variable_name] DB operand_list	定义字节变量
	DD	[variable_name] DD operand_list	定义双字变量
	DQ	[variable_name] DQ operand_list	定义四字变量
	DT	[variable_name] DT operand_list	定义十字变量
	DW	[variable_name] DW operand_list	定义字变量
	DUP	DB/DD/DQ/DT/DW　repeat_count DUP(operand_list)	变量定义中的重复从句
	END	END [lable]	源程序结束
	EQU	expression_name EQU expression	定义符号
	=	label = expression	赋值
	EXTRN	EXTRN name:type[,…] (type is: byte,word,dword or near, far)	说明本模块中使用的外部符号
	GROUP	name GROUP seg_name_list	指定段在 64K 的物理段内
	INCLUDE	INCLUDE filespec	包含其他源文件
	LABEL	name LABLE type (type is: byte,word,dword or near, far)	定义 name 的属性
	NAME	NAME　module_name	定义模块名
	ORG	ORG expression	地址计数器置 expression 值
	PROC	procedure_name PROC type (type is: near or far)	定义过程开始
	ENDP	procedure_name ENDP	定义过程结束
	PUBLIC	PUBLIC symbol_list	说明本模块中定义的外部符号
	PURGE	PURGE expression_name_list	取消指定的符号(EQU 定义)
	RECORD	record_name RECORD field_name:length[=preassignment][,…]	定义记录
	SEGMEMT	seg_name SEGMENT [align_type] [combine_type] ['class']	定义段开始
	ENDS	seg_name ENDS	定义段结束
	STRUC	structure_name STRUC structure_name ENDS	定义结构开始 定义结构结束
条件汇编	IF	IF argument	定义条件汇编开始
	ELSE	ELSE	条件分支
	ENDIF	ENDIF	定义条件汇编结束
	IF	IF expression	表达式 expression 不为 0 则真
	IFE	IFE expression	表达式 expression 为 0 则真

(续表)

类型	助记符	汇编指令	功能
条件汇编	IF1	IF1	汇编程序正在扫描第一次为真
	IF2	IF2	汇编程序正在扫描第二次为真
	IFDEF	IFDEF symbol	符号 symbol 已定义则真
	IFNDEF	IFNDEF symbol	符号 symbol 未定义则真
	IFB	IFB < variable >	变量 variable 为空则真
	IFNB	IFNB < variable >	变量 variable 不为空则真
	IFIDN	IFIDN <string1> < string2>	字串 string1 与 string2 相同为真
	IFDIF	IFDIF < string1> < string2>	字串 string1 与 string2 不同为真
宏	MACRO	macro_name MACRO [dummy_list]	宏定义开始
	ENDM	macro_name ENDM	宏定义结束
	PURGE	PURGE macro_name_list	取消指定的宏定义
	LOCAL	LOCAL local_label_list	定义局部标号
	REPT	REPT expression	重复宏体次数为 expression
	IRP	IRP dummy,<argument_list >	重复宏体，每次重复用 argument_list 中的一项实参取代语句中的形参
	IRPC	IRPC dummy, string	重复宏体，每次重复用 string 中的一个字符取代语句中的形参
	EXITM	EXITM	立即退出宏定义块或重复块
	&	text&text	宏展开时合并 text 成一个符号
	;;	;;text	宏展开时不产生注释 text
列表控制	.CREF	.CREF	控制交叉引用文件信息的输出
	.XCREF	.XCREF	停止交叉引用文件信息的输出
	.LALL	.LALL	列出所有宏展开正文
	.SALL	.SALL	取消所有宏展开正文
	.XALL	.XALL	只列出产生目标代码的宏展开
	.LIST	.LIST	控制列表文件的输出
	.XLIST	.XLIST	不列出源和目标代码
	%OUT	%OUT text	汇编时显示 text
	PAGE	PAGE [operand_1] [operand_2]	控制列表文件输出时的页长和页宽
	SUBTTL	SUBTTL text	在每页标题行下打印副标题 text
	TITLE	TITLE text	在每页第一行打印标题 text